高职高专教育"十三五"规划建设教材

中央财政支持高等职业教育动物医学专业建设项目成果教材

畜禽饲料添加剂及使用技术

（动物医学类专业用）

王学明　车清明　主编

中国农业大学出版社

·北京·

内容简介

本教材是以技术技能人才培养为目标，以畜禽饲料添加剂方面的岗位能力需求为导向，坚持适度、够用、实用及学生认知规律和同质化原则，以过程性知识为主、陈述性知识为辅；以实际应用知识和实践操作为主，依据教学内容的同质性和技术技能的相似性，将畜禽饲料添加剂及使用技术的知识和技能列出，进行归类和教学设计。其内容体系分为模块、项目和任务三级结构，每一项目又设“学习目标”、“学习内容”、“案例分析”、“知识拓展”、“考核评价”等教学组织单元，并以任务的形式展开叙述，明确学生通过学习应达到的识记、理解和应用等方面的基本要求；有些项目的相关理论知识或实践技能，可通过知识拓展或知识链接等形式学习，为实现课程的教学目标和提高学生学习的效果奠定良好的基础。

本教材文字精练，通俗易懂，现代职教特色鲜明，既可作为教师和学生开展“校企合作、工学结合”人才培养模式的特色教材，又可作为企业技术人员的培训教材，还可作为广大畜牧兽医工作者短期培训、技术服务和继续学习的参考用书。

图书在版编目(CIP)数据

畜禽饲料添加剂及使用技术/王学明，车清明主编. —北京：中国农业大学出版社，2016.4

ISBN 978-7-5655-1531-6

Ⅰ.①畜… Ⅱ.①王… ②车… Ⅲ.①畜禽-饲料添加剂 Ⅳ.①S816.75

中国版本图书馆 CIP 数据核字(2016)第 040431 号

书　　名 畜禽饲料添加剂及使用技术
作　　者 王学明　车清明　主编

策划编辑 康昊婷　伍　斌　　**责任编辑** 田树君
封面设计 郑　川　　**责任校对** 王晓凤
出版发行 中国农业大学出版社
社　　址 北京市海淀区圆明园西路 2 号　　**邮政编码** 100193
电　　话 发行部 010-62818525,8625　　读者服务部 010-62732336
编辑部 010-62732617,2618　　出　版　部 010-62733440
网　　址 http://www.cau.edu.cn/caup　　**e-mail** cbsszs @ cau.edu.cn
经　　销 新华书店
印　　刷 北京时代华都印刷有限公司
版　　次 2016 年 4 月第 1 版　2016 年 4 月第 1 次印刷
规　　格 787×1 092　16 开本　17.75 印张　440 千字
定　　价 38.00 元

编审人员
CONTRIBUTORS

主　编　王学明（甘肃畜牧工程职业技术学院）

　　　　　车清明（甘肃畜牧工程职业技术学院）

编　者　（按姓氏笔画为序）

　　　　　王选慧（甘肃畜牧工程职业技术学院）

　　　　　李学钊（甘肃畜牧工程职业技术学院）

　　　　　赵润梅（甘肃农业职业技术学院）

审　稿　姜聪文（甘肃畜牧工程职业技术学院）

　　　　　王治仓（甘肃畜牧工程职业技术学院）

前言 PREFACE

为了认真贯彻落实国发[2014]19号《国务院关于加快发展现代职业教育的决定》、教职成[2015]6号《教育部关于深化职业教育教学改革全面提高人才培养质量的若干意见》、《高等职业教育创新发展行动计划(2015—2018)》等文件精神,切实做到专业设置与产业需求对接、课程内容与职业标准对接、教学过程与生产过程对接、毕业证书与职业资格证书对接、职业教育与终身学习对接,自2012年以来,甘肃畜牧工程职业技术学院动物医学专业在中央财政支持的基础上,积极开展提升专业服务产业发展能力项目研究。项目组在大量理论研究和实践探索的基础上,制定了动物医学专业人才培养方案和课程标准,开发了动物医学专业群职业岗位培训教材和相关教学资源库。其中,高等职业学校提升专业服务产业发展能力项目——动物医学省级特色专业建设于2014年3月由甘肃畜牧工程职业技术学院学术委员会鉴定验收,此项目旨在创新人才培养模式与体制机制,推进专业与课程建设,加强师资队伍建设和实验实训条件建设,推进招生就业和继续教育工作,提升科技创新与社会服务水平,加强教材建设,全面提高人才培养质量,完善高职院校"产教融合、校企合作、工学结合、知行合一"的人才培养机制。为了充分发挥该项目成果的示范带动作用,甘肃畜牧工程职业技术学院委托中国农业大学出版社,依据教育部《高等职业学校专业教学标准(试行)》,以项目研究成果为基础,组织学校专业教师和企业技术专家,并联系相关兄弟院校教师参与,编写了动物医学专业建设项目成果系列教材,期望为技术技能人才培养提供支撑。

本套教材专业基础课以技术技能人才培养为目标,以动物医学专业群的岗位能力需求为导向,坚持适度、够用、实用及学生认知规律和同质化原则,以模块→项目→任务为主线,设"学习目标"、"学习内容"、"学习要求"三个教学组织单元,并以任务的形式展开叙述,明确学生通过学习应达到的识记、理解和应用等方面的基本要求。其中,识记是指学习后应当记住的内容,包括概念、原则、方法等,这是最低层次的要求;理解是指在识记的基础上,全面把握基本概念、基本原则、基本方法,并能以自己的语言阐述,能够说明与相关问题的区别及联系,这是较高层次的要求;应用是指能够运用所学的知识分析、解决涉及动物生产中的一般问题,包括简单应用和综合应用。有些项目的相关理论知识或实践技能,可通过扫描二维码、技能训练、知识拓展或知识链接等形式学习,为实现课程的教学目标和提高学生的学习效果奠定基础。

本套教材专业课以"职业岗位所遵循的行业标准和技术规范"为原则,以生产过程和岗位任务为主线,设计学习目标、学习内容、案例分析、考核评价和知识拓展等教学组织单元,尽可能开展"教、学、做"一体化教学,以体现"教学内容职业化、能力训练岗位化、教学环境企业化”特色。

本套教材建设由甘肃畜牧工程职业技术学院王治仓教授和康程周副教授主持，其中杨孝列、郭全奎担任《畜牧基础》主编；尚学俭、敬淑燕担任《动物解剖生理》主编；黄爱芳、祝艳华担任《动物病理》主编；冯志华担任《动物药理与毒理》主编；杨红梅担任《动物微生物》主编；康程周、王治仓担任《动物诊疗技术》主编；李宗财、宋世斌担任《牛内科病》主编；王延寿担任《猪内科病》主编；张忠、李勇生担任《禽内科病》主编；高啟贤、王立斌担任《动物外产科病》主编；贾志江担任《动物传染病》主编；刘娣琴担任《动物传染病实训图解》主编；张进隆、任作宝担任《动物寄生虫病》主编；祝艳华担任《动物防疫与检疫》主编；王选慧担任《兽医卫生检验》主编；刘根新、李海前担任《中兽医学》主编；李海前、刘根新担任《兽医中药学》主编；王学明、车清明担任《畜禽饲料添加剂及使用技术》主编；李和国担任《畜禽生产》主编；田启会、王立斌担任《犬猫疾病诊断与防治》主编；李宝明、车清明担任《畜牧兽医法规与行政执法》主编。本套教材内容渗透了动物医学专业方面的行业标准和技术规范，文字精练，图文并茂，通俗易懂，并以微信二维码的形式，提供了丰富的教学信息资源，编写形式新颖、职教特色明显，既可作为教师和学生开展“校企合作、工学结合”人才培养模式的特色教材，又可作为企业技术人员的培训教材，还可作为广大畜牧兽医工作者短期培训、技术服务和继续学习的参考用书。

《畜禽饲料添加剂及使用技术》的编写分工为：模块一、模块八、模块九由车清明编写，模块二由王选慧编写，模块三、模块四、模块五由李学钊编写，模块六由赵润梅编写，模块七及附录由王学明编写。全书由王学明、车清明修改定稿。

承蒙甘肃畜牧工程职业技术学院姜聪文教授、王治仓教授对本教材进行了认真审定，并提出了宝贵的意见；编写过程中得到编写人员所在学校的大力支持，在此一并表示感谢。作者参考的有关资料，不再一一述及，谨对所有作者表示衷心的感谢！

由于编者初次尝试“专业建设项目成果”系列教材开发，时间仓促，水平有限，书中错误和不妥之处在所难免，敬请同行、专家批评指正。

编写组

2015 年 12 月

目录 CONTENTS

模块三　免疫增强剂

模块四　微生态制剂

模块五　调节新陈代谢饲料添加剂

模块六 酶制剂

模块七 饲料保藏剂

模块八 饲料中违禁药物的检验

模块九　饲料中有毒有害物质的检验

绪 论

一、课程简介

“畜禽饲料添加剂”是从事畜牧兽医和饲料生产工作人员需要学习和掌握的基本理论，是推动养殖业健康发展的重要理论基础和技术指南，是畜牧兽医专业重要的专业课，全书共由九个模块及附录组成。《畜禽饲料添加剂及使用技术》主要阐述了饲料中添加的各类药物添加剂、饲料中违禁药物的检验以及饲料中有毒有害物质的检验。通过对饲料药物添加剂的学习，为科学生产和使用饲料添加剂提供理论根据，为生产安全、健康的畜产品提供了重要的保障，同时可以提高饲料的利用率，促进畜禽的生长性能，预防疾病的发生，增加养殖者的经济效益。

二、课程性质

“畜禽饲料添加剂”是畜牧兽医专业及其相关专业的专业课，具有较强的理论性和实践性。通过本门课程的理论学习和实践锻炼，可以掌握畜禽饲料添加剂的实践操作技能和基本专业知识，培养出从事饲料添加剂生产、分析检测、饲料质量评价等方面的高技术技能型人才，也能为其他专业课程的学习和毕业后从事饲料生产、饲料检验、畜牧养殖等工作奠定扎实的理论基础。

三、课程内容

本课程内容编写是以技术技能人才培养为目标，以畜牧兽医专业饲料与动物营养方面的岗位能力需求为导向，坚持适度、够用、实用及学生认知规律和同质化原则，以过程性知识为主、陈述性知识为辅。主要内容有总论、常用药物添加剂、免疫增强剂、微生态制剂、调节新陈代谢饲料添加剂、酶制剂、饲料保藏剂、饲料中违禁药物的检验、饲料中有毒有害物质的检验及相关附录。每一项目又设“学习目标”、“学习内容”、“案例分析”、“知识拓展”、“考核评价”等教学组织单元，并以任务的形式展开叙述，明确学生通过学习应达到的识记、理解和应用等方面的基本要求；有些项目的相关理论知识或实践技能，可通过知识拓展或知识链接等形式学习。

四、课程目标

本课程通过课堂讲授、实践技能训练、学生查阅相关的知识拓展内容，掌握饲料添加剂方面的基本知识，能够解决生产中的实际问题。使读者达到以下目标：

①了解饲料添加剂发展的趋势。

②掌握畜禽饲料添加剂的分类及其作用的基本知识。

③学会对不同使用目的和不同使用对象设计不同的饲料添加剂。

④熟悉饲料中常见的违禁药物和有毒有害物质，并能够应用所学的知识对饲料中常见的违禁药物和有毒有害物质进行检测。

模块一　总　论

项目一　概述
项目二　饲料药物的作用
项目三　饲料药物的应用
项目四　饲料药物的开发

学习目标

熟悉饲料药物的分类及应用，饲料药物在养殖业中的地位与作用，影响饲料药物发挥作用的因素，掌握兽药的特点，了解饲料药物的研制开发。

Project 1

概　述

任务一　药物

一、药物与毒物

药物是人类用于预防、治疗、诊断疾病的化学物质，是人类同疾病做斗争的武器，也是提高人民生活质量、促进社会进步与发展的重要物质。

毒物是指能损害动物机体健康的化学物质。毒物与药物之间并无本质的、绝对的界限。药物用量过大或使用时间过长也对机体产生毒性，某些毒物在特定条件下小剂量使用也能起防治疾病的作用。人们用药的目的，是要发挥药物对机体的有益作用，避免其有害的毒副作用或不良反应。

二、药物的来源与分类

药物形形色色、种类繁多，但按照其来源可分为两大类，即天然药物和工业药物。

天然药物是指那些未经加工或仅仅经过简单加工的物质，包括植物药、动物药和矿物药。植物药又称中草药，数量多、使用久、应用广，是祖国医药学的重要组成部分。中草药的成分极为复杂，除含有水、无机盐、糖类、脂类、蛋白质和维生素等普通成分外，还含有具有一定生物活性可供药用的特殊成分，这类特殊成分通常称为中草药的有效成分。例如，常用的生物碱、强心苷、皂苷、黄酮苷、蒽醌、挥发油、鞣质。中草药中的有效成分通常是以中草药为原料，经过提取、分离、纯化制得，现在有极少数已能人工合成。动物药是指来源于动物的药用物质，如穿山甲、海马、乌梢蛇、鸡内金、蜈蚣等。矿物药通常包括天然的矿物质（如芒硝、石膏等）和以无机化学工业的有关产品为原料加工精制而成的物质（如氯化钠、硫酸镁等）。天然的矿物药或无机药物的品种较少，化学组成比较简单，它们的药名绝大部分都是化学名，一提药名就知道它们的化学组成。中药的使用方式有煎服、混饲等。随着集约化、规模化养殖业的出现，中草药作为饲料添加剂的使用越来越普遍。

工业药物是指由工厂批量生产所得的药物，包括有机合成药和生物药品。有机合成药即是采用有机化学合成方法制得的药品。这类药物种类很多，化学组成也很复杂，除少数品种如乙醇、乙醚等采用化学名作为药名以外，其余大部分有机药品都不用它们的化学名作药名，仅从药名还不知道它们的化学组成。生化药品是指以某些生物为原料，采用微生物发酵、生物化学或生物工程方法经发酵、加工、提取、纯化、精制而制得的药品，这类药物包括抗生素（如青霉素、土霉素等）、激素（如肾上腺素、糖皮质激素等）、维生素（如维生素 A、维生素 C 等）、生化药品（如酶、氨基酸等）和生物制品（如疫苗、抗血清等）。前三类大多数是单纯的有机化合物，其化学结构多半已经清楚了，并且不少已能人工合成；后两类的组成成分很复杂，通常是蛋白质及其降解产物。

药物除可按来源分类外，药理学上多按药物的主要作用进行分类，如作用于中枢神经系统的药物、作用于消化系统的药物、抗微生物药。从应用的角度，还可将药物分为口服用药物、胃肠道外用药物、乳腺内用药物、饲料添加用药物。根据用药目的的不同，也可将药物分为生长促进剂、预防用药物和治疗用药物。也有按动物种类将药物进行分类的，如奶牛用药物、猪用药物、家禽用药物、水产动物用药物、蜂蚕用药物、伴侣动物用药物等。

三、兽药

简而言之，兽药是指用于动物的药物。按照国际通行的定义，兽药是：①由国家药典或兽药典所认可的，用于诊断、医治、缓解、处理或预防动物疾病的物质；②除饲料原料外，拟用于影响动物的结构或机能的物质；③拟用作兽用药品组成部分的物质。从这一定义可以看出，除了通常意义上用于防治和诊断动物疾病的化学药品、生物制品外，兽药还包括用人工方法加入饲料的饲料添加剂和使用于药剂的辅料。由于兽药不仅包括用于畜禽的治疗药物，而且也包括加入饲料中的添加剂，因而国内外目前许多人采用“动物保健品”一词。

任务二　饲料药物

一、饲料药物的概念

饲料药物的概念是伴随着养殖业和饲料工业的发展而建立起来的。19 世纪末，美国兴建了第一个初级饲料厂。20 世纪初，由于科学技术的进步和小动物饲养业的发展，人们逐渐认识到，饲料中除含有能量、蛋白质、脂肪和碳水化合物外，还应含有极其重要的维生素、矿物质等微量成分。它们是动物生存、生长、生产和繁殖必不可少的物质。20 世纪 40 年代，开始了氨基酸和微量元素的研究工作，发现了抗生素的促生长作用，合成了多种维生素并进行工业化生产，混合饲料配方和工艺也日趋完善，这就为在饲料中添加其他物质开创了先例。20 世纪 50 年代，对氨基酸、微量元素、维生素等微量物质的需要量进行了大量的研究工作，抗生素和磺胺类药物对猪、鸡的促进生长作用得到了肯定，许多抗生素和其他化疗药物相继被大量应用于饲料之中。这些研究成果把动物营养与饲料的研究推向新阶段，标志着天然饲料所含营养物质不能完全满足动物发挥最大潜力的需要，也使人类第一次发现一些非营养性物质具有促进动物生长和生产的作用。在此基础上，饲料添加剂的概念应运而生。20 世纪 60—70 年代，经过对各种微量元素营养作用的深入研究，出现了“全价配合饲料的概念”，工业合成氨基酸获得成功，其他药物如抗寄生虫药、激素、酶类、着色剂等化合物都相继进入配合饲料。

“饲料添加剂”一词，最初源于英语“feed supplements”，意即饲料补充物或补添的饲料。美国首先使用“feed additives”作为饲料添加剂的英文名词。关于饲料添加剂的定义，大家说法不一。国内学者李风双(《饲料添加剂基础知识》，青岛海洋大学出版社，1990)、张乔(《饲料添加剂大全》，北京工业大学出版社，1994)和李呈敏(《中药饲料添加剂》，北京农业大学出版社，1993)等，给饲料添加剂所下的定义是，在饲料的加工、贮藏、调配和饲喂过程中，为了某种特殊需要而人工另行加入饲料中的一种或多种微量物质。按我国当时的规定，认为饲料添加剂的标准化解释是："为满足饲养动物的需要向饲料中添加的少量或微量物质。"张子仪在《中国农业百科全书· 畜牧业卷》(1996)对饲料添加剂所下的定义是：为了补充营养物质，提高饲料利用率，保证或改善饲料品质，防止饲料质量下降，促进动物生长、繁殖和生产，保障动物的健康而掺入饲料中的少量或微量营养性及非营养性物质，如防腐剂、促生长剂、抗氧化剂、饲料黏合剂、驱虫保健剂、流散剂及载体等。

各国对饲料添加剂都做出过定义和解释。美国的食品、饲料、医药、兽药都由食品药品管理局(FDA)统一管理，其对饲料添加剂所下的定义是："为特殊需要加到基础饲料混合物中的某种组分或几种组分的组合，一般用量小并要求仔细处理和混合均匀"。它包括饲料中的营养性和非营养性添加物。欧盟对饲料添加剂的解释包括以下内容：①是掺入饲料中用以改进饲料品质和促进畜牧生产的物质。②是确认其有明显的效能，并证明不危害人和动物的健康，不妨害畜产品消费者的指定品种。③不应具有诊断和治疗疾病的作用。抗生素在小剂量使用时有生理营养效用，只允许作改进饲料利用率和防止营养缺乏症的目的使用；抗球虫药限用于鸡场作集体预防，用作治疗需进行进一步审查。④须按规定要求使用。日本的定义是："为防止饲料品质下降，补充营养成分或促进饲料中含有的营养成分有效利用为目的，用添加、混合或浸润等方法加到饲料中的物质"。我国 1999 年正式颁布的《饲料和饲料添加剂管理条例》，将饲料添加剂定义为在饲料加工、制作、使用过程中添加的少量或微量物质，将饲料添加剂分为营养性添加剂和一般性添加剂两类。前者是指为满足动物营养需要的目的而使用的添加剂，如维生素、矿物质、氨基酸和非蛋白氮；后者则是指具有保健、促生长等作用的添加剂，如抗菌剂、驱虫剂、助长剂、中草药、饲料品质增进剂等。

在动物营养和饲料科学中，饲料添加剂和饲料有着严格区别。饲料是以向动物提供能量和基本营养物质为主体的物质，它限于动、植物的躯体、果实和微生物发酵产物等固有成分；而饲料添加剂是使用与天然饲料无关的物质，是经过人工组合和调制后添加到饲料中的制剂。除少数物质外，饲料添加剂一般都不具有供能作用，有的甚至具有打破动物正常生理生化平衡，达到改进畜产品产量和质量的功能。二者在量上也存在十分明显的差别。饲料添加剂的用量极少，一般按占配、混合饲料的百分之几到百万分之几计量，但作用极为显著。例如，应用饲料添加剂后，饲料利用率平均提高 5%～7%，有时可达 10%～15%。

虽然人们对饲料添加剂的说法不完全相同，但仍有以下共同点，即：①在饲料中以少量比例存在，而对动物有明显的作用，这些作用是通过干预动物机体、环境生物或饲料组分的生理或生化反应而获得的；②是人为添加入饲料的人工制品；③在畜牧生产和兽医临床上具有明显的生产和经济效果；④大部分都是小分子化合物。对照前述的药物和兽药的概念，饲料添加剂实际上就是一类兽药，是一类通过饲料和饮水途径使用的特殊兽药。

在实践中，目前都将维生素、微量元素、氨基酸等营养性添加剂归为药物。抗菌剂、驱虫剂、助长剂、中草药等本身就是药物。改善饲料质量和加工工艺的添加剂，如防腐剂、抗氧化剂、食欲促进剂、着色剂等，即过去认为不是药物的那些物质，虽然它们的用途不直接影响动物的结构或机能，有的在胃肠道吸收少，本身也无明显的全身作用，但这些物质被吸收的部分，或这些物质在动物的胃肠道或体内被代谢后的产物，会对动物、环境或消费动物性食品的人体健康产生这样或那样的影响。因此，这些物质也往往要按照药物的要求，严格进行有效性和安全性评价。只有这样，才能保证这些物质得到合理使用，确保其既有效又安全。过去大家对此认识不足，现在国际上已有许多这些物质在动物体内残留及其对人类造成危害的报道，食品安全问题已愈来愈被人们所重视。无论何种饲料添加物，要求在产品报批上市时都须提交完整的技术资料。这些资料包括生产工艺和质量标准、有效性试验、安全性评价、合理使用等。若对各种饲料添加物不做出统一的要求，就势必造成某些物质的滥用，而给动物和人类带来危害。事实上，在西方国家如美国，饲料添加剂的研制开发、生产流通、使用监测等，都是按照与兽药相同的法规和技术标准进行管理。

由于历史和管理上的原因，我国学术界和管理层在这方面的认识不完全一致，以致饲料添加剂还未能全部按照药物的标准和要求进行管理，给我国的动物、人体和环境留下许多隐患。饲料药物只有制成预混剂、散剂或其他剂型后，才能在饲料中使用。使用饲料药物的目的，在于补充配合饲料的营养成分之不足，提高饲料的营养价值；改善饲料口味，提高日粮适口性；促进动物正常发育和快速生长，增加产量；改善动物性产品品质，满足人类社会需求；防治动物疾病，保障养殖生产；减少饲料在贮藏、加工和运输过程中营养物质的损失，维护饲料的经济价值；改善饲料的加工性能，促进配合饲料的工业化生产。

饲料药物不仅能产生明显的作用，而且还应满足以下要求：①使用期间或使用之后，对动物不应产生任何有害作用和不良反应；对种用动物则不应改变其生殖生理功能，不影响胎儿的生长和以后的繁殖；②必须具有确实的促生长作用和经济效果；③在饲料中和动物体内具有良好的稳定性；④不改变饲料的适口性；⑤在动物性食品中的残留量不超过规定标准，对食品质量和人体健康无影响。

二、饲料药物分类

饲料药物的分类比较复杂。各国对饲料药物的分类各异，有共性，也有个性；有特色，也有局限性。部分国家对分类做了法令性规定，旨在保证饲料药物使用的合理性和安全性，以免给动物、人体和环境产生严重的负面影响。本书按照作用和用途，将饲料药物分为三大类。

第一类，补充营养成分的饲料药物。这类饲料药物的主要用途是补充日粮的营养成分，使日粮中的营养物质达到平衡和全价，主要有维生素类、矿物元素类、氨基酸和非蛋白氮类。

第二类，抗病促生长的饲料药物。这类饲料药物主要以防治动物疾病、促进动物生长为主，具有保障和促进养殖生产的作用。主要有抗菌药物类、驱虫药物类、激素类、中草药类、益生素类等。

第三类，保障饲料质量和加工的饲料药物。这类饲料药物主要是保持或增进饲料的营养价值，促进动物对日粮的摄取或保证配合饲料有效加工等，具有保障和促进饲料工业经济和社会效益的功用，主要有酶制剂、饲料保存剂（抗氧化剂、防霉剂、防腐剂、青贮添加剂、粗饲料调制剂）、工艺添加剂（乳化剂、黏结剂、防固化剂、稳定剂、胶化剂、凝集剂、着色剂）、食欲促进剂等。

对于上述分类，有几点要加以说明。中草药本身是天然物质，添加的量一般都比较大，不完全符合前述的饲料药物的概念和条件。但众所周知，中草药就是药物，是一类发展相当快的饲料药物。对于第三类，很难给定一个确切的名字，目前暂以“保障饲料质量和加工的饲料药物”名之。酶制剂的作用在于分解、消化、释放饲料中的某些营养物质，以利于动物吸收利用。

饲料药物的品种多达数百种，新的品种还在不断产生。随着人们认识的提高，有的品种会被淘汰或禁用。因此,饲料药物的品种还经常处于动态变化之中。不同的国家和地区,饲料药物品种的法定数量也不尽相同。本书所收录的品种,是我国或其他国家或地区允许用作饲料药物的品种。已被废除的老品种或部分人用而非兽用的品种,若生产实际中仍在大量使用,也被收入本书。收入这部分品种的目的,是从学术角度对其使用的利弊、发展概况和法规管理等方面做恰如其分的介绍。

三、饲料药物在养殖业中的地位与作用

1.饲料药物是动物生长和生产所需的基本物质

众所周知,蛋白质是构成动物体细胞、组织的基本物质。动物的生长、繁殖和生产等活动,都是依靠蛋白质进行的。矿物质中的钙、磷、镁是构成骨、齿的主要成分,钾、钠、氯等维持体内的酸碱平衡和正常渗透压,镁、钙、钠、钾能维持神经、肌肉的正常生理活动,铁、铜、钴与造血有关,碘是甲状腺素的组成成分。许多矿物元素还是酶类的辅基或激活剂,如磷酸化酶需要镁,细胞色素氧化酶需要铁和铜,碳酸酐酶需要锌。维生素是机体一切新陈代谢活动都离不开的酶组成成分,其主要任务是保证和调节体内各种生理活动的正常进行,对动物的健康、生长、繁殖、泌乳等都起着极其重要的作用。当某种维生素缺乏时,机体正常的代谢活动就受到影响,动物表现出食欲减退、生长停滞、生产力降低,严重的还出现某些病理变化。

2.饲料药物是集约化养殖的物质保障

饲料药物的应用,极大地促进了养殖业的发展。动物饲喂低浓度的饲料药物可改善动物的生存条件,降低发病率和死亡率。仅抗微生物药的应用,就有效地控制了动物的许多传染病及常见多发病,对养殖业产生的积极影响难以估计。

饲料药物的应用可以提高单位舍饲面积上的载畜量,有利于进行集约化生产,也改变了养殖业的社会经济状况,使得少量生产者就可能管理大量的动物。为控制疾病的发生,降低动物的死亡率,在天然草地上放牧的肉用牛、羊也需给予保健的饲用药物。

我国人口密集,交通状况复杂,环境污染严重,动物养殖业长期存在着发病率高、死亡率高、养殖成本高、饲料转化率低和效益低等问题,动物的品种和饲料的生产性能还远远没有得到应有的发挥,因而我国的动物养殖业更离不开饲料药物。

3.饲料药物是高产、优质、高效养殖业的关键技术

只有配合饲料中含有丰富的、全价的营养成分,动物的生产性能才能得以充分发挥。饲料药物、饲料工业和养殖技术的进步,则使动物的这种效能发挥得更为充分。除营养性药物外,一些抗微生物药、抗寄生虫药以及其他饲料药物,低剂量应用也能改善动物的生产性能,如促进动物生长、改善饲料利用率、提高繁殖性能等。

4.饲料药物是饲料工业的核心

饲料工业是由单一或简单配合逐步发展成为全价配合的饲料生产和加工工业的。在欧美等发达国家,饲料工业已发展成为一个完整的工业体系,成为国民经济中与电子、计算机、钢铁、汽车等工业并驾齐驱的支柱产业。饲料工业由饲料原料、饲料添加剂(或饲料药物)、饲料加工和饲料机械等组成。其中饲料药物与饲料工业之间的关系最为密切,因为饲料药物是饲料工业不可缺少的一个重要组成部分,是配合饲料的核心。离开了饲料药物,配合饲料就无从谈起。在配合饲料中应用饲料药物,可缩短动物的养殖周期,降低生产成本,充分

发挥动物的生产潜力。因此,饲料药物在饲料中的量虽甚微,但起的作用很大,决定着配合饲料的质量,具有显著的经济和社会效益。

5. 合理使用饲料药物有利于国民经济和人类社会的持续发展

美国的农业及计量经济学研究人员对 20 世纪 80 年代 55 种主要动物保健品所做的调查研究表明,应用饲料药物,提高了动物的增重率和饲料转化率,改善了皮革质量、降低了禁食胴体动物组织的废弃率等;使每年肉鸡产量提高 32%,蛋产量提高 15%,猪肉产量提高 4%,牛肉和小牛肉产量提高 4%。由于动物性食品产量的提高,美国消费者每年的食品开支在 1990 年左右节约 55 亿美元,购买肉、蛋和乳制品的消费者节省开支 9%。与此同时,年国民生产总值增加 100 多亿美元。

Project 2

饲料药物的作用

药物的作用是指药物最初引起机体的变化，如药物与受体的结合，其他继发性变化，如药物与受体结合后所发生的一系列组织生化变化及其外在效果均应称为药物的效应。按照从宏观到微观的顺序，药物的作用可分为整体水平、器官水平、细胞水平、亚细胞水平、分子水平和量子水平。各水平之间相互关联，整体水平的作用都有分子水平的机制，任何水平上的作用最终必表现为器官或整体上的效应。归纳起来，饲料药物有以下诸方面作用。

任务一　营养作用

动物有机体和它们的产品(肉、蛋、奶、皮、毛)，都是由矿物质、脂肪、蛋白质等物质组成。这些物质是由饲料中的营养物质转化或沉积而来。为了满足动物生长发育、繁殖泌乳、肉蛋生产的需要，必须在饲料中添加一种或几种氨基酸，以改善饲料日粮中氨基酸的构成比例，使其更加接近或符合动物的需求。矿物质具有重要的营养和存积作用。①矿物质是构成动物体组织的重要原料。②矿物元素与蛋白质共同维持组织细胞的渗透压，保证体液的正常流动和酸碱平衡。③矿物元素是体内酶的激活剂、抑制剂和辅酶。④矿物元素，尤其是钾、钠、钙、镁离子保持适宜比例，是维持细胞膜的通透性和神经肌肉兴奋性的必要条件。⑤体内某些特殊物质发挥生理功能，有赖于矿物质的存在。

维生素能参与体内物质代谢的全过程，是维持动物正常生理机能、保障健康和生产所必需的生物活性物质。①维生素是动物体内许多酶的辅酶或辅酶的组分，对保证组织细胞的正常活动和代谢机能有着极其重要的作用。②维生素可防治许多种疾病，维持中枢神经、心血管、肌肉和其他系统的正常机能，保证动物正常生长、繁殖和生产。③维生素还对动物体内蛋白质、脂肪、碳水化合物、能量、矿物质和水分的代谢起调节作用。

任务二　代谢调节作用

饲料药物对代谢的调节有的是直接作用，有的是间接作用。许多饲料药物对机体的代谢起间接调节作用。激素类促进动物生长、提高泌乳量和控制胴体脂肪比例等特殊调节作用，几乎都是间接作用。例如，生长激素是通过胰岛素相互作用而影响能量的利用与分配，通过促进胰岛素样生长因子的分泌而上调蛋白质合成。雄激素及同化制剂可直接刺激细胞的蛋白质合成以及对氨基酸的利用，同时它还干扰糖皮质激素受体的功能，抑制糖皮质激素降解蛋白质的作用。雄激素的促生长作用主要通过生长激素释放，进而由胰岛素样生长因子实现。

任务三　防病治病作用

许多饲用药物防治疾病的作用，是通过扶持机体的功能而得以发挥。养分是机体代谢的物质基础，营养与疾病之间存在着非常密切的关系。营养不良和过量，均能影响免疫功能，使机体对疾病的易感性增加。蛋白质是动物免疫系统正常发育和功能健全最为重要的物质。蛋白质缺乏对机体的特异性和非特异性免疫都有影响。已知含硫氨基酸能提高机体抗感染的能力。苏氨酸是免疫球蛋白分子中的一种主要氨基酸。谷氨酰胺是肠上皮细胞的重要能量来源，为淋巴细胞增殖、维持肠相关淋巴组织功能、分泌型 IgA 产生，阻止细菌在肠道所必需的物质。此外，谷氨酰胺也是合成精氨酸的前体物质。精氨酸是合成一氧化氮(NO)的供体，NO 则是调节巨噬细胞活性和宿主防御机能的关键信号物质。缬氨酸能维持胸腺和外围淋巴组织的正常生长，促进嗜中性和嗜碱性粒细胞增殖，维持鸡对新城疫病毒的抗体效价。当动物出现免疫应激时，在肝脏合成的各种急性期蛋白中，苯丙氨酸、酪氨酸和色氨酸的含量都很丰富。

任务四　保持或改善饲料品质作用

改善饲料品质的添加剂有酶制剂、饲料调整剂和青贮饲料添加剂等。籽实类饲料是动物营养成分的主要来源，但籽实含有多种多样的聚合体，有极其复杂的细胞壁用以保护和储存营养物质。细胞壁主要是由含 β- 键的纤维素和果胶有规律地组成。高温、渗透压和加工粉碎等不能摧毁细胞壁。动物的消化道内缺乏分解纤维素和果胶的消化酶。在饲料中添加一定量的酶，可使细胞壁以及其他非淀粉性多糖降解，提高饲料的营养价值，提高营养物质的吸收利用。同时，酶还能有效地消除饲料中的抗营养因子和毒素，减少动物废弃物中有机物、氮、磷的排除量，还起到保护生态环境的作用。

任务五　综合作用

许多饲料药物的作用不是单一的，而是多方面的综合。抗菌药是饲料中应用最为普遍的非营养性药物，包括抗生素和合成抗菌剂。饲料中低剂量、亚治疗量的抗菌药，可以促进动物生长、提高饲料利用率、降低动物的发病率和死亡率，改善繁殖性能；中、高剂量可预防隐性感染的动物发病；高剂量可治疗某些疾病。

Project 3

饲料药物的应用

任务一　剂型和用法

一、剂型

经化学合成、生物合成或由天然药物提取并精制所得的药物称为原料药。原料药不能直接给动物使用，常根据生产实践的需要，把原料药加工成可供生产上使用、便于保藏的药品，称为制剂或乳浊液剂。饲料药物常用的剂型是散剂和预混剂、溶液剂、可溶性粉剂、微囊等。

1. 散剂和预混剂

散剂和预混剂是将一种或多种粉碎的药物均匀混合而成的干燥粉末状剂型，又称粉剂。随着集约化养殖业的出现，很多药物如抗菌药、抗寄生虫药、维生素、矿物元素、中草药等，通常就是先制成散剂再混入饲料而饲喂动物的。混入饲料前的散剂，又称为预混剂。因此，预混剂实质上是一种或几种药物与适宜基质均匀混合而成的散剂，也是为了保证药物在饲料中能够混合均匀而研制的一种剂型。各国规定，所有饲料添加的药物必须先制成预混剂。散剂是饲料药物最普遍的剂型。

2. 溶液剂

溶液剂指非挥发性药物的澄明溶液，其溶媒多为水，也有醇和油。常用水稀释后供动物饮用，此种用途在家禽养殖中很普遍。一些易挥发的油或芳香药物所制成的饱和或近饱和的水溶液，或水醇混合液，称为芳香水剂（俗称水剂）。

3. 可溶性粉剂

可溶性粉剂是近年来养殖业出现的一种新剂型。它是由药物与可溶性基质均匀混合而成的粉剂，可用水溶解，稀释后供动物饮用。类似于溶液剂，其用途多为防治动物疾病。一般而言，动物患病后食欲减退而保持饮欲，经饮水给药更便于控制群体动物的疾病。

4. 微囊

将固体或液体药物包裹于天然或合成的高分子材料而成的微型胶囊。微囊可提高药效、增强药物的稳定性，或掩盖药物不良的气味等。维生素 A、维生素 E 常制成微囊，以避免氧化失效。根据应用的需要，微囊还可被制成其他剂型，如散剂或预混剂。

二、用法用量

不同的给药方法可影响药物的吸收速度、利用程度、药效出现时间及维持时间，甚至还使药物的作用性质发生改变。饲料药物的给药方式主要是混饲、拌料和混饮几种。

1. 混饲

将药物均匀地混入饲料中，让动物在采食的同时摄入药物。此法简便易行，切实可靠，是适于长期给药的一种方法。对于那些不溶于水、不改变饲料适口性的药物，用此法给药比较恰当。混饲给药应注意以下问题：①药物与饲料混合必须均匀。混药不匀，就会发生一部分饲料含药过多，而另一部分含药过少或不含药物。动物摄入含药量高的饲料就会出现中毒甚至死亡，对于那些安全范围较窄的药物，情况更是如此。动物摄入含药量低或不含药的那部分饲料，就达不到用药目的，贻误生产。为使药物与饲料充分混匀，必须按规定先将药物制成预混剂，然后用预混剂与饲料混合。②严格掌握混药的剂量和用药的时程。药物的混饲浓度，通常用 g/t 或 mg/kg 表示。用药目的不同，饲料中药物的浓度就不同。例如，土霉素在家禽，促进生长和改善饲料利用率，剂量为 10～50 g/t，长期连续使用，控制滑膜支原体所致的传染性滑膜炎和多杀性巴氏杆菌所致的禽霍乱，剂量为 100～200 g/t，连用 7～14 d；控制由鸡毒支原体和大肠杆菌混合感染所致慢性呼吸道病和气囊感染，剂量为 400 g/t，连用 7～14 d；减少大肠杆菌所致气囊感染所致的死亡，剂量为 500 g/t，连用 5 d。③注意药物与药物、药物与饲料组分的相互作用。例如，氨丙啉与硫胺素（维生素 B_1）的结构相似，能竞争性地抑制球虫的硫胺代谢而起抗球虫作用，当饲料中硫胺素的含量超过 10 mg/kg时，其抗球虫作用减弱；又如土霉素等能与饲料中的钙、镁等离子形成络合物，影响各自的吸收。

2. 拌料

与混饲的要求类似。只不过拌料是采用手工混合方式，适用于小群体如户养群体动物的饲料混药，而混饲适用于大批量饲料的混药。拌料混药的方式，是将药物混入少量饲料，通过多次递增混合法逐步将药物与全部饲料混匀。药物的剂量多根据动物的体重计算。

3. 混饮

混饮是将药物溶解于水中，让动物自由饮用。此法常用于预防和治疗动物疾病，适用于因病不能采食但还能饮水的动物，特别是像家禽等小动物。混饮除要注意混饲的有关问题外，还应特别注意：①药物的溶解性和稳定性。易溶于水的药物，混饮的效果一般较好。难溶于水的药物，经加热、搅拌或添加助溶剂等方法使其溶解混饮，也能收到较好的效果。采用增溶方法也不能溶解的药物，不得混饮给药。在水中不易破坏的药物，可让动物全天候自由饮用。在水中易破坏的药物，应在一定时间内让动物饮完药液，以保证药效。方法是用药前给动物停水一段时间（如 1～2 h），然后喂饮药液。药液的量不宜过多，以够用为度。②药物浓度。药物混饮的浓度通常用 mg/L 表示。应按动物群体大小计算出所需的药量，将药物加入适量的饮水中，充分搅拌，使药物完全溶解。药量和溶解药物的水量计算有误，就会出现药物浓度过低或过高，最终达不到防治疾病的效果或是出现毒副作用。一般而言，正常动物的生理饮水量，是其饲料摄入量的 1 倍左右。因此，药物混饮的浓度应是其混饲浓度的一半。然而，动物饮水量又与动物的品种、饲养方式、饲料、季节及气候等因素密切相关。例如，动物在冬季的饮水量一般偏低，所配药液的量不宜多，但药物的浓度宜高，以保证动物每天摄入足够的药量。动物在夏天的饮水量增加，所配药液量宜多，但药物的浓度应较低，以使动物不摄入过量药物。

一部分抗生素、激素和维生素，由于效价不恒定，只能依靠生物鉴定的方法与标准品比较来测定，常采用某些特定的单位计量。一些合成、半合成的抗生素多以其有效部分的一定含量（多为 1 μg）作为一个单位，如链霉素、土霉素、红霉素等均以纯游离碱 1 μg 作为一个单位。少数抗生素以其某一特定的盐，如金霉素和四环素均以其盐酸盐纯品 1 μg 为单位，青霉素则以国际标准品青霉素 G 钠盐 0.6 μg 为 1 单位（U）。

任务二　影响饲料药物发挥作用的因素

一、动物

1. 品种、品系

药物作用存在明显的种属差异。这种差异除表现在组织对药物的敏感性不同外，还主要表现在对药物的吸收、分布、代谢和排泄的差异上。以磺胺二甲氧嘧啶为例，该药在各种食品动物的半衰期如下：猪 10 h，鸡 17.8 h，牛 10.7 h，奶牛 3.5 h，绵羊 4.5 h，山羊 3.3 h，兔 1.6 h。同一药物在不同种、属动物的半衰期相差 10 余倍，因此不能将药物在甲种动物的给药方案套用于乙种动物。造成半衰期差异的主要原因之一是药物在肝脏代谢的方式和程度不同。磺胺二甲嘧啶在猪、兔、鱼的代谢方式主要是乙酰化，其中兔的乙酰化率高达 62.1%，而猪仅为 10%，所以磺胺二甲嘧啶在兔的半衰期短，猪的半衰期长。磺胺二甲嘧啶在马、牛、羊、禽的主要代谢方式是羟化，其中奶牛的羟化率为 26%左右，马为 8%，山羊为 14%，禽为 6%。奶牛的羟化程度大，半衰期短；禽的羟化程度小，半衰期长。除品种外，不同品系动物对同一药物的反应也存在差异。例如，磺胺二甲嘧啶在白来航产蛋鸡的半衰期为 17.8 h，而在杂种产蛋鸡的半衰期仅为 8 h。

2. 年龄

幼龄和老龄动物一般对药物比较敏感，比较容易发生中毒。因为幼龄动物的肝药酶活性较低，或肝、肾功能发育不全；老龄动物机能衰退，对药物的代谢或排泄能力下降。

3. 性别

性别对药物的作用有很大影响，因为性激素能够影响药物代谢酶的活性。仍以磺胺二甲嘧啶为例，母鼠的乙酰化酶活性高于公鼠，而公鼠的羟化活性高于母鼠。该药在公牛的消除半衰期为 5.2 h，在母牛为 3.6 h，差异极显著；在公山羊、母山羊和阉山羊的半衰期分别为9.0 h、2.1 h 和 1.45 h，差异也非常明显。对孕畜用药更要注意，一些药物在怀孕初期使用易致畸形，有的在怀孕后期能引起流产，有的在泌乳期使用则易引起幼畜中毒或药物在乳中残留。

4. 体重

品种相同而体重不同的动物，对同等剂量药物的反应往往不同。要获得同等效应或相同的血液和组织浓度，必须依照动物的体重计算给药剂量。脂溶性高的药物容易在脂肪组织中蓄积，因此对于多脂肪或肥胖的动物，应适当增加剂量。

5. 机能状态

处于病理状态的动物，一般对药物比较敏感。肝脏是药物代谢的主要器官。肝炎、肝坏死和肝硬化等会降低细胞色素 P-450 的含量，减少葡萄糖醛酸和硫酸等结合代谢反应，使主要经肝脏代谢的药物的消除变慢，药物与血浆蛋白的结合率减少，首过效应降低。肾脏是药物排泄的主要器官。肾功能低下，不仅使主要经肾脏排泄的药物的消除减慢，血浆蛋白结合减少，而且还改变药物在体内的分布和肝脏的代谢等。心脏功能衰竭，导致循环功能障碍，会使药物在胃肠的吸收减少，表观分布容积降低，生物转化变慢等，这些都会改变药物的作用。胃肠功能失调，能改变药物的吸收和生物利用度。

二、药物

1. 理化性质

药物的物理性状(包括溶解度、晶型、挥发性、吸附力等)和化学性质(酸碱性、解离度、稳定性、立体异构和光学异构等),都能影响药物的体内过程和作用。只有易溶解的药物才能经消化道吸收并进入血液循环从而被机体利用。大多数药物都是弱的有机酸类或有机碱类,在胃肠液或体液中多以离子或非离子的形式存在。非解离型药物的脂溶性较高,通常以被动扩散方式通过生物膜而被吸收和转运,而解离型药物带电荷,水溶性较高,通常以其他方式转运吸收。由于药物的吸收受溶解性和解离度的影响,对于不易吸收的药物,可通过化学修饰和结构改造等方式改变其脂溶性或解离度以增加吸收。

很多因素影响药物在胃肠液中的溶出速度进而影响药物的吸收速度和程度、显效起始时间、效应强度和持续时间。这些因素包括扩散系数、粒径、晶型等。扩散系数是单位时间内溶质(药物)通过一定截面积的数量,它与分子容积和溶液黏度成反比,即分子容积越大,溶液黏度越高,溶出速率就越低。药物的粒径决定药物的表面积。减小粒径可增大药物在溶剂中的表面积,促进溶解,提高吸收率。所以,对于一些难溶或溶解慢的药物,常采用微粉化技术减小其粒径,达到提高吸收率的目的。

2. 剂型

药物必须制成一定的剂型才能用于动物,目的是使药物在作用部位产生有效的浓度。饲料药物的剂型有散剂(预混剂)、溶液剂、可溶性粉剂、微囊剂等。剂型影响药物的溶解、吸收、血药浓度,进而影响药效。一般,溶液剂的吸收速率大于固体药剂。在溶液剂中,油溶剂的吸收速度受油相到水相分布速度的影响,故常制成油/水型乳剂,使油粒表面积增加而促进吸收。

3. 给药频率与疗程

给药次数取决于动物的病情和生产实践的需要,用药间隔时间依药物在体内的消除速度而定。一般消除慢的药物要有较长的给药间隔时间,消除快的药物要增加给药次数。大多数药要求反复用药一段时间才能达到用药目的,这段时间称为疗程。必要时还可以进行第二个疗程。治疗细菌感染性疾病时,抗菌药物的剂量或疗程不足,可诱发病原体产生耐药性。有些药物在连续反复用药后,机体对药物的反应会逐渐减弱,这种现象称为耐受性。这时只有增加剂量,才能达到原来的效果。这种耐受性与先天性的个体耐受性不同,停药一段时间,机体就会逐渐恢复对药物的敏感性。

4. 联合用药

为了增加药效,减少或消除药物的不良反应,常常要使用两种或两种以上的药物,称为联合用药。药物合用后效果大于各药单用效果总和的,称为协同作用。药物合用的效果等于各药单用效果之和,称为相加作用。药物合用后效果减弱的,称为颉颃作用。药物的相互作用,依据其发生原理,有药效学与药动学之分。

抗菌药物如磺胺类与抗菌增效剂合用,可使抗菌作用增加几倍甚至几十倍,由原来各自的抑菌作用变为杀菌作用,是药物协同作用的明显例子。青霉素和链霉素合用,可拓宽抗菌谱,增加适应症,是相加作用的例子。氯霉素、四环素、磺胺类或红霉素等与青霉素合用,会破坏青霉素的杀菌条件而减弱青霉素的作用。赖氨酸、精氨酸和苏氨酸按一定比例合用,能提高氨基酸的生物学价值，促进动物增重的效果显著。但当赖氨酸过量时，肾脏精氨酸酶的活性增强，尿中精氨酸的排除量增加而体内精氨酸的量减少。苏氨酸与色氨酸之间，蛋氨酸、与甘氨酸之间，精氨酸、胱氨酸、鸟氨酸与赖氨酸之间，亮氨酸与异亮氨酸、缬氨酸之间等也存在颉颃作用。

营养性药物的相互作用，不仅表现在各类药物的内部，而且还表现在各类药物之间。例如，维生素与氨基酸。足量的维生素 A 是动物体合成蛋白质的前提条件，维生素 C 能缓解和消除酪氨酸的有害作用，叶酸和维生素 A 能减轻蛋氨酸过量的毒副作用，叶酸和烟酸也能减轻甘氨酸过量的有害影响。另外，色氨酸在体内可转化为烟酸，以减轻烟酸缺乏症，过量的蛋氨酸也可部分满足机体对胆碱和维生素 B_{12} 的需要。

某些药物在体外配伍时可能发生分解、沉淀、变色、吸附、潮解、融化，或产生气体、燃烧、爆炸等理化变化，这些变化有的是肉眼能看见的。药物的这种体外相互作用称为配伍禁忌。胆碱的碱性很强，能使维生素 C、维生素 B_1、维生素 B_2、泛酸、烟酸、吡哆辛、维生素 K_1、维生素 K_2 破坏，所以胆碱不能与这些维生素同时使用。氯化胆碱还具有极强的吸附性，将其直接配制到含微量元素的添加剂中，就会使添加剂吸湿结块，并破坏其中维生素的稳定性。维生素 C 具有较强还原性，可使叶酸和氰钴胺分解失效。硫酸亚铁等含铁化合物与维生素 A、维生素 D、维生素 E、维生素 B_{12} 合用，铁能加速这些维生素的氧化失效过程。表 1-1-1 总结出容易发生配伍禁忌的常见饲料药物。

表 1-1-1　常见饲料药物配伍禁忌表

药物	配伍禁忌	药物	配伍禁忌
两性霉素 B	所有电解质，苄青霉素，钙盐，羧苄青霉素，氯丙嗪，庆大霉素，卡那霉素，呋喃妥因，土霉素，多黏菌素 B，甾体类，链霉素，四环素，B 族维生素，维生素 C	庆大霉素	两性霉素 B，红霉素，磺胺药，青霉素类，链霉素，卡那霉素
		林可霉素	氨苄青霉素，苄青霉素，羧苄青霉素，红霉素，新生霉素，可溶性磺胺药
氯霉素	红霉素，新生霉素，土霉素，多黏菌素 B，磺胺嘧啶，四环素，万古霉素	新生霉素	氯霉素，红霉素，土霉素，链霉素，四环素，万古霉素
氨苄青霉素	氨基酸类，氯化钙，氯霉素，氯丙嗪，金霉素，红霉素，庆大霉素，卡那霉素，林可霉素，新生霉素，土霉素，巴比妥类，多黏菌素 B，链霉素，磺胺异噁唑，四环素，B 族维生素，维生素 C	土霉素	碱类，两性霉素 B，钙盐，头孢菌素类，氯霉素，红霉素，新生霉素，磺胺嘧啶，磺胺异噁唑，B 族维生素，杆菌肽锌，恩拉霉素，磷酸泰乐霉素，金霉素，硫酸黏杆菌素，喹乙醇
苄青霉素	两性霉素 B，头孢噻吩，氯丙嗪，红霉素，林可霉素，土霉素，四环素，万古霉素，B 族维生素，维生素 C	羧苄青霉素	两性霉素 B，氯霉素，红霉素，庆大霉素，卡那霉素，林可霉素，土霉枣，四环素，链霉素，B 族维生素，维生素 C
红霉素	羧苄青霉素，头孢菌素，氯霉素，新生霉素，巴比妥类，链霉素，四环素，复合维生素 B	金霉素	杆菌肽锌，恩拉霉素，北里霉素，维吉尼亚霉素，黄霉素，磷酸泰乐霉素，土霉素，硫酸黏杆菌素，喹乙醇
恩拉霉素	杆菌肽锌，北里霉素，维吉尼亚霉素，黄霉素，磷酸泰乐霉素，金霉素，土霉素	北里霉素	杆菌肽锌，恩拉霉素，维吉尼亚霉素，黄霉素，磷酸泰乐霉素，金霉素，土霉素，喹乙醇

续表 1-1-1

药物	配伍禁忌	药物	配伍禁忌
维吉尼亚霉素	杆菌肽锌,恩拉霉素,北里霉素,黄霉素,磷酸泰乐霉素,金霉素,土霉素,喹乙醇	黄霉素	杆菌肽锌,恩拉霉素,北里霉素,维吉尼亚霉素,磷酸泰乐霉素,金霉素,土霉素,喹乙醇
磷酸泰乐霉素	杆菌肽锌,恩拉霉素,北里霉素,维吉尼亚霉素,黄霉素,金霉素,土霉素,喹乙醇	多黏菌素 B	两性霉素 B,氨苄青霉素,头孢菌素,氯霉素,金霉素,四环素
磺胺药	酸性电解质,氯霉素,氯丙嗪,庆大霉素,卡那霉素,林可霉素,链霉素,四环素类,万古霉素	B 族维生素和维生素 C	两性霉素 B,巴比妥类,氯霉素,氯丙嗪,红霉素,新生霉素,可溶性磺胺,四环素类
喹乙醇	杆菌肽锌,恩拉霉索,北里霉素,维吉尼亚霉素,黄霉素,磷酸泰乐霉素,金霉素,土霉素,硫酸黏杆菌素	氯羟吡啶	氨丙啉,硝酸二甲硫胺,尼卡巴嗪,盐酸氯苯胍,离子载体类,二硝托胺,海南霉素,氢溴酸常山酮
盐酸氯苯胍	盐酸氨丙啉,硝酸二甲硫胺,氯羟吡啶,尼卡巴嗪,氢溴酸常山酮,二硝托胺	硫酸黏杆菌	金霉素,土霉素,喹乙醇
盐酸氨丙啉	硝酸二甲硫胺,氯羟吡啶,尼卡巴嗪,氢溴酸常山酮,盐酸氯苯胍,离子载体类,二硝托胺,海南霉素钠	二硝托胺	盐酸氨丙啉,硝酸二甲硫胺,氯羟吡啶,尼卡巴嗪,氢溴酸常山酮,盐酸氯苯胍,离子载体类,海南霉素钠

三、饲养管理与环境

动物的饲养密度影响药物的作用。群居拥挤可大大增加药物的毒性,疲惫不堪的动物对药物反应强烈,动物在黑暗和通风不良的畜舍中饲养,药物的毒副作用表现得更为强烈。有益作用大为减弱。环境温度和光照的变化,声响和空气污染的刺激,饲料和管理方式的更换,动物的迁移和运输等,均可导致应激而影响药物的效应。

任务三 饲料药物的合理使用

饲料药物应用的总原则是:充分发挥药物的有益作用,避免其有害作用,消除影响药物作用的不良因素,保障动物高产、优质、高效生产。饲料药物的使用,要达到有效、安全、经济、方便的目的。具体原则如下。

1. 特殊性原则

食品动物品种繁多,有家畜(如猪、牛、羊、兔)、家禽(如鸡、鸭、鹅、鸽)、水产动物(鱼、虾、鳖)。每种动物都有其独特的解剖结构和生理生化特点。因此,饲料药物的合理使用,首先就必须充分考虑各种用药对象的特殊性。例如,使用硫双二氯酚或槟榔驱吸虫和绦虫,鸭比较敏感。按每 1 kg 体重计算,硫双二氯酚,鸡为 0.1～0.5 g,鸭为 0.03～0.05 g;槟榔,鸡为 1～1.5 g,鸭为 0.5～0.8 g,鹅用 0.5 g 就中毒。

2. 预防为主原则

现代养殖业所养殖的动物，经过长期选育而具有早熟、高产和抗通风性差的特点。它们代谢旺盛，生长速度快，生产周期短（如猪 150 d、鸡 42 d 即可出栏）但这些动物生理机能不十分完善，抵抗力弱，易受各种应激因素影响而发病。一般而言，高产的动物更容易发病。

现代养殖业的另一个特点是高度集约化。人们为了提高经济效益，往往增加单位饲养空间内养殖动物的数量。这种高密度的生产方式，往往造成畜舍通风和光照不好，舍内存在大量有害气体，滋生各种病原微生物、寄生虫和传播疾病的蚊、虫、鼠类，使得动物更容易发病。动物发病后，疾病蔓延快，发病率高；发病动物数量大，给治疗造成很大困难。禽类个体小，治疗很不方便，治愈率低，死亡率高，治疗的费用也高。因此，无论动物发病还是发病后进行治疗，都将使动物的生产性能下降，给生产造成严重的经济损失。

综上所述，无论从营养的角度，还是从疾病控制的角度，所有用药都要强调预防为主。即控制疾病的发生，保障正常生产，减少经济损失。

3. 综合原则

饲料药物的综合性原则，是指添加用药与饲养管理相结合、治疗用药和预防用药相结合、对因用药和对症用药相结合。以抗生素为例：抗生素只对生物病原起作用，即抑制或杀灭病原微生物或寄生虫，但抗生素对病原生物的毒素无颉颃作用，也不能清除病原，更不能恢复宿主的功能。有的抗生素本身还有一定的毒副作用。因此，在应用抗生素的同时，往往还要：①加强营养，以提高机体的抵抗力（或免疫力），使机体能够清除病原及其毒素，对抗病原、毒素乃至药物所致的毒副作用。②加强饲养管理，以减少或消除各种诱因，打断发病的环节。③对症或辅助用药，以纠正病原及其毒素所致的机体功能紊乱，药物所致的毒副作用。

4. 规程化原则

规程化用药原则，是针对目前一些养殖场“盲目添加、被动用药”的状况而提出的。有些场在饲料和饮水中大量添加某种（或某几种）药物，而不管这个场发生不发生这种药物所能控制的疾病，或者这种疾病是在何时发生。有的甚至是给动物终生添加。这种盲目用药，不仅收不到用药的预期效果，而且还会造成药物的浪费，甚至导致药物的毒副作用和公害，对养殖生产和消费者都造成损害。规程化用药，不仅可以避免盲目添加和被动用药的现象，而且还是控制或消灭某些特定疾病的有效措施，是一种科学合理的用药方式。规程化用药，也能减少药物残留和环境污染的发生，避免耐药生物的产生与传播，是提高养殖场经济效益、社会效益和生态效益的有力保障。

5. 无公害原则

饲料药物具有二重性。一方面，它能提高畜产品的产量与质量，防治动物疾病，改善饲料利用率，保障和促进养殖业高产、高效发展。另一方面，饲料药物的不合理使用或滥用，也有一些负面作用，如药源性疾病、残留、耐药性、环境污染等，影响养殖业乃至人类社会持续发展。

任务四　饲料药物不合理使用

饲料药物具有多方面的作用，是养殖业不可或缺、不容替代的重要基础物质。然而，这类物质大量地、甚至是不合理地使用（即滥用）也引发了许多问题。这些问题是不良反应、药源性疾病、病原耐药性、残留和环境污染等。

一、不良反应与药源性疾病

不良反应或称毒副作用，是药物引发的与用药目的无关的反应，包括毒性作用和副作用。毒性作用是用药剂量过大或时间过长所致，而副作用则是由药物具有的与用药目的无关的其他作用所致。不良反应也可是药物的治疗作用引起的继发性反应。如动物的消化道内有许多微生物寄生，微生物群落之间保持着平衡的共生关系。长期应用土霉素、金霉素等广谱抗生素时，对药物敏感的菌株受到抑制，群落之间相对平衡的状态被破坏，而对药物不敏感的微生物如真菌、大肠杆菌、葡萄球菌、沙门氏菌等大量繁殖，造成腹泻甚至全身感染。此种继发性感染又称二重感染。许多饲料药物应用过量，就引起动物出现中毒反应。例如，卡巴氧和喹乙醇的用量过大，猪出现采食量下降、饮尿、流涎、粪干、脱水、肌肉震颤，运动失调和瘫痪等症状；血中醛固酮的浓度显著降低，钠离子浓度下降而钾离子浓度上升；肾上腺、骨骼肌、心肌发生萎缩性变化。猪摄入含离子载体类抗生素（抗球虫药）后，出现呕吐、绝食、运动失调、痉挛、尿带血色，有时粪色黑或血粪或腹泻；血中肌酸酐酶的活性显著升高；心外膜下层和心肌细胞出血，肌肉透明状退化和坏死，肝和肾的细胞萎缩。

营养性饲料药物过量也能引起毒副作用。脂溶性维生素过量和较长期使用，会引起蓄积性中毒。水溶性维生素长期过量使用，也会引起中毒反应。维生素 B_1（硫胺素）过量会产生昏睡、轻度共济失调、虚弱、颤抖、神经肌肉麻痹等神经症状，还引起脉搏加快、心律不齐、血管扩张、水肿等。烟酸摄入过量，可致呕吐、厌食、腹泻、心动过速、尿酸代谢异常等症。叶酸过量可致肾肿大、肾小管上皮增生等。维生素 C 过量的副作用是恶心、腹泻、胃肠胀气。长期大量摄入维生素 C，可降低小肠对铜的吸收和血中含铜蛋白的浓度，引起铜的负平衡；降低维生素 B_{12} 和 β-胡萝卜素的吸收和利用；导致怀孕期缩短并产生死胎；导致条件性坏血病等。

微量元素超量往往引起严重的毒副作用。动物摄入过量的铜时，胆汁排泄铜的功能紊乱。铜沉积在肝内，引起肝细胞损害，出现黄疸和血浆铜蓝蛋白含量低下等症。铜沉积在近曲小管，出现氨基酸尿、蛋白尿、磷酸盐及尿酸尿。猪铜中毒，表现为食欲减退、渴感增加、喜卧、血红蛋白含量下降、消瘦、腹泻，有时出现呕吐、黄疸甚至死亡。奶牛铜中毒，表现为产奶量下降、卧地不起、棕色尿、黄疸、贫血。绵羊慢性铜中毒，表现为突然发病、呼吸加快、衰弱、极度口渴，尿呈深棕色，皮肤及黏膜呈橘黄色，因肾区疼痛而出现拱背现象。锌、锰、铁、硒、钴、碘元素都能引起动物中毒反应。

由于药物的应用有时会致机体发生某种病理性变化并在临床上表现出症状，人们通常把这类由药物引起的疾病称为药源性疾病。药源性疾病与传染病不同，传染病是由微生物感染所致。药源性疾病与药物急性中毒有相似之处，但后者是由用药剂量过大造成，发病时间较短。药源性疾病是由药物使用不合理，如滥用、选药不当和误用等造成。

二、耐药性

1. 耐药性及其危害

耐药性又称抗药性，一般是指病原体（细菌、病毒、寄生虫等）对化疗药物（即抗菌药、抗病毒药、抗寄生虫药等）反应性降低的一种状态。耐药性是因长期应用某种（或某类）单一化疗药物、用药剂量不足或应用的药物不当时，病原体通过生成药物失活酶、改变细胞膜通透性阻止药物进入、改变靶结构或原有代谢过程而产生的。

病原体产生耐药性后，对药物的敏感性降低甚至消失，致使药物对它的疗效下降或无效，人们错失控制疾病的时机。某种病原体对一种药物产生耐药性后，还可能对同一类的其他药物也有耐药性，这种现象称为交叉耐药性。例如，巴氏杆菌对磺胺嘧啶产生耐药性后，对其他磺胺药也产生耐药性。交叉耐药性有单交叉（或称半交叉）和双交叉（或完全交叉）之分。单交叉耐药是病原体对甲药产生耐药性后，对乙药也耐药；但对乙药产生耐药后，对甲药仍敏感。双交叉耐药是指病原体对甲药产生耐药性后，对乙药也耐药；对乙药产生耐药后，对甲药也耐药。有些病原体产生耐药性后，可通过多种方式将耐药性垂直传递给子代，或水平转移给其他非耐药的病原体，造成耐药性在环境中广为传播、扩散，使人们应用药物防治其他病原体所致的疾病变得十分困难。这是近年来耐药病原体逐渐增加和化疗药物的抗病效果越来越差的重要原因。人们更为担心的是，动物的耐药菌将耐药性转移给人的病原体，会使人类的疾病失去药物控制。

2. 耐药性的转移

耐药性有两种，即天然耐药性和获得耐药性。天然耐药性是病原体在经物理因素（x射线、紫外射线等）、化学因素（如氮芥、环氧化物等）等诱发，或自身遗传物质DNA自发突变而产生。天然耐药性多由突变形成，故又称为突变的耐药性或染色体介导的耐药性。在自然界中，因染色体突变对一种药物产生耐药性的概率极低，通常为十万至十亿分之一。因此，突变对两种或三种药物同时产生耐药性的概率更低。突变产生的耐药性，一般只对一种或两种相似的药物耐药，且比较稳定。它的产生和消失与是否接触过药物无关。虽然染色体介导的耐药菌在自然界中并不少见，但由于突变耐药菌的生长和细胞分裂变慢，同其他细菌的竞争力变弱，它们在自然界的耐药菌中居次要地位。突变耐药性主要通过染色体垂直转移给子代。

获得耐药性是病原体与药物接触后所产生，通过质粒携带和传播，又称为质粒介导的耐药性。耐药质粒广泛存在于革兰氏阳性菌和阴性菌，几乎所有致病菌均具有耐药质粒。通过耐药质粒传递而产生的耐药现象，是自然界发生耐药现象最为重要、最多见的方式。

3. 饲料药物的耐药性

在集约化养殖生产上，部分饲料添加（或混饮）的抗菌药物和抗寄生虫药物是为了治疗和控制动物疾病，用药剂量往往较大，用药时间往往不长，疾病得到控制即停药。然而，养殖生产上应用的大多数饲料药物，通常是防止疾病或提高动物生产性能之用，用药剂量往往低于治疗疾病的剂量，称为亚治疗剂量。用药时间较长，有的甚至是对动物终生应用，如肉鸡抗球虫药。从理论上分析，亚治疗剂量化疗药物容易诱导病原体的耐药性，影响药物的治疗效果；耐药性甚至可向人转移，影响人类疾病的控制。抗生素在动物性食品中残留，也将对人体产生严重危害。

4. 耐药性的控制措施

（1）合理使用化疗药物　兽医用药应严格掌握药物的适用范围。使用抗菌药物前应尽可能做病原学检验，有条件的要进行药敏试验，作为选药和调整药物的参考。应掌握合适的剂量和疗程，既要避免剂量过大造成药物浪费和毒性反应出现，又要避免剂量不足所致的病情迁延、复发或耐药性的产生。疗程应尽量缩短。一种药物能控制的感染，不要随意使用几种药物。可用窄谱药物的，不用广谱药。严格掌握预防应用、治疗应用和促生产用药物的品种、剂量、时程和所需条件。不要将容易产生耐药性的药物低剂量、长期添加使用。病原耐药性一旦产生后，并不一定稳固，停用有关药物后敏感性可能会逐渐恢复(如细菌对庆大霉素的耐药性)。因此，要根据病原耐药性变迁情况，有计划地将化疗药物分期分批交替使用，这对防止或减少耐药性有较好的作用。

(2)防止耐药病原体交叉感染　对耐药菌感染的动物，要使用有效的药物予以治疗，直到动物痊愈。动物出栏和转群，要彻底进行消毒。对耐药菌感染的场地、栏厩、车辆、用具及废弃物等，更应做严格消毒处理。对饲养员、兽医及与动物经常接触的人员，要定期检查带菌情况，发现携带耐药菌的要做严格消毒和治疗处理，并应暂时调离岗位，以免耐药菌传播到他人和其他动物。

(3)加强药政管理　应制订有关法规，严格将治疗用抗菌药与添加用抗菌药分开，严格将人用治疗抗菌药与兽用治疗用抗菌药分开。限制长期添加使用的抗菌药品种，禁止抗生素菌丝体用于食品动物。规定抗菌药物的使用必须凭处方供应，应由受过专门训练的兽医师开出处方，方可配给抗菌药。严格新抗菌药物的审批标准，加强抗菌药的质量监督。建立专门的耐药性实验监测中心和网点。对食品动物及其他动物的细菌耐药性进行检测、预报和调查研究。要与国际国内卫生部门的耐药性工作接轨，借鉴先进经验，引进相关技术。要定期开展技术培训、知识推广普及工作，使所有用药的人都明白耐药性的危害和防范措施。

(4)寻找和开发新药　根据细菌耐药性的发生机制及其与抗菌药物结构的关系，寻找并开发具有抗菌活性，尤其是对耐药菌有活性的新抗菌药。对那些主要因细菌灭活酶而失效的抗菌药物，可寻找适当的酶抑制剂。质粒消除剂或防止耐药质粒结合转移的药物，也是目前研制开发的热点之一。

三、残留

在动物的饲料中使用饲料添加剂和兽药等化学物质，这些物质用后若在食品中有极微量(或称痕量)可被检出，就称为残留。在学术上，残留是指用药后，药物的原形或其代谢产物在动物的细胞、组织、器官或可食性产品(如奶、蛋)中的蓄积、沉积或贮存。

1. *残留的危害*

人们对食品中有害物质残留的关注，有经济或公共卫生两方面的原因。例如，牛奶污染了抗生素，奶产品如奶酪、黄油、酸奶等的发酵培养受到影响，给厂家造成经济损失。青霉素对敏感人体引发过敏反应。氯霉素可引发致死性血液失调症，FDA已禁止其在食品动物上使用。FDA也禁止硝基呋喃类在食品动物上使用。除了治疗药物外，大多数局部用杀虫药，经皮肤有一定程度的吸收，而在组织中发生残留。饲料药物残留的危害主要表现在：

(1)过敏反应　残留引发的变态反应，轻者表现为皮疹和水肿，重者则为致死性反应。能引起变态或过敏反应的饲用药物为数不多，主要是青霉素类、四环素类、磺胺类和一些氨基苷类药物。这些药物进入体内后，与体内的大分子物质结合而具抗原性，刺激机体产生抗体。青霉素类引起变态反应的潜在危险最大，因为该类药物具有很强的变应原性，并且被广泛地应用于人和动物。

(2)耐药性　细菌耐药性是指有些细菌菌株对通常能抑制其生长繁殖的一定浓度的抗

菌药物产生的不敏感性或耐受性。药物添加于饲料和饮水饲喂动物，是一种开放的用药方式，提供了细菌产生耐药性的条件。研究表明，随着抗菌药物的广泛应用，环境中耐药菌株的数量在不断增加。动物反复接触某种抗菌药物，体内的敏感菌株受到选择性抑制，而耐药菌株得以大量繁殖。动物体内的耐药菌株可通过动物性食品传播给人，从而给人的感染性疾病的治疗带来困难。

(3)激素样作用　具有天然类固醇作用的外源化合物可促进动物生长，调节繁殖机能，有利于提高畜产品产量。然而，这些激素残留也能通过食物链影响公共健康。近年来，各地出现小孩早熟、成年人更年期异常的报道，虽然没有直接的证据，但食品中激素的残留可能是一个原因。现已查明，某些消费者出现的肌肉震颤、心跳加快、摆头、心慌等神经、内分泌紊乱症状，就与β-受体兴奋剂克伦特罗残留超标有关。

(4)"三致"毒性　所有的苯并咪唑类药物在进入动物机体后，只有一小部分以不可提取的形式与组织结合。大多数苯并咪唑类药物经代谢后，具活性的亲电子代谢物均能与肝组织结合。苯并咪唑氨基甲酸酯化合物以及类似物，如丁苯咪唑、康苯咪唑、苯硫氧苯咪唑、丙硫苯咪唑等对实验动物和食品动物均有致畸作用，相当低的剂量即可诱发畸胎形成。雌性动物妊娠的特定时期对致畸物较敏感。只有在胚胎发育的特定时期内，药物的致畸作用才与剂量相关。

(5)其他毒性　氯霉素经代谢能与体内蛋白结合。经常摄食含氯霉素及其代谢物的食品，可抑制骨髓蛋白质的合成，干扰造血功能，导致再生障碍性贫血。四环素能部分以钙盐形式长期保留在骨组织中，使骨和牙齿黄染，影响儿童生长发育，还引起肝功能障碍。氨基苷类能引起肾脏损害和听神经功能障碍。

2.残留发生的原因

食品动物及其产品中的违规残留，大都是用药不合理或用药错误所致。总结起来，有以下几个方面：①不正确使用药物。如用药的剂量、途径、部位和靶动物不符标签说明，以致剂量过大、时间过长、用药方式和途径不当，靶动物不对，或标签外用药（即药物用于未经批准使用的动物，或将未经批准的兽药或人药用于食品动物）。②不遵守休药期。如畜主在休药结束前屠宰动物，用药不征求专业人员意见，不坚持做用药记录，对用药不作必要的监督和控制，在动物屠宰前使用药物掩饰临床症状、逃避宰前检查。③药品标签上的指示用法不当，或不注明休药期。④疏忽大意或无意残留。如饲料粉碎或混合设备受到药物污染、将盛过药物的容器用于贮藏饲料、加药饲料的加工或运送出现错误、仓库发错或饲养员用错药物或加药饲料、输送饲料的机械或车辆有药物交叉污染等。饲料生产不遵守操作规程，如生产加药饲料后机器设备没有经过彻底冲洗而用于生产非加药饲料、加药饲料未混匀。⑤饲养管理不当。如饲养员缺乏残留和休药期知识、随意改变饲养规程，重复使用污染药物的废水、废弃物和动物内脏，不更换垫料和食盆，动物接触厩舍粪尿池中含有药物的废水和排泄物（如猪经常摄入这些污水）、奶牛在干奶期用药、小肉牛饮用含药牛奶。⑥其他原因。在某些情况，按照休药期给药也发生残留。牛奶中抗菌药物残留，受多种复杂的、尚不明了的因素综合作用。

3.残留防范措施

在欧美国家，药品（含兽药）、食品添加剂（含饲料添加剂）、农药以及各种工业或生活用化学药品，正式投产前均需进行毒性试验或安全性评价，证明其确实安全、有效后才获准使用。饲料药物的安全性评价主要有以下几个方面：①药物对靶动物、共生微生物、环境和人的毒性作用；②残留在可食性组织中的形态及其生理化学性质、数量和消除规律；③残留的靶组织（残留最后消除完毕的组织）和靶化合物（最后完全排出体外的化合物、药物原形或其代谢物）；④残留物在可食性组织中的允许残留限量和适宜的检验、监测方法；⑤残留对人体的潜在毒性，食品加工过程对残留及其毒性的影响。对饲料药物进行安全性评价时，应注意药物全部成分的规范性和均一性，要选择适当的试验剂量和试验动物。

安全性评价的目的是要制订药物在动物可食性组织中的最高残留限量或称允许残留量和休药期或弃奶期。残留限量是指动物的组织、奶或蛋在被人安全地消费之前，其中的药物或化合物浓度不得超过的浓度。不同组织的残留限量是建立休药期的依据。残留限量是在对人消费的潜在性危害进行广泛毒理学研究基础之上建立起来的。用动物进行慢性毒性试验的目的，是要确定人消费的安全浓度。建立残留限量和安全浓度，要考虑各种安全因子和统计学因素。安全因子反映化合物的毒性类型，如致畸物的安全指数与肾毒的安全指数不同。药物或化合物的残留限量有不同分类，其中重要的有零限量（即组织中不允许有残留存在，如致癌物）、可忽略限量（即残留无毒理学意义）和暂定限量（指在规定期限内有效，或将依据新的资料做修改）。

休药期（或弃奶期）是药厂依据科学实验测定的、药品主管部门批准的标准。任何休药期都只在特定的动物、剂量、给药途径和给药次数等条件下有效，也因药品生产厂家和剂型而异。不同厂家生产的仿制药品可能会有不同的休药期。

最高残留限量和休药期，通常由国家以法规形式颁布和执行。休药期通常印在药品的标签上。残留物超过法定残留限量的食品被视为劣质食品，不得在市场上出售。动物生产过程中必须对用药情况做如实记录，必须切实执行休药期规定。不得在休药期之前出售动物或其产品。动物或其产品上市时必须进行残留检测。

四、环境污染

环境污染不仅影响人类生存环境的质量，而且还对动物的健康和生产产生许多有害的后果和负面影响。动物在环境污染中占据一个比较复杂的位置。虽然环境污染主要源于人的活动，但动物也是一个污染源，动物废弃物中所含的生长促进剂、抗生素、抗寄生虫药、激素以及病菌等，是农业污染的重要组成部分。中毒动物的临床症状和毒理学分析数据，是监测环境中有毒污染物是否发散的有用指针。有些动物被喂养供人类食用，其可食性组织中可被污染物污染，这些动物通过食物链方式又成为污染的传播者。

Project 4

饲料药物的开发

饲料药物的开发，从狭义上讲是指一个药物从筛选到最后上市及上市后监测的全过程。广义上讲，它还包括药物研发对医药、商业、饲料、养殖业等的影响及其相互作用，是一个广泛而深远的过程。

任务一　开发程序

新药从发现到上市是一个复杂的过程。研制开发需要较长时间。研制开发一个新疫苗需很长时间，而一个新的化学药从发现到获得批准需要更长的时间。开发经费用也十分昂贵。1995 年，世界上每个新药研究开发的总费用平均为 4 亿美元。药物的研制开发包括以下基本过程。

1. 药物发现

新药发现的途径，有经验积累（如神农尝百草）、偶然机遇（青霉素的发现）、药物普筛（606 的合成）、综合筛选、天然产物提取（常山酮的发现）、定向合成（喹诺酮类系列产品的发现）、代谢研究（左旋咪唑的面世）、作用机理研究、利用毒副作用（同化激素的出现）和老药新用等。

2. 初步试验

科学家一旦发现一个有可能用于动物的化合物，就要进行一系列的初步测试。初试通常是在试管内用简单的生物体如细菌、酵母或模型进行。生物技术和计算机模拟等新手段，也可用于确定化合物在生命系统内的行为。

3. 临床前试验

在动物上进行，以评估合适的剂量和各种可能的副作用。经过试验，若研发单位认为此化合物具有应用前景，应通知药政部门，以求批准作新兽药或新饲料添加剂研究开发。

4. 临床试验

临床试验旨在确定产品的安全性和有效性。所有必要的试验都得进行，并要接受主管部门的检查和监督。用于食品动物的药物，不得在肉、乳、蛋中发生残留，必须确定药物在可食性产品中的消除时间。若药物是用于妊娠动物，或在组织中残留的时间较长，就要开展繁殖研究以确定其对胚胎的毒性和是否引起生殖问题。还要进行田间试验，以证明药品在国内不同地区自然生产条件下的有效性和安全性。此外，厂家还必须证明，自己能连续生产出合格的产品。

5. 审评和批准

临床试验完成后，所有的试验都要接受主管部门的审评。如产品是安全有效的，政府就批准厂家制造和销售此产品。产品获得批准时，其标签也被记录在案。标签是一种法律文件，没有政府的批准不得随便改动。动物生产者必须依法按照标签的说明使用该产品。

6. 监测

政府将随机监测食品中超标的药物残留。厂家还必须监测药物的不良反应发生情况和抗菌药物的耐药性。

任务二　发现与筛选

发现新药的途径有许多种，但主要是应用和筛选这两种途径。在应用中发现新药的方式不少，经验积累、偶然机遇、利用毒副作用和老药新用等属此。筛选是现代发现新药的主要途径，普筛、综合筛选、天然产物提取、定向合成，以及通过代谢和作用机理研究发现新药，都属筛选范畴。

筛选是发现创新药物不可缺少的手段和方式。当代创新药物研究的竞争十分激烈，其焦点就在于新药筛选，核心问题是低耗、高效地筛出新药，缩短新药发现的时间。传统的筛选方法是普筛，即在特定的模型上从事药物筛选。这是半个多世纪以来世界各国普遍采用的行之有效的寻找新药的方法。此方法的主要优点是目标清楚、方法简捷、指标明确、标准统一，能在短时期内集中成千上万个化合物进行试验比较，从中较快地发现有苗头的新药。但这方法也有较大局限性。

经过各国广泛过筛，现今筛出阳性化合物的机遇越来越少，阳性过筛率只有万分之一，即要筛选上万个化合物才能发现一个值得推荐为临床试验的新化合物，而这个化合物经过临床评选后能批准上市的可能性不到10％。近年许多国家建立的是简便快速的综合性评价方法，称为综合筛选法。此法是一药多筛，即对一个化合物同时用多种模型进行筛选，以避免仅靠单项指标而漏掉有其他药理活性的化合物。20世纪90年代以来，随着组合化学高效合成和各种过筛手段的进步，综合筛选获得前所未有的发展。

药物筛选基本方式如下。

1.随机筛选

随机筛选是用一个或多个生物试验手段评筛化合物或生物资源。在历史上曾发挥过重要作用，20世纪50—60年代较普遍。随机筛选发现新药的概率低；常采用整体动物试验方法，不仅速度慢、所获信息少、耗资大，而且不能有效地利用化合物资源，曾一度受到冷落。随着筛选技术的进步和自动化技术的应用，特别是组合化学的出现，随机筛选方法又逐渐兴起，甚至出现了专门的公司。例如，有的公司用细胞、纯化酶、受体或离子通道建立筛选方法，从微生物的发酵液和其他自然产物中筛选导向化合物。

2.经验式重复筛选

经验式重复筛选为使用最为广泛的传统筛选方式，主要特点是合成与筛选紧密配合，经过反复试验，根据构效关系，不断对化合物进行结构修饰，找到选择性导向或候选化合物。此方法属于定向合成与筛选，成败的关键在于确定适当的筛选目标和范围，选好靶标和筛选指标。20世纪60—70年代在新药发现研究中占主导地位，20世纪80年代以来更强调靶标选择，提出基于机理的筛选。靶向筛选是新药筛选中一个有发展潜力的重要方向和领域。

3.药物合理设计与筛选

药物合理设计与筛选又称基于结构的药物设计与筛选或理性发现。筛选的策略是将基于机制的筛选与药物合理设计融为一体，首先对靶标的分子结构进行分析。实施中也可取已知三维结构的靶标，直接进行药物合理设计作为工作的起点。如果大分子的一级结构已知，而三维结构不明，可根据同源蛋白模建等方法预测三维结构。大分子一级结构不清而只有配体结构信息的，根据配体推导药效基团模型，或提出假象受体，间接设计药物。这种筛选方式需要理论计算—药物设计—化学合成—生物筛选等技术密切配合，其关键是药物设计。成功的药物合理设计，可大量减少化学合成和生物筛选的工作量，提高新药发现的概率，降低资金投入。不成功的药物设计，无异于经验式重复筛选。

4.组合化学与筛选

组合化学是以构件单元的组合和连接为特征，平行、系统、反复地合成大量化学实体，形成组合化学库的合成技术。这一技术最早始于20世纪60年代的肽固相合成技术，现已可用液相合成技术形成组合库。组合库的内容不仅有肽、寡糖等大分子库，也有小分子有机物组合库。组合化学技术的出现，对药物筛选提出了更高要求，使药物筛选出现了新的方法。

(1)群集筛选　又称库筛选。它是将生物体(如受体)放入合成单元内进行筛选的方法。根据合成形式的不同，大致又分固相筛选、液相筛选和混合筛选三种方式。固相筛选是对连接在固相载体上的化合物直接筛选。液相筛选是直接筛选液相中的化合物，或将化合物从载体上解离下来在溶液中筛选。混合筛选是先对固相合成的化合物进行初筛，选出阳性反应者，将其从载体上解离下来，再到液相筛选。筛选形式影响筛选的结果。此外，库中的其他化合物会干扰主组分与生物系统的反应，需要建立灵敏度较高的体外筛选指标和方法。

(2)实时筛选　为直接、即刻的功能筛选。功能筛选是相对于受体竞争结合筛选而言。这种筛选的成功例子是细胞传感仪。其原理是当药物作用于细胞表面的接受体(受体、离子通道等)或接受体后过程的相关物质(信使、酶等)，会触发一系列的级联反应，导致细胞能量和物质代谢的改变，使细胞外的酸度发生瞬间或持久的改变。将细胞置于低缓冲环境中，一种特殊而敏感的硅感受器便会及时记录下这种改变。与传统的功能筛选法相比，该系统最重要的优势之一是可以实时、快速、连续地测定功能的改变，获得量—效曲线。该系统可选用原代培养细胞、转染色体细胞或具有天然受体的细胞系，根据不同的筛选目标和目的而定。

(3)高通量筛选　指同时采用多个生物体系对多个目标化合物进行筛选。高通量筛选涉及三个基本技术：自动化技术；信息、数据读取处理(计算)、储存、显示等计算机软件技术；生物评价法微量化、敏感化并转换成可用多孔板、多通道法测定的技术。现有组建型高通量筛选仪的生物评价体系，可测定放射性活性、颜色、发光和荧光。测定的指标，包括受体与配体的结合能力和细胞的功能状态，如细胞内钙浓度、细胞内pH、膜电位、膜的离子流动等。新药筛选的模型有体外、体内模型和两者合并使用。如有合适的动物模型，体内筛选是必不可少的。近年来，因动物保护主义的压力，以及时间和经济上的考虑，试验动物有严格控制和逐步减少的趋势，许多体外快速筛选法不断出现。

体外模型试验有许多种，如体外受体结合试验、非细胞系统、细胞培养、组织培养、体外器官灌注等。优点是这些系统花费少，时间短，重复性好。缺点是不能肯定由这些系统获得的结果是否与体内的药效一致，体外给药方式不适于生产实践，许多疾病没有体外系统可用。体内动物模型，优点是可探寻治疗特定疾病的机制并可同时研究药代动力学、药效动力学和毒理学。缺点是成本高、时间长、重复性不够好，最大的缺点是不能肯定实验动物的疾病模型与靶动物疾病是否一致。

任务三　药学研究

药学研究是从药学和化学方面对新药进行研究，确保药品的同一性、含量、纯度和质量。原料药及其制剂，是整个药物研制开发的基础，质量好坏，直接影响研制开发结果的真实性和可靠性。药物的纯度不够，影响药效；有害杂质存在，会使毒性增加；剂型选择不当，药效不能充分发挥。这些都对决定新药的取舍至关重要，与今后药品应用的有效性和安全性也密切相关。因此，在对新药进行生物学研究的同时，必须开展药学研究。有些方面的研究工作还需在生物学研究之前进行，使药品达到标准化、规格化。

药学研究的内容

药学研究贯穿于新药研究的全过程，必须适应新药研究的各个阶段，合理安排，穿插进行，由浅入深，不断完善。

1.新药发现阶段

根据药物的作用机理和构效关系的理论等，合理设计并合成大量的受试化合物；或根据传统医药学的经验，合理选择天然物质，从中分离出活性成分。经过药理筛选，找出新药苗头。通过广筛或其他途径，也可能发现新药苗头。

2.初试阶段

评选药物苗头是新药研究的开始，是十分重要的一步。为了判断初评入选的化合物是否真正具有新药苗头，需做大量的工作，包括：①确定入选化合物是否为同系物中的最佳者。通过对已经合成筛选的同类化合物（包括文献资料）的构效关系分析，优选确定。②确定药物在生产实践中应用的形式。比较入选化合物的游离碱、各种盐类和可能的前体药物等的理化性质，判断哪种形式具有比较理想的实际利用价值。游离碱与盐类的物理性质差异悬殊，各种盐类的溶解性、吸湿性、稳定性、臭、味等性质的差别也很大。前体药对克服新药的某些缺点有独到之处。用药形式不当，给今后药物的生产和使用会带来很大麻烦。③进一步考察入选化合物的理化性质是否适于药用。④调研入选化合物大规模生产的可能性、难易程度、原材料来源和价格等。⑤探索应用的可能剂型。

在上述工作基础上，结合入选化合物的药效、毒性和其他生物学特性。全面衡量，综合判断，避免片面强调某一方面的优缺点。药物苗头选择是否恰当，常是新药研制成败的关键之一。

3.临床前研究阶段

药学研究的主要工作在这一阶段进行，是在实验室内全面开展原料药。

【考核评价】

为了预防鸡场疫病的发生，控制或杀灭鸡场的常见传染病，以减少经济损失，提高养殖场的经济效益，需在鸡饲料中添加兽药，请制订合理的应用计划。

【案例分析】

饲料药物的应用

某养鸡场为了加快鸡的生长速度，增加鸡的采食量，缩短养殖周期，增加养殖效益，在养殖期间对鸡进行长时间的光照，为了防止各种疾病的发生，在鸡的基础日粮中过量添加多种抗生素，并使用金刚烷胺、地塞米松等药物。

根据案例中养鸡场在养殖过程中对饲料兽药的应用情况，可以确定属于典型的不合理应用，而且使用了违禁药物金刚烷胺、地塞米松，正确的做法是应该严格遵照国家有关饲料添加剂安全使用规范和兽药管理条例，按照实际情况，制订科学、合理的计划，保证动物及其产品的质量。

【知识拓展】

饲料药物添加剂应用研究

二维码　饲料药物添加剂应用研究

【知识链接】

1. 饲料添加剂安全使用规范(农业部公告第1224号)
2. 兽药管理条例(国务院令第404号)

模块二　常用药物添加剂

项目一　生物合成的抗菌药物

项目二　化学合成的抗菌药物

项目三　生物合成的抗寄生虫药物

项目四　化学合成的抗寄生虫药物

项目五　中草药添加剂

Project 1

生物合成的抗菌药物

学习目标

熟悉生物合成抗菌药的用法与剂量以及相应的注意事项；掌握生物合成抗菌药的种类与用途；了解生物合成抗菌药的作用机理。

任务一 概述

一、生物合成抗菌药物及其发展

随着医学、生物化学、有机化学、细胞生物学、分子生物学以及DNA重组技术和单克隆抗体技术的发展，诞生了一门以生物技术来研制药物的边缘性学科——生物合成制药学。20世纪50年代后期，由于学科发展，逐渐从药物化学中衍生出研究微生物抗生物质的抗生素这门新兴学科。抗生素不仅可从微生物的培养液中提取获得，还可借助许多微生物的转化反应而生物合成。生物合成药物是指由微生物代谢所产生的抗生素、氨基酸等药物及必须利用微生物转化反应共同完成的半生物合成药物。抗生素为某些细菌、放线菌、真菌等微生物的次级代谢产物或用化学方法合成的相同结构或结构修饰物，在低浓度下对各种病原菌性微生物有选择性杀灭、抑制作用而对宿主不产生严重毒性的药物。抗生素除具有抗细菌作用外，有些还具有抗支原体、衣原体、立克次氏体、螺旋体、真菌、肿瘤等作用甚至有免疫抑制作用。生物合成的抗菌药物则是指具有抗菌或兼抗其他病原体的抗生素。

随着各种抗生素的发现及工业化生产，抗生素在畜禽饲养业中的应用也渐趋广泛。早在20世纪40年代，国外就发现青霉素的发酵残渣有促进猪生长的作用，在鸡饲料添加少量链霉素能促进雏鸡的生长和发育，以后又证实金霉素、土霉素等均可促进犊牛、猪和禽的生长发育。进入20世纪60年代，随着许多抗生素的陆续发现及工业化生产，研究证实，许多抗生素均有加速动物生长的作用。此后，抗生素在畜禽养殖业中不仅广泛作为治疗药物使用，而且普遍作为促生长剂以提高养殖经济效益。近年来，作为动物饲料添加剂的抗生素已成为世界范围内需要量增加最大的抗生素之一。某些发达国家预测，畜牧业将是今后抗生素的最大应用领域和销售市场。抗生素作为防治疾病药物或生长促进剂，在产生有益作用的同时，往往又残留在动物性食品中间接危害人类的健康，一方面造成耐药菌株的传递，增加对人畜某些疾病的防治困难；另一方面人们食用残留有药物的动物性食品后可能引起过敏、中毒、致癌等不良反应。为保证人类健康，许多发达国家对动物性食品中的抗生素残留问题进行了广泛而深入的研究，提出并颁布措施，特别是制定了最高允许残留限量和休药期。为防止耐药病原菌株的传递，人们还采取了包括限制抗生素使用对象、使用期限和使用量，研制饲料专用抗生素并使其与人用抗生素分开；对某些人畜共用的抗生素，只限于作短期治疗而不作长期预防用药；使用复方制剂，降低细菌的变异率等措施。

二、抗生素的分类

抗生素种类繁多，可根据其来源、使用对象、抗菌谱和作用对象、化学结构等进行如下分类。

(一)按抗生素的来源分类

(1)来源于微生物的抗生素　主要包括来源于放线菌目、细菌和微观真菌的抗生素。

(2)微生物以外的生物所产生的抗生素　如来源于动物、植物的抗生素以及应用现代生物合成技术和遗传学新技术产生的抗生素或性能更为优异的抗生素类似物。

(二)按使用对象分类

(1)人畜共用的抗生素　如青霉素、链霉素、四环素类等。

(2)畜禽专用的抗生素　如杆菌肽、恩拉霉素、泰乐菌素等。

(三)按抗菌谱及作用对象分类

(1)主要作用于革兰氏阳性菌的抗生素　如青霉素、头孢菌素、红霉素等。

(2)主要作用于革兰氏阴性菌的抗生素　如链霉素、庆大霉素、卡那霉素等。

(3)广谱抗生素　如四环素、强力霉素、甲砜霉素等。

(4)主要作用于支原体的抗生素　如泰妙霉素、北里霉素、泰乐菌素等。

(5)抗真菌抗生素　如制霉菌素、两性霉素等。

(6)抗肿瘤抗生素　如丝裂霉素 C、正定霉素等。

(四)按抗生素的化学结构分类

(1)内酰胺类抗生素　如青霉素类、头孢菌素类等。

(2)氯霉素类　如氯霉素、甲砜霉素等。

(3)氨基苷类　如小诺霉素、阿普拉霉素、庆大霉素等。

(4)多肽类抗生素　如杆菌肽、多黏菌素、恩拉霉素等。

(5)醋酸或丙酸单位衍生物抗生素　①具有稠环系统结构的抗生素，如四环素类、灰黄霉素。②大环内酯类抗生素，如红霉素、替米考星。③多烯类抗生素，如两性霉素 B、制霉菌素。

三、抗生素的作用机理

在畜禽饲料或饮水中添加适量的抗生素：既可防病治病，也可提高肉、蛋、奶产量，刺激生长、促进增重，提高饲料转化率，某些品种还可提高受胎率和繁殖率。抗生素的作用机理较复杂，主要分为抗病原体和提高动物生产性能两个方面。

(一)抗病原体的作用机理

随着近代生物化学、分子生物学、电子显微镜、同位素示踪技术和精确的化学定量方法等飞跃发展，抗生素作用机理的研究已进入分子水平，目前阐明有四种类型。

1. 抑制细菌细胞壁合成

细菌细胞最外层的结构是由细胞壁构成的。细胞壁是一种有弹性的坚韧厚膜，可抵抗外部的压力和维持细胞的形状。抗生素可使细菌细胞壁缺损，失去屏障保护作用，使细胞不能抵抗外界的低渗环境，外面的水分不断渗入菌体内，引起菌体膨胀、变形，最后破裂、溶解死亡。

2. 增加细胞质膜的通透性

细菌的细胞质膜主要是由类脂质和蛋白质构成的半通透膜，具有维持渗透屏障、运输营养物质、排泄代谢物及参与细胞壁合成等作用。如果细胞质膜受损伤，则细胞质膜的通透性增加，胞内的重要营养物质外漏而致细菌死亡。

3. 抑制蛋白质的合成

细菌蛋白质的生物合成是在胞浆的核蛋白体上进行的，是以 mRNA 为模板，由氨基酰-tRNA、肽酰-tRNA、各种酶和蛋白质性的因子、GTP 等参与，在时间与空间上被巧妙地控制着进行的各种反应。许多抗生素能抑制蛋白质的合成，分别作用于蛋白质合成过程中的不同阶段。

4. 抑制核酸的合成

核酸包括 DNA 和 RNA 对细胞的生存、生长、繁殖至关重要。它们的生物合成受到干扰或抑制将立即导致细胞分裂的抑制及其死亡。

(二)提高动物生产性能的作用机理

1. 节约营养

抗生素能抑制或杀灭动物消化道内的有害微生物，节约被病原微生物消耗的重要营养成分，如蛋白质、氨基酸、微量元素等。所节约的这些营养物质供动物自身利用，从而加速动物生长。

2. 防治疾病

使动物顺利生长的抗生素对动物消化道内的某些致病菌有抑制或杀灭作用，使畜禽抗病力间接增强，有预防和治疗传染性疾病的作用，使动物生理生化过程保持平衡，降低了发病率，从而达到增进健康和顺利生长的目的。

3. 促进营养物质的吸收

某些抗生素可使动物的肠壁明显变薄，增加了膜的通透性，从而有利于肠壁对营养物质的渗透和吸收，提高饲料的利用率。

4. 延长消化吸收时间

如用土霉素发酵残渣饲喂仔猪(2～3 月龄)，可使试验猪排粪量减少且粪便中的含水量降低，食物在肠道中的滞留时间延长，动物有更充分的时间进行精细的消化，更多的营养成分被吸收利用。

5. 增加食欲和采食量

某些抗生素可刺激脑下垂体，使其分泌促生长激素，增加动物的食欲和采食量，促进动物的生长发育，提高增重率。

四、抗生素的合理使用

抗生素是目前兽医临床和养殖业中使用最广泛和最重要的药物之一。对控制畜禽感染性疾病、保障现代养殖业的健康发展发挥着极其重要的作用。目前，不合理使用特别是滥用现象十分严重。如用药不对会使治疗失败或不合理配伍而致疗效下降，大剂量使用引起毒副反应，长期使用则产生耐药性、二重感染，药物残留危害人类健康的现象亦较为普遍。要充分利用抗生素的有益作用，做到科学合理地使用。

(一)作为治疗药物的合理使用

1. 正确诊断,准确选药

在正确诊断特别是在明确致病菌的前提下,选择抗菌活性强、疗效好、不良反应少的抗生素。

2. 制订合适的给药方案

选定药物以后,应按规定的剂量使用,避免盲目加大剂量引起毒性反应;疗程亦要恰当。

3. 防止产生耐药性

随着抗生素的广泛应用,细菌耐药性的问题日趋严重,一些常见的病原菌如金黄色葡萄球菌、大肠杆菌、绿脓杆菌、沙门氏菌等都有较高的耐药率。为防止耐药菌株的产生,要掌握细菌对抗生素的敏感性,选用高敏性的抗生素。

4. 采取综合治疗措施

机体的免疫力是协同抗菌药的重要因素,外因通过内因而起作用,在治疗中过分强调抗菌药的功效而忽视机体内在因素,往往是导致治疗失败的重要原因之一。因此,在使用抗菌药的同时,根据病畜的种属、年龄、生理、病理状况,采取综合治疗措施,增强抗病能力。

5. 正确地联合用药

目的是扩大抗菌谱、增强疗效、减少用量、降低或避免毒副作用。

(二)作为促生长剂的合理使用

1. 严格使用对象

各种抗生素都有其特定的使用对象,如四环素类抗生素用于犊牛,不宜用于成年牛内服;泰乐菌素用于开产前鸡群及肉牛,禁用于产蛋期鸡及泌乳牛。多数抗生素添加剂一般均禁用于产蛋鸡群。

2. 所选用的抗生素应符合下述要求

抗病原活性强,能促进畜禽增重及提高饲料转化率;在肠道内吸收差,不残留或少残留在肉、蛋、奶等产品中;性质稳定,在肠道内不易破坏而有效地发挥作用;细菌不易产生耐药性;毒性低、安全范围大、无致突变、致畸、致癌等特殊毒性。不用和少用人畜共用的抗生素,选用畜禽专用、吸收及残留少、不产生耐药性的品种。

3. 严格控制使用剂量,保证使用效果,防止产生不良反应

药物添加量过小,达不到应有的效果,添加量过大,可杀灭消化道内的某些常驻菌,引起消化紊乱、剧烈腹泻甚至二重感染。还应注意抗生素的使用期限。无限期地添加抗生素,不仅降低了使用效果,增加细菌的耐药性,而且还在畜产品中残留而间接危害人类健康,应掌握抗生素的休药期,以使畜产品中的抗生素残留量降至允许残留量水平。

任务二　β-内酰胺类

β-内酰胺类抗菌药物是指含有β-内酰胺环的一大类抗生素,包括青霉素类和头孢菌素类,它们可由微生物合成或半合成法制取。前者习惯上称为天然的β-内酰胺抗生素,后者则称为半合成的β-内酰胺抗生素。

一、青霉素类

青霉素类分天然青霉素和半合成青霉素。前者如青霉素G是迄今对敏感菌最为有效的抗生素，优点是杀菌力强、毒性低，缺点是抗菌谱窄、易被胃酸和β-内酰胺酶破坏、金黄色葡萄球菌易产生耐药性。后者则具有耐酸（如青霉素V）、耐青霉素酶（如苯唑西林、氯唑西林）、广谱（如氨苄西林、阿莫西林）、抗绿脓杆菌（如羧苄西林）的优点，但对革兰氏阳性菌的作用较天然青霉素差。

苄青霉素（盘尼西林，青霉素G）

【作用与用途】本品为窄谱抗生素，对革兰氏阳性菌（如葡萄球菌、链球菌、炭疽杆菌等）、革兰氏阴性球菌（如脑膜炎球菌等）、放线菌、螺旋体等作用强大，对病毒、立克次氏体、结核分枝杆菌等无效。临床主要作用于革兰氏阳性菌所致的畜禽各种疾病及螺旋体病。

【用法与用量】普鲁卡因青霉素散剂，含普鲁卡因青霉素50%。混饲，每1000 kg饲料，以普鲁卡因青霉素计，用以促生长、改进饲料利用率时，鸡、火鸡为2.4～50 g，猪为10～50 g；防治疾病时，鸡、火鸡为50～100 g。

【注意事项】鸡、火鸡、猪使用普鲁卡因青霉素不需休药期。常用普鲁卡因青霉素与杆菌肽锌配合使用。

氨苄西林（氨苄青霉素，病必灵）

【作用与用途】为半合成的广谱青霉素，耐酸，但不耐酶。对革兰氏阳性菌和革兰氏阴性菌均有抑制或杀灭作用，但对链球菌、葡萄球菌等革兰氏阳性菌的作用不及青霉素，对大肠杆菌、沙门氏菌、巴氏杆菌等的作用较强，与氯霉素、四环素相似或略优，弱于庆大霉素、卡那霉素和多黏菌素，对耐药金黄色葡萄球菌和绿脓杆无效。主要用于敏感菌所引起的呼吸道、消化道、泌尿道感染和败血症等。

【用法与用量】氨苄青霉素可溶性粉。规格有20%、55%。混饮，每1 L水，以氨苄青霉素计，60 mg，连饮3～5 d；混饲，每1000 kg饲料，以制剂计，鸡200 g，产犊母牛200 g。

【注意事项】鸡的休药期为7 d。产蛋鸡禁用。

阿莫西林（羟氨苄青霉素）

【作用与用途】抗菌谱与氨苄西林相似，但杀菌作用快而强。用于敏感菌所引起的呼吸道、消化道、泌尿道及软组织感染，对禽呼吸道感染及猪的子宫炎、乳房炎、无乳综合征有较好的疗效。细菌对本品与氨苄西林有完全的交叉耐药性。

【用法与用量】阿莫西林可溶性粉。混饮，每1 L饮水，以阿莫西林计，家禽0.05～0.10 g。混饲，每1000 kg饲料，家禽100～200 g。

【注意事项】鸡的休药期为1 d，仅适合用于肉仔鸡。

二、头孢菌素类

头孢菌素类亦称先锋霉素类，是指从冠头孢菌培养液中提取头孢菌素C为原料，在其母核7-氨基头孢烷酸(7-ACA)上引入不同的基团，形成一系列的广谱半合成抗生素。本类抗菌作用、机理及临床应用与青霉素类相似，且有抗菌谱广、耐酸和对β-内酰胺酶较稳定、毒性小、过敏反应少等优点。按发展先后和抗菌效能不同，可分为第一、第二、第三、第四代头孢菌素。兽医上主要用第一代头孢菌素，如头孢氨苄、头孢羟氨苄、头孢氯氨苄等。头孢噻呋是动物专用的第三代头孢菌素。

头孢氨苄(先锋霉素Ⅳ，头孢力新)

【作用与用途】为半合成的第一代头孢菌素，抗菌谱广对革兰氏阳性菌和革兰氏阴性菌均有杀灭作用，对本品敏感的细菌有金黄色葡萄球菌(包括耐青霉素的菌株)、链球菌、大肠杆菌、沙门氏菌等，但对绿脓杆菌、结核分枝杆菌、真菌等无效。临床主要用于敏感菌所致的泌尿道和呼吸道感染，亦用于防治家禽葡萄球菌病、链球菌病及大肠杆菌病等。

【用法与用量】头孢氨苄粉剂。混饲，每1000 kg饲料，禽350～500 g。

头孢羟氨苄(氨羟苄头孢菌素)

【作用与用途】抗菌活性与头孢氨苄相似或略强，对产青霉素酶和不产生青霉素酶的金黄色葡萄球菌、肺炎球菌、大肠杆菌肺炎杆菌的作用与头孢氨苄相似或相同，但对链球菌的作用强3～4倍。本品用于敏感菌所引起的泌尿道、呼吸道、皮肤及软组织感染。

【用法与用量】头孢羟氨苄粉剂。混饲，每1000 kg饲料，家禽300～400 g。

头孢氯氨苄(头孢克罗)

【作用与用途】抗菌作用较头孢羟氨苄强，对金黄色葡萄球菌、大肠杆菌和肺炎杆菌的活性与头孢羟氨苄相似，对肺炎球菌及不产酶金黄色葡萄球菌的抗菌作用较头孢羟氨苄强2～4倍，对奇异变形杆菌、沙门氏菌的活性较头孢羟氨苄强8倍。主要用于敏感菌所致的呼吸道、泌尿道感染。

【用法与用量】头孢氯氨苄粉剂。混饲，每1000 kg饲料，家禽100～150 g。

任务三　氨基苷类

氨基苷类是兽医上常用的一类重要抗生素，其化学结构系由氨基糖与氨基环醇以苷键结合而成。多数系从链霉菌或小单孢菌培养液中提取得到，少数可半合成。

链霉素

【作用与用途】主要对结核分枝杆菌和革兰氏阴性菌有杀灭作用，尤其对结核分枝杆菌作用强大，对革兰氏阴性菌如大肠杆菌、沙门氏菌、布鲁氏菌、巴氏杆菌等有较强作用。主要用于治疗结核病及革兰氏阴性菌引起的呼吸道、消化道和泌尿道感染。作饲料添加剂时，多与青霉素、金霉素、螺旋霉素等合用，以提高效果。

【用法与用量】硫酸链霉素粉。混饮，每 1 L 饮水，家禽 0.03～0.12 g。拌料或混饲，每 1000 kg 饲料，鸡、火鸡：提高增重、改善饲料利用率为 12 g(以链霉素计，配合普鲁卡因青霉素 2.4 g)；维持和提高产蛋率为 18.8 g(配合普鲁卡因青霉素 3.8 g)；治疗慢性呼吸道病、蓝冠病、维持及提高孵化率和预防青、链霉素敏感菌引起的早期死亡为 75 g(配合普鲁卡因青霉素 15 g)。猪：提高增重、改善饲料利用率为 7.5 g(配合普鲁卡因青霉素 1.5 g)；预防细菌性肠炎为 37.5 g(配合普鲁卡因青霉素 7.5 g)。

【注意事项】细菌对本品易产生耐药性，常与其他抗菌药如青霉素或头孢类联用。作饲料添加剂时，不可单独使用。禁用于产蛋鸡。鸡、猪、牛的休药期分别为 4 d、30 d 和 2 d。

庆大霉素(民他霉素)

【作用与用途】它是本类药中抗菌谱较广、抗菌活性较强的药物。对革兰氏阴性菌中的绿脓杆菌、变形杆菌、大肠杆菌、沙门氏菌、巴氏杆菌、肺炎杆菌等均有较强的作用，抗绿脓杆菌作用非常显著。在革兰氏阳性菌中，金黄色葡萄球菌对本品高度敏感，炭疽杆菌、放线杆菌等对本品亦较敏感。尚有抗支原体作用。链球菌、厌氧菌、结核分枝杆菌对本品也较敏感。主要用于敏感菌所引起的畜禽呼吸道、消化道、泌尿道感染及败血症等。

【用法与用量】庆大霉素粉。混饲，每 1000 kg 饲料，家禽 200 g。混饮，每 1 L 饮水，家禽，预防 20～40 g，治疗 50～100 mg。鱼，混饲，按每 1000 kg 体重每天 100 g，连用 3 d。

卡那霉素

【作用与用途】对革兰氏阴性菌如大肠杆菌、沙门氏菌、巴氏杆菌等有强大的抗菌作用，对金黄色葡萄球菌、结核分枝杆菌、支原体亦有效。对绿脓杆菌、某些厌氧菌及除金黄色葡萄球菌外的其他革兰氏阳性菌无效。主要用于多数革兰氏阴性菌和部分耐药金黄色葡萄球菌所引起的呼吸道、消化道、泌尿道感染和败血症，亦可用于支原体所引起的鸡慢性呼吸道病及猪喘气病。

【用法与用量】硫酸卡那霉素散剂。促生长：混饲，每 1000 kg 饲料，鸡(不含肉鸡)15～30 g(使用至 10 周龄)，肉鸡 15～30 g(使用至 4 周龄)，仔猪 16～60 g(使用至 2 月龄)，犊牛 45～60 g(使用至 3 月龄)。防治疾病：混饲，每 1000 kg 饲料，禽 200～300 g。

【注意事项】细菌对本品易产生耐药性，与链霉素有单向交叉耐药性，与新霉素之间有完全交叉耐药性。本品长期应用可损害肾脏功能。休药期为 7 d。

新霉素(弗氏霉素)

【作用与用途】抗菌谱与卡那霉素相近，对多数革兰氏阴性菌和革兰氏阳性菌均有作用，对大肠杆菌、沙门氏菌、布鲁氏菌、葡萄球菌等作用较强。猪支气管败血波特氏菌对其亦较敏感。常混饲、混饮或内服，用于防治敏感菌所引起的畜禽肠道感染。因其肾脏和耳毒性大，一般不作全身用药。

【注意事项】治疗用药，一般不宜超过 4 d。休药期，火鸡 14 d、肉鸡 5 d、猪 30 d。

壮观霉素(大观霉素,奇霉素,奇放线菌素)

【作用与用途】抗菌谱较广,对革兰氏阳性菌、阴性菌及支原体均有作用。对革兰氏阳性菌中的金黄色葡萄球菌、链球菌,革兰氏阴性菌中的大肠杆菌、沙门氏菌、巴氏杆菌、火鸡支原体及猪肺炎支原体等均有抑制或杀灭作用。临床主要用于禽畜的葡萄球菌、链球菌、大肠杆菌、巴氏杆菌等感染,亦常与林可霉素配伍,用于家禽的细菌病、支原体病、支原体与细菌混合感染,对猪的下痢有较为显著的防治效果。

【用法与用量】盐酸壮观霉素可溶性粉(治百炎)。规格:50%。混饮,每1 L饮水,鸡0.5～1.0 g,连用2～5 d。利高霉素预混剂。每1 kg含壮观霉素22 g,林可霉素22 g。混饲,每1000 kg饲料,猪44 g,连用1～3周。利高霉素100可溶性粉。每150 g含壮观霉素66.7 g,林可霉素33.3 g。混饮,每1 L饮水,1～4周龄鸡150 mg,4周龄以上75 mg。

【注意事项】产蛋鸡禁用。猪、鸡的休药期均为5 d。

阿普拉霉素(阿泊拉霉素,安百痢)

【作用与用途】对革兰氏阳性菌、阴性菌及支原体均有效,大肠杆菌、金黄色葡萄球菌及甲型链球菌等对本品较敏感。从病鱼体内分离的迟钝爱德华氏菌、嗜水气单胞菌等均对本品敏感。对断奶仔猪腹泻有较好防治效果,仔猪饲料中添加本品,有降低死亡率、提高增重及改善饲料转化率的作用。

【用法与用量】硫酸阿普拉霉素可溶性粉。规格:44.4%、50%。混饮,每1 L饮水,鸡0.25～0.5 g,连饮5 d。硫酸阿普拉霉素预混剂。规格:2%、10%。混饲,每1000 kg饲料,猪80～100 g,连用7 d。

【注意事项】猪、鸡的休药期分别为21 d和7 d。

春雷霉素(春日霉素)

【作用与用途】抗菌谱广,对许多革兰氏阳性菌、部分革兰氏阴性菌均有抑制作用。内服在动物消化道内几乎不吸收,停药24 h后绝大部分被排出体外。作饲料添加剂,用于防治革兰氏阳性菌所致的猪、鸡疾病以及促进生长、改善饲料利用率。

【用法与用量】春雷霉素预混剂。混饲,每1000 kg饲料,猪、鸡10～20 g。

【注意事项】用药后休药期,猪7 d,肉鸡5 d。

任务四　四环素类

四环素类是由不同链霉菌的提取液中获得的或经半合成法制取的一类碱性广谱抗生素。由链霉菌直接产生的天然品有四环素、土霉素、金霉素和去甲金霉素,此即第一代四环素。半合成品的四环素称为第二代四环素,有强力霉素(多西环素)、美他环素(甲烯土霉素)和米诺环素(二甲胺四环素)等。

土霉素(脱氧四环素,地霉素)

【作用与用途】为广谱抗生素,主要抑制细菌生长繁殖。其抗病原体范围较广,对革兰氏阳性菌和阴性菌都有抗菌作用,对支原体、螺旋体、立克次氏体、衣原体、放线菌等都有抑制作用。可用于防治大肠杆菌、沙门氏菌、巴氏杆菌等引起的消化道、呼吸道感染;支原体引起的牛肺炎、猪喘气病等。作饲料添加剂,可显著促进幼龄动物生长、改善饲料利用率、降低动物发病率和死亡率。本品毒性小,对肝肾功能亦无明显的不良影响,但内服尤其是大剂量长时间混饲使用可改变消化道内微生物的正常菌群,使有益微生物减少,而对其耐药的无益微生物大量生长繁殖。特别是成年草食动物内服后易引起肠道菌群紊乱,导致厌食、肠炎和腹泻并引起二重感染。

【用法与用量】饲用土霉素钙粉,每 1 g 含土霉素钙 5 万 IU。土霉素钙添加剂,每 1 g 含土霉素钙 6000 IU。土霉素预混剂,国内产品含盐酸土霉素 1%、5%、10%。促进增重,改善饲料利用:混饲,每 1000 kg 饲料,以土霉素计,鸡、火鸡 5~7.5 g,仔猪(5~15 kg 体重)25~50 g,猪(15~100 kg 体重)7.5~10 g,绵羊(育肥期)10 g,兔 10 g。犊牛(10~12 周),每天每 1 kg 体重 0.1~0.2 mg 或每天每头份 25~75 mg;肥育牛,每天每头份 75 mg。防治应激期的敏感微生物感染:混饲,每 1000 kg 饲料,以土霉素计,鸡、火鸡 50~100 g。预防疾病:混饲,每 1000 kg 饲料,以土霉素计,鸡、火鸡 100~200 g,猪 50~100 g,犊牛、绵羊 50 g;肉牛,每 1 kg 体重 0.2~1 mg;奶牛,每天每头份 100 g。

【注意事项】本品应避光密封,干燥阴凉处存放。治疗用内服时应避免与含钙、镁、铝、铁等药物配伍及钙量较高的饲料混饲。成年反刍动物和兔不宜内服。本品在低钙饲料中(日粮中含钙 0.18%~0.55%)喂饲不得超过 5 d。禁用于产蛋鸡群。休药期为鸡 3~5 d,猪、犊牛、肉牛 5 d,鱼 21 d。

金霉素(氯四环素)

【作用与用途】抗菌谱与土霉素相似,抗菌作用较四环素、土霉素强。内服在动物肠道中的吸收率低。本品低剂量可刺激畜禽生长、提高增重速率及改善饲料利用率。中高剂量能预防或治疗鸡慢性呼吸道病、蓝冠病、大肠杆菌病,火鸡的传染性鼻窦炎、滑膜炎及六鞭虫病,鸭的巴氏杆菌病,猪的细菌性肠炎,犊牛的细菌性痢疾,肉牛和干乳期奶牛的肺炎和鞭虫病等。

【用法与用量】金霉素预混剂,含盐酸金霉素分别为 2%、10%、20%。饲料级金霉素,规格分别为 3%、10%、12%、15%。促进生长和改善饲料利用率:混饲,每 1000 kg 饲料,鸡、火鸡、猪 10~50 g,绵羊 20~50 g。预防疾病:混饲,每 1000 kg 饲料,鸡、火鸡、猪 50~100 g。治疗疾病:混饲,每 1000 kg 饲料,鸡、火鸡、猪 100~200 g,肉鸡 200 g,鸭 200~400 g。

【注意事项】鸡、绵羊、牛、猪的休药期分别为 1 d、2 d、2 d 和 7 d。不宜用于产蛋鸡。

强力霉素(多西环素,脱氧土霉素)

【作用与用途】为本类中重要的抗生素,具高效、长效、低毒等特点,抗菌谱与土霉素相似,而作用强 2~10 倍。对溶血性链球菌、葡萄球菌等革兰氏阳性菌,大肠杆菌、沙门氏菌、多杀性巴氏杆菌等革兰氏阴性菌及支原体有较强的抑制作用,对衣原体、立克次氏体及钩端螺旋体亦有明显活性。临床用于敏感菌和支原体所引起的各种感染，也用于防治鹦鹉热、立克次氏体病及钩端螺旋体病。

【用法与用量】强力霉素可溶性粉，规格有5%、10%。混饲，每1000 kg饲料，以强力霉素计，家禽100～200 g。混饮，每1 L水，家禽0.05～0.10 g，连用3～5 d。

任务五 大环内酯类

大环内酯类是由链霉菌产生的一类弱碱性抗生素。因其化学结构中含有一个内酯结构的十四碳或十六碳大环，称为大环内酯类抗生素。属十四碳大环的有红霉素、竹桃霉素；属十六碳大环的有泰乐菌素、北里霉素和螺旋霉素。

红霉素

【作用与用途】抗菌谱与青霉素相似，对某些支原体、放线菌、立克次氏体和螺旋体亦有活性。但对肠道阴性杆菌如大肠杆菌、沙门氏菌等无效。细菌特别是金黄色葡萄球菌对本品易产生耐药性，但停药数月后可恢复敏感性。主要用于耐药金黄色葡萄球菌所引起的严重感染及对青霉素过敏的病例，或用于其他敏感的革兰氏阳性菌引起的感染。也用于支原体引起的猪喘气病、鸡慢性呼吸道病。作饲料添加剂有促进生长、增强体质的作用，还具有防治家禽蓝冠病、滑膜炎等作用。

【用法与用量】硫氰酸红霉素可溶性粉（高力米先），规格有5%、5.5%。混饮，每1 L水，以硫氰酸红霉素计，禽0.125 g，连用3～5 d。红霉素粉剂。混饲，每1000 g饲料，预防用，鸡、火鸡92.5 g（或硫氰酸红霉素100 g）；治疗用，鸡、火鸡（不包括商品蛋鸡）185 g（或硫氰酸红霉素200 g）。

【注意事项】本品不能在颗粒料中使用，配合后的饲料贮存不超过2周。鸡的休药期5 d，产蛋鸡禁用。

泰乐菌素

【作用与用途】为畜禽专用抗生素。抗病原体范围较广，对支原体、螺旋体、大部分革兰氏阳性菌和某些革兰氏阴性菌均有作用。其特点是对支原体作用强大，对革兰氏阳性菌的作用较红霉素弱。本品与其他大环内酯类间有交叉耐药性，与四环素类或呋喃类间无交叉耐药性。用于防治鸡慢性呼吸道病和传染性鼻窦炎、猪痢疾、萎缩性鼻炎，犊牛支原体肺炎。对猪的支原体肺炎预防效果好，无明显治疗作用。也用于敏感菌所引起的肠炎、肺炎、乳腺炎等。磷酸泰乐菌素在肠道内不易吸收，混入饲料后稳定，用作禽、猪、牛的饲料添加剂，有促进生长、改善饲料报酬的作用。

【用法与用量】磷酸泰乐菌素预混剂（泰农），每1 kg分别含磷酸泰乐菌素40 g或100 g。混饲，以磷酸泰乐菌素计，每1000 kg饲料，促进生长、改善饲料利用率：鸡40～50 g，产蛋鸡20～50 g，断奶仔猪20～100 g，生长期幼猪20～40 g，肥育猪10～20 g，肉牛8～10 g；防治疾病：肉鸡800～1000 g（1～5日龄第1次使用后，在3～5周龄再用1～2 d），后备鸡1000 g（用法同肉鸡），猪100 g（预防痢疾，先以100 g饲喂3周，后以40 g浓度直接喂到上市）。酒石酸泰乐菌素(特爱农可溶性粉),每 100 g 含酒石酸泰乐菌素 1×10^7 IU。混饮,每 1 L 水,以酒石酸泰乐菌素计,鸡 0.5 g,连用 5～7 d。

【注意事项】本品不能与聚醚类合用,因可致后者的毒性增强。猪、鸡的休药期为 5 d,产蛋鸡禁用。

北里霉素(吉他霉素,柱晶白霉素)

【作用与用途】对支原体如鸡败血支原体、滑液支原体、猪肺炎支原体、猪鼻炎支原体等有较强作用。抗菌性能与红霉素相似,对革兰氏阳性菌的作用较红霉素弱,较竹桃霉素、螺旋霉素强,对耐药金黄色葡萄球菌的作用优于红霉素。青霉素耐药的菌株大部分对本品仍敏感。本品对钩端螺旋体、立克次氏体亦有效。主要用于防治猪、鸡支原体病及革兰氏阳性菌感染。

【用法与用量】北里霉素可溶性盐(酒石酸北里霉素),规格为 10%。混饮,以酒石酸北里霉素计,每 1 L 水,家禽 0.25～0.5 g,猪 0.1～0.2 g。北里霉素预混剂,规格有 2.2%、11%、55%、95%。混饲,每 1000 kg 饲料,以北里霉素计,促生长:鸡 5.5～11 g,连用 5～7 d;猪 5.5～110 g(2 月龄以下)或 5.5～55 g (2～4 月龄)或 5.5～20 g(4 月龄以上),连续使用。预防喘气病:猪 88～110 g,连续使用;治疗 110 g,连用 5～7 d。

【注意事项】猪、肉鸡的休药期均为 7 d,产蛋鸡禁用。

螺旋霉素与乙酰螺旋霉素

【作用与用途】抗菌谱与红霉素相似,但抗菌效力较红霉素弱,主要对葡萄球菌、链球菌和肺炎球菌等革兰氏阳性菌及支原体、钩端螺旋体、立克次氏体等有效。临床用于上述敏感菌所致的各种感染。螺旋霉素还用作饲料添加剂,有促进动物生长、提高饲料利用率的作用。

【用法与用量】乙酰螺旋霉素粉。混饲,每 1000 kg 饲料,以乙酰螺旋霉素计,家禽 50～100 g,猪 20～100 g。螺旋霉素粉。混饲,每 1000 kg 饲料,以螺旋霉素计,鸡 5～20 g(产蛋鸡禁用),犊牛 5～50 g 或 5～20 g(16 周龄至 6 个月),猪 5～80 g(3 月龄内小猪)或 5～50 g (4 月龄)或 5～20 g(5～6 月龄)。螺旋霉素可溶性粉(速诺威),规格 5%。螺旋霉素溶液(龙化米仙),浓度分别为 2.5%、4%。混饮,每 1 L 水,以螺旋霉素计,治疗:家禽 0.4 g,连用3 d,预防:剂量减半。

竹桃霉素(欧霉素)

【作用与用途】抗菌谱与红霉素相似,主要对革兰氏阳性菌有效,如葡萄球菌、链球菌、肺炎球菌,也可促进生长、提高饲料转化率。

【用法与用量】竹桃霉素预混剂。混饲,每 1000 kg 饲料,以竹桃霉素计,鸡、火鸡 1～2 g,猪 5～12 g。

【注意事项】产蛋鸡和种猪禁用。

替米考星(特米可星)

【作用与用途】本品由泰乐菌素半合成制得。主要对革兰氏阳性菌和支原体有活性,对革兰氏阴性菌如巴氏杆菌属、放线杆菌也有良好的抗菌活性。用于治疗牛的呼吸系统疾病。并发展了饲料添加剂用于猪放线杆菌胸膜肺炎控制。本品对猪肺炎支原体、支气管波特氏菌、猪胸膜肺炎放线杆菌和多杀性巴氏杆菌均有抑制作用,其对上述病原体及溶血性巴斯德氏菌、链球菌、放线菌等分离株的对猪肺炎支原体的活性与红霉素、交沙霉素、北里霉素、螺旋霉素相似,对猪多杀性巴氏杆菌、胸膜肺炎放线杆菌的抗菌活性优于泰乐菌素、米罗沙霉素。

【用法与用量】磷酸替米考星。混饲,每 1000 kg 饲料,猪 200 g,鸡 300～400 g。

任务六　多肽类

本类抗生素有杆菌肽、万古霉素、弗吉尼亚霉素、硫肽霉素、恩拉霉素、密柑霉素、阿伏霉素、赛地卡霉素及托地卡霉素等,其中赛地卡霉素和托地卡霉素对螺旋体有效,其他主要对革兰氏阳性菌有较强的抗菌作用。本类药为大分子物质,内服几乎不被吸收,在正常用量下不必考虑在畜禽产品中的残留问题,是一类很理想的饲料添加剂。本类药在体外能分解成小分子,排泄后不会造成环境污染。以杆菌肽锌为代表的多肽类抗生素具有抗菌及促生长等优点,是一类发展较快、使用较多的抗生素。

杆菌肽

【作用与用途】抗菌谱与苄青霉素相似,对多数革兰氏阳性菌作用强大,对少数革兰氏阴性菌、螺旋体及放线菌也有效。细菌对本品产生耐药性较慢,与其他抗生素之间无交叉耐药性。与多种抗生素如青霉素、链霉素、新霉素、金霉素等有协同作用。内服在动物消化道内难以吸收,约 90% 由粪便排出,少量由尿排出。停药当天多数组织中的残留量均低于检出限量,故不需休药期。杆菌肽锌在堆肥中迅速分解,农作物亦不吸收,故不会污染环境。杆菌肽锌用作饲料添加剂,具有促进动物生长、提高饲料转化率及防治畜禽肠道细菌性感染如腹泻、下痢、肠炎等作用,常与多黏菌素、链霉素、新霉素等合用。

【用法与用量】杆菌肽锌预混剂,每 1 g 含杆菌肽锌 100 mg (4000 IU)或 150 mg(6000 IU)。混饲,每 1000 kg 饲料,犊牛,3 月龄以下 10～100 g (40 万～400 万 IU),3～6 月龄4～40 g(16 万～160 万 IU);猪,4 月龄以下 4～40 g(16 万～160 万 IU);鸡,16 同龄以下4～20 g(16 万～80 万 IU)。万能肥素预混剂,每 1 kg 含杆菌肽锌 50 g、硫酸多黏菌素 10 g。混饲,每 1000 kg 饲料,鸡 2～20 g,猪 2～20 g,育肥猪 2～40 g。

【注意事项】杆菌肽锌和多黏菌素的复方制剂与土霉素、金霉素、北里霉素、恩拉霉素、弗吉尼亚霉素、喹乙醇等有颉颃作用,不能同时使用。猪、鸡使用该制剂的休药期为 7 d,产蛋鸡禁用。

弗吉尼亚霉素(维吉霉素)

【作用与用途】为畜禽专用抗生素,主要对革兰氏阳性菌(包括耐其他抗生素的耐药菌)有较强的抗菌作用。其两种组分 M,S 的抗菌谱不同,二者之间有协同作用。由于两种组分的结构不同,对 S 组分产生耐药性的细菌,对 M 组分仍很敏感。故细菌对本品不易产生耐药性。本品与其他化疗药之间亦不会产生交叉耐药性。有促进生长、提高饲料利用率的作用。

【用法与用量】弗吉尼亚霉素预混剂(速大肥)。规格:2%、4%、10%及50%。促生长时,混饲,每1000 kg饲料,肉用仔鸡或16周龄以内的鸡5～15 g,火鸡10～20 g,连续饲喂;猪5～10 g。预防时,混饲,每1000 kg饲料,肉仔鸡或16周龄以内的鸡20 g,猪25 g。治疗猪痢疾时,混饲,每1000 kg饲料,先按100 g饲喂2周,后改用50 g饲喂。

【注意事项】猪、鸡的休药期为1 d。

硫肽菌素

【作用与用途】为畜禽专用抗生素。对金黄色葡萄球菌等革兰氏阳性菌及支原体有较强的抑制作用。内服难以吸收,且排泄迅速。主要用于促进畜禽生长或提高饲料利用率。

【用法与用量】硫肽菌素预混剂。混饲,每1000 kg饲料,肉鸡、鸡(10周龄以下)0.6～10 g,哺乳猪、仔猪1～20 g(使用至4月龄)。

【注意事项】肉鸡休药期7 d,产蛋鸡禁用。本品损害肝脏,不宜长期大量使用。

诺西肽(诺肽菌素)

【作用与用途】本品主要对革兰氏阳性菌如葡萄球菌等有较强的抗菌活性,通过抑制细菌蛋白质的合成而产生抗菌作用。添加在饲料中不影响适口性,对猪、鸡有提高增重、提高饲料转化率的作用,尤其在猪断奶后4周龄内、鸡8周龄以内效果更为明显。

【用法与用量】诺西肽预混剂。混饲,每1000 kg饲料,肉鸡1～10 g,猪(6月龄以内)2～20 g。

【注意事项】猪、鸡的休药期为5 d。

恩拉霉素(持久霉素)

【作用与用途】为安全有效的动物专用抗生素,主要对革兰氏阳性菌有较强的抗菌活性,尤其是对肠道内的梭状芽孢杆菌作用很强,对耐药金黄色葡萄球菌亦有较强作用。细菌对本品不易产生耐药性。用作饲料添加剂,可促进猪、鸡生长,改善饲料报酬。常与黏杆菌素或喹乙醇联合使用。

【用法与用量】恩拉霉素预混剂,每100 g含恩拉霉素4.8 g。混饲,每1000 kg饲料,鸡1～10 g,哺乳猪、仔猪2.5～20 g。

【注意事项】猪、鸡的休药期为7 d,产蛋鸡禁用。禁与土霉素、弗吉尼亚霉素、杆菌肽锌、北里霉素配伍使用。

赛地卡霉素与托地卡霉素

【作用与用途】二药的主要作用是对猪痢疾螺旋体有效,托地卡霉素的作用较赛地卡霉素强,且对猪肺炎支原体有效。托地卡霉素对猪肺炎支原体的活性等于泰乐菌素、林可霉素和泰妙霉素。二药均用于防治猪痢疾及密螺旋体所致的猪血痢。托地卡霉素也用于治疗支原体肺炎。

【用法与用量】赛地卡霉素预混剂,每100 g含赛地卡霉素分别为1 g、2 g、5 g。混饲,每1000 kg饲料,以赛地卡霉素计,猪75 g,连用15 d。托地卡霉素预混剂。混饲,每1000 kg饲料，以托地卡霉素计，猪，预防时为10 g，治疗时为20 g（猪血痢）或50 g（猪支原体肺炎）。

密柑霉素（米加霉素，美卡霉素）

【作用与用途】主要对革兰氏阳性菌如葡萄球菌等的作用较强，内服很少吸收，无药物残留。用作饲料添加剂，有促进猪鸡生长、改善饲料利用率的作用。

【用法与用量】密柑霉素预混剂。混饲，每1000 kg饲料，鸡、雏鸡0.88～4.40 g，哺乳仔猪、幼猪0.88～2.46 g。

阿伏霉素

【作用与用途】对革兰氏阳性菌及革兰氏阴性菌，如金黄色葡萄球菌、链球菌、绿脓杆菌等有较强的抑制作用。细菌对本品不易产生耐药性，与其他抗生素间无交叉耐药性。可用于预防肉鸡的坏死性肠炎及鼠伤寒沙门氏菌病，可提高反刍动物瘤胃丙酸和pH。

【用法与用量】阿伏霉素预混剂。规格：2%、5%。混饲，每1000 kg饲料，猪10～40 g（4月龄以下）和5～20 g（6月龄以下），肉鸡7.5～15 g，火鸡10～20 g（16周龄以下），犊牛15～40 g（6月龄以内），肉牛15～30 g。

任务七　氯霉素类

本类抗生素为广谱抗生素，包括氯霉素、甲砜霉素和氟甲砜霉素，后二者为氯霉素的衍生物。

氯霉素是由Ehlrich 1947年从委内瑞拉链霉菌培养液中获得，是当时唯一对革兰氏阳性菌、革兰氏阴性菌及其他病原体均具活性的抗生素。1949年确定化学结构后，即用化学合成方法生产。鉴于氯霉素对人类健康的威胁（潜在性的再生障碍性贫血及耐药性传递），美国、加拿大已禁止将氯霉素用于食品动物；英国规定，只有在缺乏安全有效的抗生素时才允许将氯霉素用于治疗大小动物的眼部和系统感染。我国也禁止将氯霉素用于食品动物以及各种用途。甲砜霉素于1952年合成，为氯霉素的衍生物，抗菌作用与氯霉素相似，但结构上系以甲砜基代替氯霉素分子结构中与苯环相连的对位硝基，故无潜在的致再生障碍性贫血的缺点。作为饲料添加剂。氟甲砜霉素是新合成的广谱抗菌药物，为甲砜霉素的单氟衍生物，化学结构中也无氯霉素的对位硝基，故亦无潜在致再生障碍性贫血的毒性。

甲砜霉素（硫霉素）

【作用与用途】抗菌谱与氯霉素相似，体外抗菌作用稍弱于氯霉素，对嗜血杆菌、脆弱类杆菌、链球菌的作用与氯霉素相似，但对其他细菌的作用较氯霉素弱1～2倍。进入机体后在肝内不与葡萄糖醛酸结合失活，血中游离型药物浓度较高，故有较强的体内抗菌作用。细菌对本品与氯霉素之间有完全的交叉耐药性，与四环素类之间有部分交叉耐药性。部分细菌可产生乙酰转移酶，使甲砜霉素失活。甲砜霉素主要用于幼畜的副伤寒、白痢、肺炎及家畜的肠道感染，禽大肠杆菌病、沙门氏菌病、呼吸道细菌感染；亦用于防治鱼类由嗜水气单胞菌、肠炎菌等引起的败血症、肠炎、赤皮病等多种细菌性疾病，以及用于河蟹、鳖、虾、蛙等特种水生生物的细菌性疾病防治。甲砜霉素的毒性较低，通常不引起再生障碍性贫血，但比氯霉素更常引起可逆性的红细胞生成抑制。本品有较强的免疫抑制作用，比氯霉素强数倍，主要是抑制免疫球蛋白和抗体的生成。

【用法与用量】甲砜霉素散剂。规格：5%。混饲，每1000 kg饲料，以甲砜霉素计，鸡200～300 g，猪200 g。

氟甲砜霉素(氟罗芬尼，氟苯尼考)

【作用与用途】本品为甲砜霉素的氟衍生物。为广谱抗菌药物，对革兰氏阳性菌、革兰氏阴性菌均有抑制作用。对许多肠道菌的抗菌活性优于甲砜霉素、氯霉素。

【用法与用量】氟甲砜霉素预混剂。规格：2%、10%。混饲，每1000 kg饲料，以氟甲砜霉素计，猪50 g，鸡100 g。

任务八　多黏菌素类

多黏菌素类系从多黏杆菌的培养液中提取获得，包括多黏菌素A、多黏菌素B、多黏菌素C、多黏菌素D、多黏菌素E等5种成分，较为常用的有多黏菌素E(黏杆菌素)、多黏菌素B两种。

黏杆菌素(多黏菌素E，抗敌素)

【作用与用途】为窄谱杀菌剂，主要对革兰氏阴性菌如大肠杆菌、沙门氏菌、巴氏杆菌等作用较强，尤其是对绿脓杆菌作用强大。细菌对本品不易产生耐药性，与其他抗生素间无交叉耐药现象，但本类抗生素间有完全的交叉耐药性。用作饲料添加剂，具有促进雏鸡、仔猪和犊牛生长、提高饲料利用率及防治仔猪、犊牛细菌性肠道感染的作用，也用于预防家禽的大肠杆菌病和沙门氏菌病。本品与杆菌肽锌有协同作用，常联合使用。

【用法与用量】黏杆菌素口服溶液(Colistin溶液)。每100 mL含黏杆菌素100万IU。治疗大肠杆菌病：混饮，以制剂计，每1 L饮水，家禽、兔5 mL。硫酸黏杆菌素预混剂。规格分别为2%、4%、10%。混饲，每1000 kg饲料，以硫酸黏杆菌素计，禽2～20 g，2月龄内仔猪40 g，2～4月龄仔猪2～20 g，哺乳期犊牛5～40 g。硫酸黏杆菌素可溶性粉。规格：2%。混饮，每1 L饮水，以硫酸黏杆菌素计，鸡20～60 mg，猪40～200 mg，用药期不超过7 d。

【注意事项】产蛋鸡禁用。畜禽的休药期为7 d。本品可与杆菌肽锌配合使用。

多黏菌素B

【作用与用途】抗菌作用与黏杆菌素相似，主要对革兰氏阴性菌尤其是绿脓杆菌有较强的抑杀作用，但对革兰氏阳性菌、抗酸菌、真菌等无效。内服很少吸收，主要用于对其他抗生素耐药而对本品敏感的绿脓杆菌、大肠杆菌、肺炎杆菌感染。

【用法与用量】多黏菌素B预混剂。混饲，每1000 kg饲料，鸡、仔猪4～10 g。

任务九　林可胺类

林可霉素(洁霉素)

【作用与用途】主要对革兰氏阳性菌、某些厌氧菌和支原体有较强抗菌活性,抗菌谱较红霉素窄。主要用于对本品敏感的细菌所引起的各种感染,并可防治支原体引起的猪喘气病、家禽慢性呼吸道病,治疗厌氧菌感染如鸡的坏死性肠炎及猪的弓形体病、猪血痢等。作饲料添加剂,有提高增重速率、改善饲料报酬的功效,常与壮观霉素联合应用。

【用法与用量】盐酸林可霉素预混剂(可肥素 88、可肥素 110),每 100 g 分别含林可霉素 8.8 g (880 万 IU)、11 g(110 万 IU)。混饲,每 1000 kg 饲料,以盐酸林可霉素计,禽 22～44 g,猪 44～77 g,连用 1～3 周。

【注意事项】林可胺类可引起马的剧烈腹泻甚至死亡,对兔亦有较大的毒性,故不用于马和兔。猪、鸡的休药期为 5 d,产蛋鸡禁用。

克林霉素(氯林可霉素,克林达霉素)

【作用与用途】其抗菌谱、应用与林可霉素相同,而抗菌活性较林可霉素强,对耐青霉素、红霉素或四环素的细菌仍有作用。本品与林可霉素间有完全的交叉耐药性。临床主要用于敏感革兰氏阳性菌,如葡萄球菌、链球菌、厌氧菌感染及畜禽的支原体病。

【用法与用量】混饲用量为林可霉素的半量。

任务十　多烯类

包括两性霉素 B 和制霉菌素,前者与国产庐山霉素为同一物质,为广谱抗真菌药。对多种深部真菌如白色念珠菌、皮炎芽生菌、球孢子菌、新型隐球菌等有强大的抑杀作用。毛、皮肤等浅部真菌多呈耐药;内服不易吸收,一般静脉注射治疗全身性真菌感染,是治疗全身性深部真菌感染的首选药物。

制霉菌素

【作用与用途】抗真菌作用机理与两性霉素 B 相同。对多种真菌如念珠菌、新型隐球菌、组织胞浆菌、球孢子菌、毛癣菌、表皮癣菌均有效,对念珠菌属作用最为明显。

【用法与用量】制霉菌素预混剂。规格:4%。治疗白色念珠菌病:混饲,每 1000 kg 饲料,家禽 50 万～100 万 IU,连用 1～3 周。治疗雏鸡曲霉菌病:按每羽 5000 IU 混饲,每天 2～3 次,连用 2～4 d。

任务十一　多糖类

为含磷的糖脂质抗生素，抗菌谱较窄，对革兰氏阳性菌作用较强，除巴氏杆菌外，对其他革兰氏阴性菌作用较弱。本类药内服难吸收，多数以原形从粪中排出。用作饲料添加剂的有黄霉素、魁北霉素。

魁北霉素(克柏霉素)

【作用与用途】抗菌谱较窄，主要对革兰氏阳性菌如金黄色葡萄球菌、粪链球菌等有较强作用，对革兰氏阴性菌作用极弱。内服在消化道不吸收，无药物残留。主要用作仔猪、雏鸡的促生长饲料添加剂。

【用法与用量】魁北霉素预混剂。混饲，每 1000 kg 饲料，雏鸡、仔猪 1～2 g。

任务十二　其　他

泰妙菌素(泰牧菌素，泰妙灵，枝原净)

【作用与用途】为半合成多烯类抗生素，为白色或淡黄色晶粉，可溶于水。对革兰氏阳性菌(如金黄色葡萄球菌、链球菌)、多种支原体和猪痢疾密螺旋体等有较强的抑制作用，对革兰氏阴性菌尤其是肠道菌作用较弱。作饲料添加剂，有促进猪的生长及提高饲料转化率的作用。

【用法与用量】泰妙菌素可溶性粉，每 100 g 含泰妙菌素 45 g(450 万 IU)。混饮，每 1 L 饮水，鸡(防治慢性呼吸道病)0.125～0.25 g，连用 3 d；猪 0.045～0.06 g，连用 5 d。泰妙菌素预混剂，每 100 g 分别含泰妙菌素 10 g(100 万 IU)、80 g(800 万 IU)。混饲，每 1000 kg 饲料，促生长：猪 10 g；防治疾病：猪、鸡 40～100 g，连用 3～5 d。

【注意事项】猪、鸡的休药期为 5 d。禁止与莫能菌素、盐霉素等聚醚类抗生素混合使用。

新生霉素

【作用与用途】对革兰氏阳性菌如金黄色葡萄球菌、肺炎球菌等作用较强，对部分革兰氏阴性菌如嗜血杆菌、巴氏杆菌等亦有作用。细菌对其易产生耐药性，常与四环素等合用，以减少耐药性的发生。

【用法与用量】新生霉素钠散剂。混饲，每 1000 kg 饲料，鸡 250～350 g、鸭 350 g。混饮，每 1 L 饮水，鸡 0.28 g。复方新生霉素可溶性粉，每 1 g 含新生霉素钠 25 mg、盐酸四环素 40 mg。防治鸡白痢和猪细菌性下痢：混饮，每 1 L 饮水，以制剂计，鸡、猪 1～5 g(预防)，5～15 g(治疗)。

比考扎霉素

【作用与用途】由黄链霉菌的培养液中提取。主要对革兰氏阴性菌如大肠杆菌、沙门氏菌有较强的抗菌作用。用作猪、鸡饲料添加剂，促进生长、预防大肠杆菌等引起的腹泻症。

【用法与用量】比考扎霉散剂。混饲，每 1000 kg 饲料，猪、鸡 5～20 g。

灰黄霉素

【作用与用途】为内服抗浅表真菌抗生素。其化学结构与鸟嘌呤相似，可竞争性地抑制鸟嘌呤进入真菌 DNA 分子中，妨碍 DNA 的合成。临床内服用于治疗浅表真菌感染。

【用法与用量】灰黄霉素散剂。规格：75％ 。混饲，每天每 1 kg 体重，牛 10～20 mg，兔 25 mg，连续用药 3～4 周。

【考核评价】

某地一养猪场，在当地饲养条件下，在断奶仔猪（40～70 日龄）饲料中要添加药物添加剂，以提高其增重，改善饲料报酬，降低饲养成本，取得良好的经济效益。可以选择哪些药物添加？

【案例分析】

杆菌肽锌对蛋鸡产蛋性能、存活率的影响

2004 年，宁夏农学院研究人员取 300 日龄罗曼蛋鸡 768 只，随机分为对照组和试验组（每组设 4 个重复，每个重复 96 只），其中在试验组的日粮中添加 50 mg/kg 杆菌肽锌，在自由采食、饮水和光照 16 h 的条件下，进行了为期 90 d 的饲养试验。结果表明，杆菌肽锌能显著提高产蛋率（$P<0.05$），降低料蛋比（$P<0.05$），并有效抑制疾病的发生，提高存活率（$P<0.01$）。

由以上研究可以得出杆菌肽锌具有治疗家畜肠道疾病，促进动物生长，提高饲料转化率的能力，同时具有难被胃肠道吸收、低残留的特点，将成为当今世界销售量最大的饲料添加专用抗生素之一。

【知识拓展】

发现与发明——造福人类的青霉素

二维码　发现与发明——造福人类的青霉素

【知识链接】

1. 中华人民共和国农业部公告第168号《饲料药物添加剂使用规范》
2. 中华人民共和国农业部公告第1224号《饲料药物添加剂使用规范》
3. 中华人民共和国农业部公告第193号《食品动物禁用的兽药及其他化合物清单》
4. 中华人民共和国农业部公告第318号《饲料添加剂品种目录》
5. 中华人民共和国农业部《动物性食品中兽药的最高残留限量(试行)》

Project 2

化学合成的抗菌药物

学习目标

掌握化学合成抗菌药的种类与用途;熟悉化学合成抗菌药的用法与剂量以及相应的注意事项。

任务一　磺胺类与苄氨嘧啶类

一、磺胺类

磺胺类药物是人工合成的具有氨苯磺胺基本结构的广谱抗菌药物。自从1935年发现第一个磺胺类药物——百浪多息以来，已有70多年的历史，先后合成的磺胺类化合物超过万种，应用于临床的药物有二三十种。本类药物具有抗菌谱广、性质稳定、使用方便、价格低廉、国内能大量生产等优点。有一些品种可在饲料中添加使用，用以防治动物疾病。新型磺胺药的推出以及与苄氨嘧啶类药物的合用，进一步增强了此类药物的抗菌活性，提高了疗效。

磺胺二甲嘧啶(2-磺胺-4,6-二甲基嘧啶) SM_2

【作用与用途】本品抗菌活性较弱，不及磺胺嘧啶和磺胺甲基嘧啶。对链球菌、大肠杆菌、沙门氏菌、放线菌、支气管败血性博代氏菌及李氏变形杆菌等有效，对金黄色葡萄球菌、丹毒丝菌、志贺氏菌等效果极差。有抗球虫作用。主要用于禽霍乱、鸡传染性鼻炎、猪博代氏菌性鼻炎、牛羊巴氏杆菌病、牛乳腺炎，亦用于兔、鸡、火鸡的球虫病及其他敏感菌所致消化道、呼吸道的细菌性感染。本品与磷酸泰乐菌素制成预混剂，可用于防治猪痢疾。

【用法与用量】磺胺二甲嘧啶预混剂。规格：10%。混饲，每1000 kg饲料，家禽、兔400～500 g，猪100 g。磺胺二甲嘧啶可溶性粉(钠盐)。混饮，每1 L饮水，家禽0.1～0.2 g，猪0.05～0.1 g。

【注意事项】治疗剂量用药，用药期限不超过7 d。预防用药，猪、牛、羊、鸡、鱼的用药期限分别为15 d、10 d、10 d、10 d和21 d，猪、鸡的休药期为7 d。

磺胺间甲氧嘧啶(磺胺-6-甲氧嘧啶) SMM

【作用与用途】本品是磺胺类药物中抗菌活性最强的品种之一，对链球菌、肺炎球菌、沙门氏菌、大肠杆菌等着显著抗菌作用，对葡萄球菌、肺炎杆菌、巴氏杆菌和炭疽杆菌等病菌也有抗菌效果，对球虫、弓形虫等原虫亦有效。主要用于防治各种敏感菌所致呼吸系统、消化系统、泌尿系统等的感染，亦可用于家禽球虫病、猪弓形虫病、猪萎缩性鼻炎和猪水肿病等的防治。

【用法与用量】磺胺间甲氧嘧啶预混剂。规格：10%。混饲，每1000 kg饲料，治疗用时，禽为50～200 g，预防用时，禽为50～100 g，猪为20～50 g，连用3～7 d。拌料，每1 kg体重，水生动物0.05～0.2 g，连用3～7 d。磺胺间甲氧嘧啶钠可溶性粉。含量25%。混饮，每1 L饮水，鸡0.25～2 g，连用3～14 d。

【注意事项】本品遇光后颜色逐渐变暗。为保证药效，首次量应加倍使用，用药至症状消失后2～3 d停药。用药期间，动物应充分饮水。连续用药以不超过10 d为宜。猪、鸡的休药期为7 d。

磺胺对甲氧嘧啶(磺胺-5-甲氧嘧啶) SMD

【作用与用途】本品的抗菌谱同磺胺间甲氧嘧啶(SMM),但抗菌活性不及SMM,对化脓性链球菌、肺炎球菌、伤寒杆菌、沙门氏菌等有疗效,对弓形虫有效。适用于敏感菌所致各系统感染,尤其对尿路感染的疗效显著。与二甲氧苄氨嘧啶制成预混剂,可用于防治畜禽细菌感染及球虫病。

【用法与用量】磺胺对甲氧嘧啶可溶性粉。混饮,每1 L饮水,鸡0.25～0.5 g。磺胺对甲氧嘧啶、二甲氧苄氨嘧啶预混剂。每1000 g中含磺胺对甲氧嘧啶200 g,二甲氧苄氨嘧啶40 g。混饲,每1000 kg饲料,猪、鸡200 g(以磺胺对甲氧嘧啶计),连用不超过10 d。

【注意事项】避光、密闭保存。用药期间,动物应充分饮水。猪、鸡的休药期为10 d。产蛋鸡禁用。

磺胺间二甲氧嘧啶(4-磺胺-2,6-二甲氧嘧啶) SDM

【作用与用途】本品的抗菌谱和抗菌活性与磺胺嘧啶(SD)相似,对球虫、弓形虫等原虫也有显著抑制作用。主要用于防治禽霍乱、鸡传染性鼻炎、大肠杆菌病,家畜的各种细菌性感染,鸡、火鸡和兔的球虫病,猪弓形虫病,还可用于水生动物的细菌性感染。

【用法与用量】磺胺间二甲氧嘧啶预混剂。混饲,每1000 kg饲料,火鸡、鸡50～200 g,水生动物100 g。拌料,每1 kg体重,牛、羊、猪0.1 g。每天1次,连用4～5 d。磺胺间二甲氧嘧啶可溶性粉。混饮,每1 L饮水,火鸡、鸡0.025～0.05 g,连用6 d。

【注意事项】用药期间充分饮水。本品禁用于16周龄以上鸡群和产蛋鸡;仅用于肉牛,禁用于产奶牛。鸡、火鸡的休药期为5 d,牛的休药期为12 d。

磺胺邻二甲氧嘧啶(磺胺-5,6-二甲氧嘧啶) SDM'

【作用与用途】本品的抗菌谱同磺胺嘧啶,但活性较磺胺嘧啶弱,需与甲苄嘧啶合用才能产生较好疗效。本品还有一定的抗球虫、抗弓形虫作用。适用于畜禽的慢性或呼吸系统和泌尿系统轻度感染,可防治鸡球虫病和猪弓形虫病。

【用法与用量】磺胺邻二甲氧嘧啶预混剂。混饲,每1000 kg饲料,家禽50～100 g,拌料,每1 kg体重,牛、羊、猪0.1 g,每天1次。磺胺邻二甲氧嘧啶可溶性粉。混饮,每1 L饮水,家禽0.025～0.05 g。

【注意事项】本品宜与甲氧苄啶(TMP)合用(1∶5或1∶9)。

磺胺嘧啶 SD

【作用与用途】本品具较强抗菌活性,对链球菌、沙门氏菌、大肠杆菌、放线杆菌、志贺氏菌、巴氏杆菌、肺炎双球菌、李氏杆菌等有效,对弓形虫有一定作用。本品是磺胺类药物中治疗脑部细菌感染的首选药物,也适用于肺炎双球菌、溶血性链球菌、大肠杆菌、沙门氏菌等敏感菌所致各种感染。

【用法与用量】磺胺嘧啶散剂。混饲,每1000 kg饲料,家禽400～500 g,猪100 g。混饮每1 L饮水,家禽0.1～0.2 g,猪0.05～0.1 g。复方磺胺嘧啶预混剂。每1000 g含磺胺嘧啶125 g,甲苄嘧啶25 g。拌料,每1 kg体重,15～30 mg,连用5 d;鸡25～30 mg,连用10 d。

【注意事项】本品仅用作治疗药物，一般不用作食用动物添加剂长期使用。猪、鸡使用磺胺嘧啶预混剂的休药期分别为 5 d 和 1 d。

磺胺脒(磺胺胍) SG

【作用与用途】本品的抗菌活性较弱，但在肠道内药物浓度较高，适用于防治畜禽、水生动物肠道的细菌性感染。

【用法与用量】磺胺脒散剂。拌料，每 1 kg 体重，鸡、猪、兔、牛、羊首次量 0.14～0.2 g，维持量 0.07～0.1 g，每天 2 次；水生动物 0.1 g，每天 1～2 次。

【注意事项】应避光、密闭保存。本品对成年反刍动物疗效较差。成年家畜用量过大或病畜患肠阻塞症，可因吸收较多而出现肾损害。动物的休药期为 3 d。

磺胺甲基异噁唑(新诺明) SMZ

【作用与用途】本品为抗菌作用较强的磺胺药，抗菌谱与磺胺嘧啶相近，抗菌活性与磺胺间甲氧嘧啶相当。与甲苄嘧啶合用后，进一步增强抗菌活性。主要用于畜禽的呼吸系统和泌尿系统的严重感染。

【用法与用量】磺胺甲基异噁唑散剂。混饲，每 1000 kg 饲料，鸡 200～400 g，连用 3～5 d。

【注意事项】本品宜与等量碳酸氢钠配合应用，并应充分饮水。

磺胺噻唑 ST

【作用与用途】本品的抗菌活性较强，优于磺胺嘧啶，对磺胺药敏感的多种细菌都有效。缺点为有效血药浓度不易维持，易损害泌尿系统。主要用于禽霍乱、鸡白痢，猪细菌性肠炎和呼吸系统疾病如博代氏菌病，牛呼吸系统感染和球虫病等。

【用法与用量】磺胺噻唑预混剂。混饲，每 1000 kg 饲料，鸡 400～500 g。拌料，每 1 kg 体重，牛、羊、猪、兔首次量 0.14～0.2 g，维特量 0.07～0.1 g，每天 2～3 次。

【注意事项】本品宜同时合用等量碳酸氢钠。猪内服本品的休药期为 10 d。

二、苄氨嘧啶类

苄氨嘧啶类药物属广谱抑菌剂，多与磺胺药合用。曾称磺胺增效剂，后发现还可增强多种抗生素的作用，现称抗菌增效剂。本类药物主要品种有甲氧苄氨嘧啶(TMP)、二甲氧苄氨嘧啶 (DVD)及二甲氧甲基苄氨嘧啶(OMP)，后两种兼具抗球虫作用。

甲苄嘧啶(三甲氧普林) TMP

【作用与用途】本品的抗菌作用与磺胺药相似，属广谱抗菌剂，高敏细菌有大肠杆菌、巴氏杆菌、溶血性链球菌、志贺氏菌属、弧菌属及链球菌等，中敏菌有绿色链球菌、肠道球菌、金黄色葡萄球菌、变形杆菌、化脓性棒状杆菌、布鲁氏菌等，对绿脓杆菌、丹毒丝菌、钩端螺旋体、结核分枝杆菌等无效。本品一般不单独使用，与磺胺药配合使用，可增强抗菌活性数十倍，对磺胺药产生耐药性的菌株如大肠杆菌、化脓性链球菌、变形杆菌，合用后也能增效。与庆大霉素合用，对肺炎双球菌和流感杆菌增效 4～8 倍，并能增强对绿脓杆菌的作用。与四环素合用，对肺炎双球菌和流感杆菌增效 4～32 倍，对金黄色葡萄球菌增效 2～16 倍，对大肠杆菌增效 4～8 倍，对绿脓杆菌增效 8～16 倍。此外，还能增强对青霉素和红霉素的抗菌作用。

【用法与用量】甲苄嘧啶散剂。拌料，每 1 kg 体重，猪、禽、牛、羊 5～10 mg，每天 2 次。复方制剂。为 1 份甲苄嘧啶与 5 份磺胺药(包括磺胺嘧啶、磺胺甲基异噁唑、磺胺对甲氧嘧啶、磺胺间甲氧嘧啶等)合用。拌料，每 1 kg 体重，猪、禽、牛、羊 30 mg(二药总量)。

【注意事项】怀孕初期孕畜不宜使用。大剂量长期使用，可影响叶酸代谢，引起造血机能抑制。牛、羊、猪、禽内服的休药期为 5 d，产乳牛内服的弃奶期为 3 d。

任务二 喹诺酮类

喹诺酮类药物是一类人工合成的具有 4-喹诺酮环基本结构的杀菌性抗菌药物。自 20 世纪 80 年代以来，本类药物发展迅速，在临床上应用广泛，有的品种还成为安全、有效的饲料药物添加剂。按照抗菌性能，本类药物可分为三代。第一代抗菌活性弱，抗菌谱窄，仅对革兰氏阴性菌如大肠杆菌、沙门氏菌、痢疾杆菌、变形杆菌等有效，易产生耐药性，毒副作用较大，内服吸收差，代表药物是萘啶酸、噁喹酸，目前在兽医临床上已少应用。第二代抗菌谱扩大，对大部分革兰氏阴性菌包括绿脓杆菌和部分革兰氏阳性菌具有较强抗菌活性，对支原体也有一定作用，代表药物是吡哌酸、氟甲喹。这一代在畜牧生产和兽医临床上曾有较大量应用。第三代是在 4-喹诺酮环 6-位引入氟原子，在 7-位连以哌嗪基、甲基哌嗪基或乙基哌嗪基，通常称为氟喹诺酮类药物。第三代的抗菌谱进一步扩大，抗菌活性也进一步提高，对革兰氏阴性菌包括绿脓杆菌、革兰氏阳性菌包括葡萄球菌和链球菌均具较强抗菌活性，对支原体、胸膜肺炎放线杆菌也有明显作用。吸收程度改善，提高了全身治疗效果。

恩诺沙星(乙基环丙沙星)

【作用与用途】本品是动物专用的广谱抗菌药，对大肠杆菌、沙门氏菌、巴氏杆菌、绿脓杆菌、支原体等有效，对猪水肿病、链球菌病和鸡的大肠杆菌病、沙门氏菌病、嗜血杆菌病、支原体病等均具显著疗效。本品适用于禽类、猪、牛、羊、猫、犬和水生动物的细菌及支原体所致的感染性疾病。

【用法与用量】恩诺沙星溶液剂，拜耳公司百病消内服液(Baytril)。浓度 10%，国内产品浓度为 2.5%、5%和 10%。混饮，每 1 L 饮水，家禽 0.025～0.05 g。连用 3～5 d。恩诺沙星预混剂，日本上市浓度 2.5%(商品名：Baytril TER)。混饲，每 1000 kg 饲料，禽(鸡、火鸡) 50～100 g，猪 50～150 g，连用 3～5 d。

【注意事项】制酸剂能抑制本品吸收，应避免同时应用。

环丙沙星(环丙氟哌酸)

【作用与用途】本品为广谱抗菌药物，对革兰氏阴性菌和革兰氏阳性菌及支原体均具很强抗菌活性，是喹诺酮类药物中抗菌作用较强的品种之一。抗菌谱包括大肠杆菌、巴斯德氏菌、沙门氏菌、支原体等。本品适用于鸡慢性呼吸道病、大肠杆菌病、禽霍乱、禽副伤寒、仔猪白痢等感染性疾病。

【用法与用量】盐酸环丙沙星可溶性粉剂。规格:2%。混饮,每1 L饮水,鸡0.025～0.05 g,连用3～5 d。盐酸环丙沙星溶液剂。规格:2%。混饮,每1 L饮水,鸡0.025～0.05 g,连用3～5 d。

【注意事项】铝、镁制剂影响本品内服吸收,应避免合用。蛋鸡停药后5 d内的鸡蛋禁止上市。

诺氟沙星(氟哌酸)

【作用与用途】本品为第三代广谱抗菌剂,抗菌活性强于第一代的萘啶酸和第二代的吡哌酸,但不及大多数其他喹诺酮类药物。对大肠杆菌、沙门氏菌、巴氏杆菌、变形杆菌、肺炎克雷伯氏菌、葡萄球菌、支原体等有效。本品为目前兽医临床常用抗菌药物,适用于治疗禽大肠杆菌病、禽霍乱、鸡白痢、仔猪白痢等细菌性疾病。

【用法与用量】诺氟沙星预混剂。规格:5%。拌料,每1 kg体重,家畜、家禽10 mg,每天1～2次。诺氟沙星可溶性粉。规格:5%。混饮,每1 L饮水,家禽0.05～0.10 g,连用3～7 d。诺氟沙星溶液剂。规格:10%,英国ANUPCO公司商品名为安富利。混饮,每1 L饮水,家禽0.05～0.10 g,连用3～7 d。

【注意事项】制酸剂能抑制本品吸收,应避免同时应用。

氧氟沙星(氟嗪酸)

【作用与用途】本品为广谱抗菌药物,对大肠杆菌、沙门氏菌、巴斯德氏菌、变形杆菌、嗜血杆菌、克雷伯氏菌、志贺氏菌、支气管博代氏菌等有效,对禽类、猪和牛的支原体也有显著作用,效力与环丙沙星相近,优于诺氟沙星、培氟沙星、氟甲喹等药物。本品适用于治疗鸡慢性呼吸道病、大肠杆菌病、禽伤寒、禽霍乱、传染性鼻炎等。

【用法与用量】氧氟沙星可溶性粉。规格:2%。混饮,每1 L饮水,鸡0.05～0.1 g;内服,每1 kg体重,鸡5～10 mg,连用3～5 d。氧氟沙星溶液。规格:4%。混饮,每1 L饮水,鸡0.05～0.10 g,连用3～5 d。

氟甲喹(氟甲喹酸)

【作用与用途】本品为第二代喹诺酮类药物,主要对革兰氏阴性菌有效,敏感菌包括大肠杆菌、沙门氏菌、巴氏杆菌、变形杆菌、克雷伯氏菌,高浓度(2.5 μg/mL)对支原体有效。适用于畜禽革兰氏阴性菌所致消化道和呼吸道的感染性疾病,还可用于治疗鱼的弧菌病、疖病和红嘴病。

【用法与用量】氟甲喹预混剂。规格:2%。拌料,每1 kg体重,鸡5～10 mg;1周龄犊牛8 mg,每天1次,或4 mg,每天2次;6周龄以上牛15 mg,每天1次,或7.5 mg,每天2次。氟甲喹溶液剂。规格:10%。混饮,每1 kg体重,鸡5～10 mg。

【注意事项】鸡屠宰前休药2 d,蛋鸡停药后6 d内的鸡蛋禁止上市。

沙拉沙星

【作用与用途】本品为动物专用广谱抗菌药物,对革兰氏阴性菌、革兰氏阳性菌及支原体均具较好抗菌活性，如大肠杆菌、沙门氏菌、变形杆菌、志贺氏菌、巴氏杆菌等。

【用法与用量】沙拉沙星可溶性粉剂。规格：2.5％、5％、10％。混饮，每 1 L 饮水，鸡 0.025～0.05 g，连用 3～5 d。沙拉沙星预混剂。拌料，每 1 kg 体重，水生动物 10 mg。沙拉沙星可溶性颗粒剂。规格：10％（福乐星）。混饮，每 1 L 饮水，鸡 0.02～0.04 g，连用 3～5 d。

达诺沙星（单诺沙星）

【作用与用途】本品为动物专用广谱抗菌药物，其特点在于对动物呼吸道的致病菌抗菌活性好，肺组织中的药物分布浓度高，是治疗畜禽呼吸系统感染性疾病的理想药物，同时也可用于其他系统的感染性疾病。本品对牛的溶血性巴氏菌、多杀性巴氏菌、支原体，猪的胸膜肺炎放线杆菌、猪肺炎支原体，鸡的大肠杆菌、多杀性巴氏杆菌、败血性支原体等均有较强抗菌活性。

【用法与用量】达诺沙星可溶性粉。规格：含达诺沙星甲磺酸盐 16.7％。混饮，每 1 L 饮水，禽类 0.025～0.05 g，猪 0.02 g。混饲，每 1000 kg 饲料，禽类 50～100 g，猪 40 g，连用 3～5 d。达诺沙星溶液。规格：5％、2.5％、1％。混饮，每 1 L 饮水，禽类 0.025～0.05 g，猪 0.02 g，连用 3～5 d。

【注意事项】本品应避光，密闭保存。

双氟沙星（地氟沙星）

【作用与用途】本品为氟喹诺酮类广谱抗菌药物，对革兰氏阴性菌和阳性菌均有较强活性，尤其对葡萄球菌有强大抗菌作用。内服给药，对大肠杆菌、绿脓杆菌、链球菌、肺炎克雷伯氏菌所致小鼠的胸膜肺炎有良好疗效。

【用法与用量】双氟沙星可溶性粉。规格：2.5％、5％。混饮，每 1 kg 体重，鸡 5～10 mg，每天 1～2 次，连用 5～7 d。双氟沙星内服溶液。规格：2.5％、5％。混饮，每 1 kg 体重，鸡 5～10 mg，每天 2 次，连用 5～7 d。

【注意事项】鸡的休药期为 1 d。

马波沙星

【作用与用途】本品为动物专用氟喹诺酮类药物。为广谱抗菌剂，对多杀性巴氏杆菌、溶血性巴氏杆菌、嗜血杆菌、牛支原体有显著抗菌活性。

【用法与用量】马波沙星散剂。拌料，每 1 kg 体重，鸡一般细菌感染时为 2～5 mg。

培氟沙星（甲氟哌酸）

【作用与用途】本品为氟喹诺酮类广谱抗菌药物，对大肠杆菌、沙门氏菌、巴氏杆菌、变形杆菌、嗜血杆菌、绿脓杆菌、葡萄球菌、链球菌及支原体等有效。本品适用于畜禽肠道感染和敏感菌所致的全身感染性疾病。

【用法与用量】培氟沙星可溶性粉。规格：4％。混饮，每 1 L 饮水，鸡 0.15～0.1 g，连用 3 ～5 d。培氟沙星颗粒剂。规格：2％。混饮，每 1 L 饮水，鸡 0.05～0.1 g，连用 3～5 d。

洛美沙星（罗氟沙星）

【作用与用途】本品为新型氟喹诺酮类广谱抗菌药物。抗菌谱包括大肠杆菌、变形杆菌、嗜血杆菌、克雷伯氏菌、沙门氏菌、绿脓杆菌、葡萄球菌、支原体等。适用于家禽细菌和支原体感染。

【用法与用量】洛美沙星可溶性粉。规格:2%。混饮,每 1 L 饮水,家禽 0.05～0.1 g,连用 3～5 d。

噁喹酸(奥啉酸)

【作用与用途】本品为第一代喹诺酮类药物,抗菌作用较弱,主要对革兰氏阴性菌如大肠杆菌、沙门氏菌、变形杆菌、巴氏杆菌、克雷伯氏菌等有效,但对金黄色葡萄球菌、绿脓杆菌作用弱,对链球菌无效。

【用法与用量】氟喹诺酮类药物广泛应用后,本品已较少用于禽,畜。现主要用于水生动物(鱼、虾)。噁喹酸预混剂。规格:10%。拌料,每 1 kg 体重,鱼、虾 10～20 mg,连用 3～7 d; 鸡 15 mg,连用 5～7 d;犊牛 20～50 mg,连用 7 d。或混饲每 1000 kg 饲料,鸡 75 g。

【注意事项】鸡的休药期为 6 d,蛋鸡停药后 8 d 内的鸡蛋禁止上市,鱼的休药期一般为 14～21 d。

吡哌酸

【作用与用途】本品为第二代喹诺酮类药物,主要对革兰氏阴性菌有较强的抗菌作用,敏感菌包括大肠杆菌、沙门氏菌、变形杆菌、痢疾杆菌,对绿脓杆菌:金黄色葡萄球菌抗菌活性较弱。适用于畜禽肠道和尿路的细菌性感染。

【用法与用量】吡哌酸预混剂。规格:10%。混饲,每 1000 kg 饲料,鸡 200～400 g。拌料,每 1 kg 体重,家畜 30～40 mg。

任务三　喹噁啉类

喹噁啉类药物是人工合成的具有喹噁啉-*N*-1,4-二氧化物基本结构的抗菌促生长药。本类的大多数品种发现于 20 世纪 60—70 年代,是一类应用广泛的化学合成药物,用作鸡、猪、牛等动物的饲料药物添加剂。代表药物是卡巴多和喹乙醇。

喹噁啉类药物具有抗菌和促生长作用。①抗菌作用:为广谱抗菌剂,对革兰氏阴性菌和阳性菌有效,部分品种对猪痢疾密螺旋体也有效。机理是抑制细菌脱氧核糖核酸的合成。②促生长作用:能改变动物肠道菌群,提高对能量物质和蛋白质的利用率,增加动物体内蛋白质的合成。

喹噁啉类药物在应用中应注意:①本类药物内服吸收良好,组织中药物浓度较高,用于食品动物时,应严格执行休药期,以免药物残留对人体产生危害。②本类药物禁止与抗生素如杆菌肽、土霉素、金霉素等混合或同时使用。③使用本类药物时,应严格按规定的剂量使用,并应与饲料充分混匀,以确保用药效果,防止动物中毒。雏鸡对本类药物较敏感,超量使用易中毒。④本类药物适用于仔猪、仔鸡和犊牛,禁用于产蛋鸡。⑤本类药物中的部分品种如卡巴多,对动物染色体有潜在性不良影响。

喹乙醇(倍育诺)

【作用与用途】本品具有抗菌和促生长作用。抗菌作用:对革兰氏阳性菌和阴性菌均有效,尤其对大肠杆菌、沙门氏菌、志贺氏菌和变形杆菌的抗菌活性较强,对金黄色葡萄球菌和链球菌有抑制作用;对致病性大肠杆菌有选择性作用,不影响大肠杆菌的正常菌群,也不影响肠内的正常革兰氏阳性菌。对密螺旋体引起的猪痢疾有较好疗效。促生长作用:具有促进蛋白同化作用,增加氮潴留和细胞形成,从而促进畜禽增重,提高瘦肉率,提高饲料转化率。

【用法与用量】喹乙醇预混剂。规格:5%、10%。混饲,每 1000 kg 饲料,仔猪 50~100 g。

【注意事项】本品禁止与抗生素混合或同时使用。鸡及体重超过 55 kg 的猪、水生动物禁用。猪的休药期为 35 d。

卡巴多(喹氨甲酯)

【作用与用途】本品为喹噁啉类药物中上市最早的代表性品种,具有抗菌和促生长作用。抗菌作用:具广谱作用,对大肠杆菌、多杀性巴氏杆菌、霍乱沙门氏菌、变形杆菌、链球菌等有效,猪痢疾密螺旋体对本品较敏感。促生长作用:可改善饲料转化率,提高日增重,提高胴体瘦肉率。本品主要用作猪和牛的抗菌性促生长饲料添加剂,大剂量还可防治猪的痢疾和细菌性肠炎。

【用法与用量】卡巴多预混剂。规格:2.2%,10.6%。混饲,每 1000 kg 饲料,猪促生长 10~25 g,预防疾病 50 g。拌料,每 1 kg 体重,猪 50~55 mg,牛 50~60 mg。

【注意事项】禁止与抗生素混合或同时使用。休药期 4 周。不宜用于粗蛋白质含量低于 15%的全价饲料。超过 4 月龄的猪禁用。猪使用剂量增加至 100~250 g/kg,增重反而减少。有致突变作用。

痢菌净(乙酰甲喹)

【作用与用途】本品为广谱抗菌药物,对革兰氏阴性菌如巴氏杆菌、大肠杆菌、沙门氏菌抑制作用较强,对金黄色葡萄球菌、链球菌有一定的抑制作用,对猪痢疾密螺旋体作用显著。主要用于动物细菌性肠炎和猪密螺旋体痢疾。

【用法与用量】痢菌净预混剂。规格:2%、3.75%、25%。拌料,每 1 kg 体重,猪、牛 10 mg,鸡 5 mg,连用 3~5 d。痢菌净可溶性粉剂。规格:2.5%。混饮,每 1 kg 体重,鸡 5 mg,连用 5~8 d。

【注意事项】本品不宜与其他抗生素混合使用。

塞多克司

【作用与用途】本品具有抗菌和促生长作用。3 周龄肉鸡分别饲喂含本品 20 mg/kg、50 mg/kg、100 mg/kg 饲料,分别提高增重 0.8%、5.0%、9.2%,分别提高饲料转化率 3.3%、4.5%、2.0%。

【用法与用量】塞多克司散剂。混饲,每 1000 kg 饲料,鸡 50~100 g,猪 50 g。

任务四 硝基咪唑类

硝基咪唑类药物是人工合成的具有5-硝基咪唑基本结构的抗菌、抗原虫药物，部分品种具有促生长作用。这类药物中的动物专用品种如二甲硝咪唑、洛硝达唑、异丙硝达唑等。主要用作鸡、火鸡、猪的饲料药物添加剂；人畜共用品种如甲硝唑、替硝唑、奥硝唑等，主要用作各种动物的抗厌氧菌和原虫的治疗。硝基咪唑类药物具多种药效作用。①抗菌作用：属广谱抗厌氧菌药物，对革兰氏阳性和阴性的杆菌、球菌均具较强作用，对猪痢疾密螺旋体有明显的抑制作用。②抗原虫作用：对组织滴虫和毛滴虫有很强的杀灭作用，对鞭毛虫和阿米巴原虫也有效。③促生长作用：本类药物中的大多数品种，对猪、鸡、火鸡等食品动物有明显的促生长作用。

硝基咪唑类药物在应用时应注意：①本类药物的治疗剂量与促生长剂量不同，用药时应根据用药目的选择剂量。②动物试验表明，长期使用本类药物，具有潜在性致癌和致突变作用。③本类药物内服吸收良好，体内分布广泛，代谢和排泄均较迅速，残留期较短。猪、鸡等食品动物的休药期多已明确，应注意执行。④本类药物的相容性较好，可与其他抗菌性饲料添加剂如土霉素、泰乐菌素等混合使用。

二甲硝咪唑(达美素)

【作用与用途】本品具有抗菌、抗原虫和促生长作用。抗菌作用：主要对厌氧菌作用明显，敏感菌包括坏死厌氧丝杆菌、厌气葡萄球菌、梭状芽孢杆菌属、肠弧菌等，对密螺旋体也有显著抑制作用。抗原虫作用：对组织滴虫、毛滴虫、鞭毛虫、阿米巴等有抑制作用。促生长作用：可以促进猪、鸡的生长，改善饲料转化率。本品适用于预防和治疗猪的螺旋体性痢疾，禽类的组织滴虫病和鞭毛虫病，畜、禽的厌氧菌性感染，亦用作猪、鸡的促生长饲料添加剂。

【用法与用量】二甲硝咪唑预混剂。规格：20%。混饲，每1000 kg饲料，用于促生长时，猪为50 g，鸡为125～200 g。用于预防时，猪、火鸡为125 ～150 g，雏鸡为75 g；用于治疗时，猪、火鸡、雏鸡为400～600 g，连用7～14 d。复方二甲硝咪唑可溶性粉。每100 g含二甲硝咪唑8 g，磺胺对甲氧嘧啶7.4 g，甲苄嘧啶2 g。混饮，每1 L饮水，以制剂计，鸡25 g，连用5～7 d。混饲，每1000 kg饲料，以制剂计，鸡5000 g，连用5～7 d。

【注意事项】禽类对本品敏感，连续喂用时以不超过10 d为宜，产蛋鸡禁用。猪、鸡的休药期为5 d。本品拌入饲料后可保存3个月。本品对热不稳定，含本品的饲料不宜进行热处理。

洛硝达唑

【作用与用途】本品具有抗菌、抗原虫和促生长作用，尤其对猪的密螺旋体、鸡的组织滴虫和鞭毛虫有显著的抑制作用。在促生长方面，本品对畜禽有促增重和提高饲料转化率作用。

【用法与用量】洛硝达唑预混剂。规格：12%。混饲，每100 kg饲料，猪60 g，鸡60～90 g。

【注意事项】本品可与其他饲料添加剂如杆菌肽锌、土霉素、金霉素、泰乐菌素等混合使用。产蛋鸡禁用。猪、火鸡的休药期分别为3 d和6 d。猪、鸡按规定剂量可长期用药。

异丙硝达唑(甲硝异丙脒)

【作用与用途】本品具有抗菌、抗原虫作用,尤其对火鸡的组织滴虫和猪的密螺旋体有显著抑制作用。主要用作饲料添加剂,防治火鸡的黑头病和仔猪血痢。

【用法与用量】异丙硝达唑预混剂。规格:10%、15%。混饲,每1000 kg饲料,火鸡50~85 g,猪200 g。

【注意事项】产蛋鸡禁用本品,猪、鸡的休药期为5 d。

任务五 其他合成抗菌药

真菌病属感染性疾病,畜禽均可发生,严重的深部真菌感染,如霉菌性肠炎、霉菌性肺炎,可致畜禽死亡。真菌病的病原菌包括组织胞浆菌、球孢子菌、皮炎芽生菌、孢子丝菌等致病菌,以及曲霉菌、隐球菌、毛霉菌、念珠菌等条件致病菌。传统的治疗药物为多烯类抗生素,毒性较大,内服仅对深部真菌有效。近年来,化学合成抗真菌药发展较快,高效、低毒的新品种不断推出,已应用于医学临床。兽用方面,新型抗真菌药的应用还有待进一步研究。本节对具代表性的唑类和烯丙胺类药物予以介绍。

唑类抗真菌药为广谱抗真菌药,对深部真菌和浅表真菌均有效。可供混饲或混饮的代表性品种有克霉唑、酮康唑、氟康唑和伊曲康唑。

烯丙胺类抗真菌药为新型的化学合成抗真菌药,通过抑制真菌麦角固醇合成过程中的角鲨烯环氧化酶,使角鲨烯在真菌细胞内蓄积而起抑菌作用。本类药物的特点为抗浅表真菌的作用强,毒性较低,代表性品种有特比萘芬。

克霉唑(抗真菌Ⅰ号)

【作用与用途】属广谱抗真菌药,对大多数真菌均有效,对浅表真菌的作用与灰黄霉素相似,对深部真菌的作用不及两性霉素B。内服用药,可治疗念珠菌病、球孢子菌病、曲霉菌病等,但吸收差,毒副作用较大。目前本品多为局部用药,治疗浅表真菌病或皮肤黏膜的念珠菌病。

【用法与用量】克霉唑散剂。拌料,每天剂量为,牛10~20 g,犊、羊、猪1.5~3 g,分2次用。

【注意事项】本品与两性霉素B合用,可致抗菌效能降低。有较强的肝脏毒性,不宜大剂量长期用药。

酮康唑

【作用与用途】属广谱抗真菌药,对念珠菌、隐球菌、组织胞浆菌、球孢子菌等均有良好作用对癣菌、酵母菌和曲霉菌也有效。内服用药,可治疗敏感真菌所致各种系统感染。

【用法与用量】酮康唑溶液。混饮,每1 kg体重,犬,每天剂量5~10 mg。

【注意事项】应避光、密闭保存。本品不宜与抗酸药、抗胆碱药或H_2受体阻滞药合用;与两性霉素B合用,有颉颃作用。有较强的肝脏毒性,不宜大剂量长期使用。

【考核评价】

某地一养鸡场,在当地饲养条件下,饲料中要添加药物添加剂,以提高其增重,改善饲料报酬,降低饲养成本,取得良好的经济效益。可以选择哪些药物添加?

【案例分析】

鱼饲料中违规添加喹乙醇

2015 年 3 月 29 日,中央电视台《每周质量报告》报道,江苏省连云港市汇农生物科技有限公司生产的鲤鱼饲料因含有违禁药物"喹乙醇",造成当地养殖鲤鱼大量死亡。据称,执法人员抽取了这家企业生产的 11 个批次的鲤鱼饲料样品检测,结果表明,11 个批次均添加了喹乙醇,最高含量达到 244 mg/kg;同时,在鲤鱼体内,查出喹乙醇的含量为 4.6 μg/L。目前,执法人员已经查封了该企业,并立案查处。

喹乙醇又称倍育诺、快育灵,属喹恶啉类。喹乙醇对养殖动物有很明显的促生长作用,但由于喹乙醇有中度至明显的蓄积毒性,对大多数动物有明显的致畸作用,对人也有潜在的三致性,即致畸形,致突变,致癌,因此喹乙醇在美国和欧盟都被禁止用作饲料添加剂。《中国兽药典》(2005 年版)也有明确规定,喹乙醇被禁止用于家禽及水产养殖。

喹乙醇促生长的功效是吸引饲料企业使用的重要原因。有研究报告称,在鲤鱼、罗非鱼、草鱼、斑点叉尾鮰的日粮中添加一定量的喹乙醇,可提高饲料转化率,使其生长率提高 50% 左右。但喹乙醇具有蓄积性的特点,当鱼体内蓄积的喹乙醇达到一定程度时,它会对鱼的肝、肾造成很大破坏,鱼在受到刺激时,容易大量出血而死。因此,喹乙醇中毒的商品鱼在运输过程中容易造成不同程度的死亡。据了解,喹乙醇能危害各个年龄的各种鱼,尤以鲤鱼成鱼发病率、死亡率为高。

同时,喹乙醇低廉的价格也是吸引饲料企业使用的重要原因。浙江某饲料企业配方师吴经理向南方农村报记者介绍,喹乙醇是一种"价廉物美"的促生长添加剂,目前价格为 40~45 元/kg。由于各种淡水鱼的生长性能不一样,所以喹乙醇在每吨鱼饲料中的添加量介乎于 100~150 g,其中鲤科鱼类饲料的添加量一般为 80 mg/kg ,使用后能降低饵料系数 0.2。如果用 3300~3500 元/t 的鱼料换算,一个养殖周期每 500 g 鱼可节省约 0.3 元成本。吴经理同时表示,由于喹乙醇被允许在小猪上使用,且来源广泛,当前在不少兽药店或饲料店还能见到喹乙醇以预混剂等形式在销售,购买很方便。

浙江吴经理说,近年来,随着水产养殖成本的上升,部分养殖户出于对利润的追求,开始自行在饲料中添加喹乙醇,由于拌料不均匀及长期使用的情况,再加上淡水鱼类对喹乙醇的吸收很快,消除却很慢的原因,导致不时出现鱼类应激性出血和腹水综合征。不过,显著的促生长性能远远超过它的负面效应,因而被部分人追捧,一度称之为"水产瘦肉精"。

农业部在 2001 年第 168 号公告中有严格规定:喹乙醇只能用于体重低于 35 kg 的猪,添加量为 50 mg/kg 饲料,禁止用于家禽及水产养殖。但像汇农公司这样,在饲料中违规添加喹乙醇的现象并非个案。官方数据为,2008 年,农业部在全国开展的饲料添加剂违禁药物专项监测行动中,查出鱼饲料和禽饲料中违规添加喹乙醇达 37 个批次,超范围使用喹乙醇的问题"比较严重"。

【知识拓展】

使用磺胺类药物时需要注意事项

二维码　使用磺胺类药物时需要注意事项

【知识链接】

1. 中华人民共和国农业部公告第 168 号《饲料药物添加剂使用规范》
2. 中华人民共和国农业部公告第 1224 号《饲料药物添加剂使用规范》
3. 中华人民共和国农业部公告第 193 号《食品动物禁用的兽药及其他化合物清单》
4. 中华人民共和国农业部公告第 318 号《饲料添加剂品种目录》
5. 中华人民共和国农业部《动物性食品中兽药的最高残留限量(试行)》

Project 3

生物合成的抗寄生虫药物

学习目标

掌握生物合成抗寄生虫药的种类与用途;熟悉各种药物的用法与剂量以及相应的注意事项。

任务一　聚醚类抗生素

聚醚类离子载体抗生素发现于20世纪50年代早期，其抗球虫活性发现于60年代后期，80年代开始大量应用于养禽业。聚醚类离子载体化合物可分为五类：单价、单价糖苷、二价、二价糖苷和二价焦醚，后两类很少用作抗球虫药。中性离子载体化合物能够破坏生物膜和影响动作电位，毒性很大，而羧基离子载体化合物毒性相对较小。聚醚类抗生素属于羧酸多聚醚类，因而得到较多的应用，例如莫能菌素、盐霉素、甲基盐霉素、拉沙洛西、马杜霉素、腐霉素、尼日利亚菌素等。

聚醚类抗生素因其离子载体的特性，除了对球虫具有杀灭作用外，对动物体还能刺激心肌收缩、增加冠状动脉血流量等。虽然可作为潜在的心血管系统药物，但由于其对K^+、Na^+、Ca^{2+}、Mg^{2+}的影响波及所有代谢过程，因此限制了其药理学用途。目前只用作饲料添加剂，主要用于治疗或预防畜禽球虫病。

莫能菌素

【作用与用途】它是第一个动物专用的离子载体抗生素，对金黄色葡萄球菌、链球菌、枯草杆菌等革兰氏阳性菌、猪痢疾密螺旋体等有较强的抗菌活性，对革兰氏阴性菌无效。本品是广谱抗球虫药，对畜禽的多种球虫病，如鸡的毒害、柔嫩、巨型、变位和堆型等艾美耳球虫病都有良好的防治作用。在改善饲料报酬和增重等方面较氨丙啉等为佳。还可用于促进肉牛生长，提高奶牛的产奶量。

【用法与用量】莫能菌素预混剂。混饲，每1000 kg饲料，以莫能菌素计，鸡90～110 g，牛24 g或150～450 mg/(d·头)。

【注意事项】鸡产蛋期禁用。用药动物宰前3 d停止给药。马属动物忌用。禁止与泰妙菌素、竹桃霉素合用。搅拌配料时，防止与皮肤、眼睛接触。

盐霉素

【作用与用途】本品的抗球虫效应与莫能菌素相等，对鸡堆型、布氏、巨型、变位、毒害和柔嫩艾美耳球虫均有明显效果。对葡萄球菌和肠球菌也有一定作用。亦用作猪和牛的生长促进剂。

【用法与用量】盐霉素预混剂。混饲，每1000 g饲料，以盐霉素计，鸡60 g，猪50 g，牛30 g。

【注意事项】本品对马属动物毒性大，禁用。禁止与泰妙菌素、竹桃霉素及其他抗球虫药合用。产蛋鸡禁用。肉鸡宰前5 d停止给药。

甲基盐霉素

【作用与用途】抗球虫药，用于防治肉鸡堆型、布氏、巨型、变位、毒害和柔嫩艾美耳等球虫病。还可促进育成猪对饲料中氮的利用，提高大肠中丙酸的浓度。

【用法与用量】甲基盐霉素预混剂。混饲，每1000 kg饲料，以甲基盐霉素计，肉鸡60～

80 g。

【注意事项】防止与人眼接触。马属动物忌用。禁止与泰妙菌素、竹桃霉素合用。肉鸡宰前5 d停止给药。

马杜霉素

【作用与用途】本品主要用于家禽的球虫病。对堆型、布氏、巨型、变位、毒害和柔嫩艾美耳球虫等有杀灭作用。对大多数革兰氏阳性菌和部分真菌有效,对革兰氏阴性菌作用较差,与其他抗生素之间不会产生交叉耐药性。

【用法与用量】1%马杜霉素铵预混剂添加于饲料中,防治由多种艾美耳球虫引起的肉鸡球虫病,可以改善饲料报酬,增加体重。混料时,通常先以适量的饲料稀释,混合后再逐级放大混合,使最终全价饲料中含有5 mg/kg的马杜霉素铵盐。

【注意事项】鸡产蛋期禁用,宰前5 d停止给药;不得用于其他动物。

腐霉素

【作用与用途】本品对枯草杆菌、蜡样芽孢杆菌、巨大芽孢杆菌、短小芽孢杆菌、金黄色葡萄球菌等革兰氏阳性菌和包皮垢分枝杆菌有很强的抗菌活性,对白色念珠菌和无胆甾原体、丝状支原体、鸡毒支原体、肺炎支原体等有中等抗菌活性,对大肠杆菌、普通变形杆菌、绿脓假单胞菌等革兰氏阴性菌和黑曲霉、产黄青霉等真菌抗菌活性很差。本品的抗球虫活性表现在能够抑制柔嫩、堆型和巨型艾美耳球虫的生长。一般用作饲料添加剂,防治鸡的艾美耳球虫病。

【用法与用量】混饲,每1000 kg饲料,以腐霉素计,鸡120 g。

拉沙洛西(拉沙里菌素)

【作用与用途】拉沙洛西主要作用于子孢子、无性生殖早期和后期,用于防治鸡的球虫病。按80 mg/kg放入奶替代品中,防止青年牛早期的艾美耳球虫病。可以提高肉牛的增重和饲料转化率。

【用法与用量】混饲,每1000 kg饲料,以拉沙洛西计,犊牛30～40 g,羔羊20～60 g,肉鸡75～125 g,雏鸡75 g。促生长22 g。

【注意事项】家禽休药期为5 d。

赛杜霉素

【作用与用途】赛杜霉素作用于鸡球虫的子孢子、无性生殖早期和后期,用于堆型、巨型、布氏和柔嫩艾莱尔球虫等所致的鸡球虫病。其作用强于盐霉素和莫能菌素。可与泰妙菌素合用。

【用法与用量】混饲,每1000 kg饲料,以赛杜霉素计,鸡50 g。

海南霉素

【作用与用途】抗生素类药,用于防治鸡球虫病。

【用法与用量】混饲,每1000 kg饲料,以海南霉素计,预防为7.5 g,治疗为10 g。

【注意事项】产蛋期禁用，宰前 7 d 停止给药。

任务二 大环内酯类驱虫抗生素

大环内酯类驱虫抗生素是土壤微生物链霉菌属的发酵产物及其衍生物，是一类体内外广谱杀虫剂，在低浓度下具有很强的活性，常用于驱除动物体内外寄生虫和杀灭农业害虫。它们对线虫和节肢动物的作用强，对吸虫、绦虫和原虫的作用弱。

阿维菌素(埃维菌素)

【作用与用途】抗生素类药。对线虫、昆虫均有驱杀作用。用于治疗胃肠道毛圆线虫和类圆线虫，肺后圆线虫、胎生网尾线虫，眼旋尾科线虫和吸吮科线虫，以及节肢动物，如皮蝇包括人皮蝇，吸血虱，疥螨，痒螨等所致的畜禽线虫病、螨病和寄生性昆虫病。

【用法与用量】拌料，0.2～0.4 mg/kg。

【注意事项】牛、羊宰前 21 d，猪宰前 28 d 停止给药。用药后 28 d 内的羊乳不得供人饮用。

伊维菌素

【作用与用途】用于马、牛、羊、猪、犬、禽等多种动物驱杀胃肠道线虫和肺线虫以及多种体外寄生虫。对血矛线虫、奥斯特线虫、库柏线虫、毛圆线虫、仰口线虫、细颈线虫、鞭虫、网尾线虫、夏柏特线虫、牛皮蝇、羊狂蝇、痒螨及血虱等具有驱杀作用。添加于鲑鱼的饲料中，用于驱杀海虱。

【用法与用量】拌料或内服，每 1 kg 体重，牛为 0.2 mg，绵羊为 0.2 mg，马为 0.2 mg。犬为 0.006～0.012 mg。

【注意事项】羊宰前 21 d、猪宰前 28 d 停止给药。用药后 28 d 内所产乳及乳制品不得供人食用。

米尔巴霉素肟

【作用与用途】本品是一种体内外杀虫剂。主要用于预防犬的恶丝虫病，以及控制肠道线虫，如犬弓蛔虫、狐狸鞭虫和钩口线虫等。

【用法与用量】拌料或内服，每 1 kg 体重，犬 0.5～0.99 mg。

莫西菌素

【作用与用途】莫西菌素是一种体内外寄生虫驱杀剂，在很低剂量下(<0.5 mg/kg)，对体内寄生虫(线虫)和体外寄生虫(节肢动物)有作用。绝大部分反刍动物、马的胃肠道和肺线虫，某些反刍动物节肢、动物寄生虫，以及犬恶丝虫的发育期幼虫等对本品敏感。由于莫西菌素的脂溶性强于伊维菌素，所以它可在组织中维持更久。

【用法与用量】拌料或内服，每 1 kg 体重 0.2 mg。浇淋，每 1 kg 体重 0.5 mg。

任务三　氨基糖苷类抗生素

越霉素 A

【作用与用途】对猪蛔虫、鞭虫和鸡蛔虫等体内寄生虫的排卵具有抑制作用。

【用法与用量】混饲，每 1000 kg 饲料，以越霉素 A 计，猪、鸡 5～10 g。

【注意事项】避免与皮肤接触，休药期为 3 d。

潮霉素 B

【作用与用途】本品用于猪和鸡，添加在饲料中驱除某些蠕虫，如猪蛔虫、猪结节线虫、猪鞭虫、鸡蛔虫、鸡毛细线虫和鸡异刺线虫等。

【用法与用量】混饲，每 1000 kg 饲料，以潮霉素 B 计，育成猪 10～13 g，连续饲喂 8 周；母猪 10～13 g，产前 8 周饲喂至分娩止。

【注意事项】避免与皮肤、眼睛接触。休药期为 3 d。

【考核评价】

某地一养羊场，在当地饲养条件下，饲料中要添加抗寄生虫药物，以达到消灭或驱除体内寄生虫的作用，提高其增重，改善饲料报酬，取得良好的经济效益。可以选择哪些药物添加？

【案例分析】

莫能菌素在牛生产中的应用

1. 莫能菌素在奶牛生产中的应用

近十几年来，莫能菌素作为抗酮体生成剂应用于奶牛饲粮。1997 年加拿大应用莫能菌素缓释胶囊辅助预防奶牛的亚临床酮症，结果表明，注射了莫能菌素的奶牛在接近临产期时表现出更好的能量代谢，使用莫能菌素可明显改进产犊前和产犊后的能量平衡。提高能量平衡对于预防产后出现的诸如胎衣不下、酮症和皱胃转移等与能量代谢有关的疾病非常重要。

泌乳牛使用莫能菌素可不同程度提高乳产量。但降低了乳脂率，不影响乳蛋白率（Sauer 等，1998；史清河，2001）。饲粮中添加 20 mg/kg 莫能菌素可以提高乳产量 8.32%，并可缓解热应激（高腾云等，2000）。杨书慧（2007）研究表明，在炎热的夏季，莫能菌素可提高奶牛的采食量，且奶牛产奶量比试验前提高了 1.24%，比对照提高了 15.91%，具有可观的经济效益；但对乳蛋白和乳糖的影响效果不显著。饲粮中添加 10 mg/kg 莫能菌素能提高奶牛对氮的表观利用率。叶均安（2003）在 200～300 kg 体重的后备奶牛日粮中添加 750～1250 mg 20%莫能菌素均可获得较好的增重效果和精料转化率，取得显著的经济效益，并且添加剂量相对较低时，即每头牛日添加 750 mg 20%莫能菌素时，其增重和精料转化率效果最佳。

2. 莫能菌素在肉牛生产中的应用

在肉牛生产中添加莫能菌素可以提高蛋白利用率。促进丙酸合成，减少 CO_2 和 CH_4 的生成量，提高肉牛增重，改善母牛的繁殖性能。

莫能菌素可能通过直接或间接作用降低瘤胃中蛋白质的降解与脱氨酶活性，从而增加了过瘤胃蛋白数量。以啤酒渣或以尿素作为氮源的日粮添加莫能菌素，过瘤胃蛋白量分别提高 37%与 55%；以豆饼为蛋白源的玉米青贮日粮或玉米粉加玉米青贮日粮添加莫能菌素，过瘤胃蛋白量分别提高 52%与 36%。莫能菌素在增加过瘤胃蛋白的同时，还可以降低到达小肠的菌体蛋白数量，抑制微生物的生长与菌体蛋白的合成；试验表明，饲喂 350 mg/(d·头)的莫能菌素可以提高牛微生物蛋白合成效率。添加莫能菌素可以改善饲料利用效率，对蛋白质水平较低的饲料效果更明显。阉牛饲粮中添加 30 mg/kg 莫能菌素其日增重分别提高 6.8%和 11.1%，饲料转化率提高 8.6%和 10.7%；添加 100～360 mg/(d·头)莫能菌素，育肥牛日增重提高 10%～22.37%。

丙酸在挥发性脂肪酸(VFA)中所占比例对反刍动物生产性能有重要影响，因为丙酸是合成葡萄糖的前体。反刍动物体内有50%葡萄糖来自于丙酸。添加莫能菌素能够促进丙酸的生成。Potter(1976)年试验结果表明，粗饲肉牛日粮添加莫能菌素能够促进丙酸生成。

添加莫能菌素能抑制 CH_4 和 CO_2 的生成；莫能菌素能使阉牛与羔羊瘤胃内 CH_4 产生量分别减少 26%与 30%，代谢能提高 6.3%与 8.1%；Bartery(1979)和 Chalupa(1980)报道了莫能菌素可减少瘤胃中 CO_2 产量。

莫能菌素对母牛群生产效果明显，可以提高肉用母牛的增重，同时对繁殖力也无不利影响；莫能菌素可缩短青年母牛的初情期和营养状况较差母牛的产后发情间隔。

【知识拓展】

阿维菌素的发现及应用

二维码　阿维菌素的发现及应用

【知识链接】

1. 中华人民共和国农业部公告第 168 号《饲料药物添加剂使用规范》
2. 中华人民共和国农业部公告第 1224 号《饲料药物添加剂使用规范》
3. 中华人民共和国农业部公告第 193 号《食品动物禁用的兽药及其他化合物清单》
4. 中华人民共和国农业部公告第 318 号《饲料添加剂品种目录》
5. 中华人民共和国农业部《动物性食品中兽药的最高残留限量(试行)》

Project 4

化学合成的抗寄生虫药物

学习目标

掌握化学合成抗寄生虫药物的名称及用途;熟悉化学合成抗寄生虫药物的用法与剂量,以及相应的注意事项。

任务一　抗球虫药物

许多动物，包括马、牛、羊、猪、骆驼、犬、兔、鸡、鹅、鸭等都能感染球虫而发病，但禽类、家兔、犊牛等发病的危害性最大。已知感染鸡的艾美耳球虫有 9 种，其中柔嫩、毒害、布氏、堆型、变位艾美耳球虫和巨型艾美耳球虫对养鸡业危害大，球虫可明显降低动物的生产性能，还经常引起禽、兔大批死亡，造成很大经济损失。我国以柔嫩艾美耳球虫、毒害艾美耳球虫和巨型艾美耳球虫的发病率最高。控制球虫病的主要措施是使用抗球虫药物。

新型抗球虫药物不断出现，在临床使用中除了要全面了解药物的作用方式和特点外，还应注意以下几个方面的问题。

1. 虫种对药物的敏感性差异

一般情况下，临床上的球虫病多为混合感染。由于时间不同、场所不同，致病虫种对药物的敏感性表现出较大的差异，这是抗球虫药物防治效果存在差别的主要原因之一。

2. 不同生活周期的球虫对药物的敏感性差异

球虫具有一定的生长发育周期。抗球虫药物一般是作用于球虫的无性周期阶段，目前还没有找到可作用于有性周期的药物。如果动物已经出现血痢症状时才开始使用抗球虫药物，其效果往往较差。由于抗球虫药物一般是作用于球虫生活周期的早期，所以绝大多数药物主要是用作预防而不是治疗。虽然抗球虫药物都是作用于球虫生活的无性周期，但各种药物的活性高峰期存在着差异。有的作用峰期靠前，有的作用峰期偏后。

3. 抗球虫药对动物免疫反应的影响

成年畜禽很少表现出球虫病的症状，这是由于带虫免疫和年龄免疫所致。从生产实践分析，短期内建立无球虫动物群还不太现实，借助免疫手段来控制那些生长周期或生活周期较长的畜禽的球虫病显得十分重要，也比较实际。从药物防治观点看，一个良好的抗球虫药，除了应具有广谱、高效、低毒等特性外，还应具备不影响宿主对球虫产生免疫力的这一特点。从免疫机制上分析，除用药浓度因素外，在球虫生活周期的早期，即内生性发育周期第 1 天（少数为第 2 天）发挥作用的药物。

4. 球虫对药物产生耐药性（抗药性）的差异

长期连续应用某种抗球虫药物，必定会诱发球虫对药物产生耐药性。有些药物的耐药虫株较多，有的则较少。耐药性发生的快慢因药而异。

5. 药物在畜禽产品中的残留

由于用药后药物及其代谢产物蓄积或贮存于畜禽机体或产品中，被人长期食用后，可能会影响人体健康。因此，国际有关组织及某些国家对肉食品中的抗球虫药残留量做出了种种限制性规定，并根据用药后对体内不同时间的残留药物量进行分析，规定了各种抗球虫药物的休药期（即动物屠宰前应该停药的时间，一般以天计），以保证人体健康。

一、磺胺类与抗菌增效剂类

磺胺类药物是最早成功地用于防治球虫病的化学合成药物，各种磺胺类原药、简单合剂及其衍生物已广泛地用于防治禽类、其他食品动物和玩赏动物的球虫病。由于抗菌增效剂的发现，与磺胺类药物合用时，使后者的药效显著提高，现在国内外有较多的增效合剂用于防治各种动物的球虫病。磺胺类药物作为抗球虫药物具有两个显著的特点：第一很少影响动物对球虫产生免疫力。第二药物作用的活性高峰期为球虫生活期的第 4 天，与球虫感染发病出现临床症状（血痢）的时间较接近，是治疗控制球虫病暴发的首选药物。

磺胺喹噁啉（磺胺喹沙啉）SQ

【作用与用途】磺胺喹噁啉对鸡巨型、布氏和堆型艾美耳球虫作用较强，对柔嫩艾美耳球虫的效果一般。与氨丙啉合用，可扩大抗虫谱，并具有协同抗虫作用。与其他磺胺类药物相似，本品对小肠球虫的作用较好，对盲肠球虫的作用较差。剂量过大对动物易产生毒副作用，特别是对雏禽，易导致出血性综合征。因此，目前在临床上较少单独使用，常与其他抗球虫药联合用药。本品主要作用于球虫的第二代裂殖子，作用活性峰期是球虫生活周期的第 4 天，对柔嫩艾美耳球虫第一代裂殖子和子孢子也有抑制作用。与其他类抗球虫药相比，磺胺类药物活性高峰更接近球虫生活周期的后期。因此，在鸡群中已开始出现球虫病临床症状时，选用本类药物进行治疗更为有效。

【用法与用量】本类药物属抑制剂，临床上一般须连续用药，通过饲料或饮水给药往往要使用 15 d 以上。连续给药会导致毒副作用，现常采用间歇投药法。治疗禽球虫病：混饲，每 1000 kg 饲料 1000 g，连用 2～3 d，间隔 3 d 后再用 3 d，共用 2～3 个周期。混饮，每 1000 L 饮水 400 g，疗程同混饲。预防禽球虫病：混饲，每 1000 kg 饲料 120 g；混饮，每 1000 L 饮水 50 g。治疗兔球虫病：混饮，每 1000 L 饮水 300 g，连用 10 d。预防球虫病，混饮，每 1000 L 饮水 200 g，连用 3～4 周。治疗犊牛、羔羊球虫病，混饲，每 1000 kg 饲料 1000 g，连用 2 周。防治水貂等孢子球虫病，混饮，每 1000 L 饮水 240 g，可连续应用，能有效抑制卵囊的排出。

【注意事项】产蛋鸡群禁用本品。本品易在动物体内残留，我国和欧盟规定的休药期为 10 d。磺胺类在所有食品动物肌肉、脂肪、肝、肾的最高残留限量为 100 μg/kg，牛奶和羊奶为 100 μg/kg。

磺胺氯吡嗪

【作用与用途】本品属磺胺类药物，作为抗球虫药物在国内外应用已十分广泛。本品作为抗球虫药与其他磺胺药比较，其特点是毒性低、疗效高，单独使用具有较理想的防治效果。其他药理学特性同磺胺类药物。

【用法与用量】磺胺氯吡嗪钠预混剂。治疗鸡球虫病：混饮，每 1000 L 饮水 300 g，连用 3 d，可有效地控制鸡球虫病的暴发。治疗家兔球虫病：混饲，每 1000 kg 饲料 300 g，连续喂服 3～10 d。三字球虫粉（为磺胺氯吡嗪钠与乳糖配制而成的粉剂，含磺胺氯吡嗪钠 30%）。预防和控制球虫病：混饮，每 1000 L 饮水 1000 g；混饲，每 1000 kg 饲料 2000 g，连用 3 d。

【注意事项】不用于产蛋期的蛋鸡。动物使用本品屠宰前应有 4 d 的休药期。

二甲氧苄氨嘧啶(二氨藜芦嘧啶) DVD

【作用与用途】主要作用于球虫无性繁殖期的后期，不影响动物对球虫产生免疫力。在临床上本品很少单独使用，常与磺胺药物联合应用。由于磺胺与抗菌增效剂是对细菌或虫体叶酸代谢途径中的两个不同部位产生双重阻断作用，使磺胺类药物的药效显著增强，降低两药的用量，减少了毒副作用的发生。

【用法与用量】本品与磺胺类(1∶5)的复方制剂，有二甲氧苄氨嘧啶与磺胺-5-甲氧嘧啶(DVD与SMD)、二甲氧苄氨嘧啶与磺胺喹噁啉(DVD与SQ)、二甲氧苄氨嘧啶与磺胺-6-甲氧嘧啶(DVD与SMM)、二甲氧苄氨嘧啶与磺胺甲基异噁唑(DVD与SMZ)、二甲氧苄氨嘧啶与磺胺二甲嘧啶(DVD与SM_2)、二甲氧苄氨嘧啶与磺胺二甲氧嘧啶(DVD与SDM)。防治鸡与火鸡球虫病：DVD与SDM或DVD与SMM，混饲，每1000 kg饲料120～200 g(两药物总量计，下同)，连用30 d。DVD与SM_2，混饲，每1000 kg饲料200 g，采用间歇投药法(连用7 d，停药3 d，共用2～3个周期)。DVD与SQ，混饲，每1000 kg饲料100 g，可连续应用。治疗兔球虫病：DVD与SDM，混饲，每1000 kg饲料1000～1250 g，连用3 d。增效磺胺合剂，由磺胺喹噁啉和DVD按8∶1的比例混合而成。预防鸡球虫病：混饮，每1000 L饮水90 g(即每升水中含SQ0.08 g，DVD0.01 g)，可连续饮用。

【注意事项】动物屠宰前至少应有5 d的休药期，与SQ合用应有10 d的休药期。孕畜和初生仔畜应用易引起叶酸摄取减少，应慎用。

二甲氧甲基苄氨嘧啶(奥美普林) OMP

【作用与用途】为抗菌增效剂，作用基本上与DVD相同。与磺胺类药物联合应用，对鸡布氏艾美耳球虫有极好的作用，对柔嫩、堆型、巨型、毒害艾美耳球虫也表现较好的防治作用。本品不影响机体对球虫产生自然免疫。

【用法与用量】Rofenaid 40预混剂，含磺胺二甲氧嘧啶25%，二甲氧甲基苄氨嘧啶15%。预防球虫病：混饲，每1000 kg饲料加OMP 68.1 g和SDM 113.5 g。

【注意事项】本品常与磺胺类药物联合应用，一般不单独使用。16周龄以上的鸡不可使用。不可用于产蛋期的禽类。屠宰前至少有3 d的休药期。

对氯苄氨乙嘧啶(乙胺嘧啶)

【作用与用途】本品为抗菌增效剂。抗菌增效作用和抗球虫作用较强，但比TMP、DVD和OMP毒性大，只限于短期治疗。

【用法与用量】乙胺嘧啶和磺胺喹噁啉增效合剂，可用于鸡球虫病的预防和治疗。治疗：混饲，每1000 kg饲料150 g(以磺胺喹噁啉计)；混饮，每1000 L饮水75 g(以磺胺喹噁啉计)。预防剂量减半。防赛多，为乙胺嘧啶和磺胺二甲氧嘧啶的增效合剂，两者比例1∶20。治疗鸡球虫病：混饲，每1000 kg饲料250 g(以磺胺二甲氧嘧啶计)。预防鸡球虫病，混饮，每1000 L饮水125 g(以磺胺二甲氧嘧啶计)。

【注意事项】由于在体内代谢缓慢，用药动物屠宰前至少应有10 d的休药期。

二、喹诺酮类

现已合成的喹诺酮类药物有数百种，大多数品种特别是氟喹诺酮类对细菌具有高度的敏感性，对球虫没有作用。在喹诺酮类中，只有少部分品种对球虫具有抑制作用，包括羟喹诺酮和萘酚喹诺酮类。具有抗球虫作用的喹诺酮类药物一般没有抗菌活性。目前用于临床的药物有丁氧喹啉、苯甲氧喹啉和葵氧喹啉。

苯甲氧喹啉（甲苄氧喹啉，苄喹酸酯）

【作用与用途】本类的作用活性高峰期为球虫生活周期的第 1 天，所以，在鸡接触球虫卵囊时把药物添加到饲料中应用，才可获得最大的药效。如果鸡受致死量的球虫攻击 24 h 后才使用本类药物，则保护力明显降低。本品对家禽艾美耳球虫属的各种球虫都有效，对感染第 1 天的卵囊效果最好，是本类药物中抗球虫作用最强的一种，其药效为乙羟喹啉的2倍，丁氧喹啉的 10 倍。由于本品主要作用于球虫生活周期的第 1 天，比其他种类抗球虫药的耐药性产生速度更快，接触了本类药物（混饲给药）的家禽一般不会产生对球虫的免疫力。在临床上一般用于家禽球虫病的预防。

【用法与用量】预防肉鸡和后备蛋鸡球虫病：混饲，每 1000 kg 饲料 20 g，可连续应用。

丁氧喹啉（丁喹酯，丁喹酸酯，保喹乐）

【作用与用途】药理学作用基本同苯甲氧喹啉。抗球虫作用效力比苯甲氧喹啉低10 倍。

【用法与用量】丁氧喹啉预混剂（丁氧喹啉含量为 16.5%或 22%），预防鸡球虫病，混饲，每 1000 kg 饲料 80 g，可连续应用。

【注意事项】同苯甲氧喹啉，动物屠宰前无休药期。

乙羟喹啉（葵喹酸酯，葵喹酯，敌球素，敌可昆）

【作用与用途】基本同苯甲氧喹啉，主要用于鸡的堆型、布氏、巨型、毒害、柔嫩和变位艾美耳球虫病的预防。

【用法与用量】乙羟喹啉预混剂。预防肉鸡和后备鸡球虫病：混饲，每 1000 kg 饲料20～40 g（以乙氧喹啉计），可连续应用。

【注意事项】本品通过混饲给药至少要连续使用 4 周，产蛋期蛋鸡不可使用。乙羟喹啉在牛、羊肌肉、脂肪、肝、肾组织中的最高残留限量为 500 μg/kg，日允许摄入量为每千克体重 0～75 μg。

三、硝基苯酰胺类

硝基苯酰胺类抗球虫的代表药物有硝苯酰胺、硝氯苯酰胺、二硝苯甲酰胺，其中以二硝苯甲酰胺应用最为广泛。

二硝苯甲酰胺(球痢灵,二硝苯酰胺,二硝托胺)

【作用与用途】本品主要抑制球虫无性周期的裂殖子,在感染后 48 h 通过混饲给药或感染后 60 h 通过混饮给药,连续使用 36 h,可完全抑制这两种球虫的生长发育。本品不影响雏鸡对球虫产生免疫力。使用时对家禽的生长发育、增重及产蛋率等无不良影响。

【用法与用量】二硝苯甲酰胺预混剂。预防家禽球虫病,混饲,每 1000 kg 饲料 125 g(以主药计,下同),可连续使用。治疗鸡球虫病,混饲,每 1000 kg 饲料 250 g,连续 3～5 d。治疗兔球虫病:拌料,每 1 kg 体重 50 mg 的剂量拌料使用,每天 2 次。

【注意事项】产蛋鸡禁用。屠宰前不需休药期。

硝氯苯酰胺(阿克洛胺)

【作用与用途】基本药理作用同二硝苯甲酰胺,单独应用可用于鸡柔嫩和毒害艾美耳球虫病的预防。本品常与乙酰磺胺硝苯配合应用,以弥补前者对盲肠部球虫作用效果的不足。

【用法与用量】硝氯苯酰胺粉剂。鸡球虫病预防:混饲,每 1000 kg 饲料 250 g。硝氯苯酰胺复合制剂,含硝氯苯酰胺 25%,乙酰磺胺硝苯 20%;治疗鸡球虫病:混饲,每 1 kg 饲料含 0.227 g 硝氯苯酰胺和 0.182 g 乙酰磺胺硝苯。硝氯苯酰胺与乙酰磺胺硝苯复方可溶性饮水剂。预防和治疗球虫病:混饮,每 3.785 L 饮水含硝氯苯酰胺 954 mg 和乙酰磺胺硝苯 747 mg;连续饮用 2 d 后,按每 3.785 L 饮水含硝氯苯酰胺 477 mg 和乙酰磺胺硝苯 375 mg 的剂量连用 5 d。

【注意事项】本品有一定的毒性,使用时应严格控制用药剂量。禁用于产蛋期蛋鸡和 16 周龄以上的家禽。单独使用屠宰前无须停药期;与乙酰磺胺硝苯联合用药,休药期 5 d。

四、有机胂酸类

虽然早在 1944 年就已发现硝羟苯胂酸具有抗球虫活性,但在临床上开始使用本品的目的是将它作为饲料添加剂促进肉用仔鸡的生长、提高饲料报酬。后来发现多种有机砷制剂对组织滴虫、变形虫、小袋虫、毛滴虫以及某些微生物有效,其中卡巴胂对仔猪痢疾有较好的防治作用。目前在许多肉鸡和生猪养殖业中将本类药物作为生长促进剂使用。在国内外使用的品种有卡巴胂、硝羟苯胂酸、硝苯胂酸、对氨苯胂酸和保地诺等。

硝羟苯胂酸(洛克沙胂)

【作用与用途】本品抗球虫作用的活性高峰在球虫生活周期的第 1 天,直接作用于子孢子,所以在预期感染球虫前至少 12～24 h 加于饲料中,才能获得最大抗虫效应。本品的另一个作用是促进动物生长发育,提高饲料报酬,可作为生长刺激剂添加于鸡和火鸡的饲料中。

【用法与用量】本品为(硝苯酰胺、磺胺硝苯、硝羟苯胂酸抗球虫三合剂)的组分之一,使用方法见硝苯酰胺。单用混饲推荐剂量为每 1000 kg 饲料 25～50 g。

【注意事项】胂制剂对动物的代谢有影响,剂量过大容易发生中毒等不良反应。为了应用安全,应对每批胂制剂做治疗用药剂量的小型预试验:如按推荐剂量用药(2～3 只动物),使用 10 d,证明无毒性作用,才能进行群体用药。使用有机胂(多为五价砷)必须注意与饲料混合均匀，饲料中应无重金属盐和硫黄。所有胂制剂必须在屠宰前5 d停喂，因为有机砷在体内消除缓慢。超剂量使用可致腿病。

硝苯胂酸

【作用与用途】具有广谱抗菌作用，特别是对肠道致病菌有较强的抑菌和杀菌作用，对组织滴虫、变形虫、小袋虫、毛滴虫有效，与抗球虫药联合应用可提高其防治率。小剂量可促进动物的生长发育，大剂量(250 mg/kg饲料)会抑制动物生长。本品可有效地抑制组织滴虫在肠内发育，但不能杀死虫体。如果组织滴虫感染超过4 d再使用本品，效果不佳。

【用法与用量】防治火鸡等禽类组织滴虫病：混饲，按每1000 kg饲料180 g。

【注意事项】同硝羟苯胂酸。用作生长促进剂时，必须降低剂量。

卡巴胂(氨那胂)

【作用与用途】本品可抑制小袋虫、毛滴虫、变形虫、组织滴虫等原虫的发育。对肠道致病细菌有较好的抑制和杀灭作用。常用于预防火鸡的组织滴虫病和防治仔猪痢疾，与其他抗球虫药物联合应用可提高防治球虫的效果，小剂量使用具有促进动物生长和改善饲料报酬的作用。

【用法与用量】预防火鸡黑头病：混饲，每1000 kg饲料250～375 g，饲喂10 d，间隔10 d再用。治疗仔猪痢疾：混饲，每1000 kg饲料100～125 g，连续饲喂5 d，间隔5 d再用，共用2个周期。治疗仔猪痢疾也可按5 mg/kg体重剂量拌料饲喂。

【注意事项】同硝羟苯胂酸。

对氨基苯胂酸(阿散酸，胺苯亚胂酸)

【作用与用途】本品具有广谱杀菌作用，特别是通过饲料添加用药对胃肠道病原菌作用良好。本品对肠道寄生虫有抑制和杀灭作用。用作饲料添加剂能够提高产蛋率和改善肉质，并且可促进动物的生长发育。

【用法与用量】对氨基苯胂酸或其钠盐。提高增重，改善饲料利用效率及色素沉积：混饲，每1000 kg饲料，家禽100 g，猪50～100 g。控制猪血痢：混饲，每1000 kg饲料250～400 g，连续使用5～6 d。

【注意事项】同硝羟苯胂酸。

五、其他重要抗球虫药物

氯羟吡啶(氯吡多，克球多，可爱丹)

【作用与用途】本品对鸡的9种球虫及鸭球虫均有效，对柔嫩艾美耳球虫的效果最好。本品的作用活性峰期在球虫生活周期的开始阶段，所以只有在宿主感染虫卵前或同时给药才能充分发挥抗球虫作用。本品对宿主产生免疫力有抑制作用。

【用法与用量】氯羟吡啶预混剂。预防肉鸡或后备鸡球虫病：混饲，每1000 kg饲料125 g，可连续用药。治疗每1000 kg饲料250 g。

【注意事项】产蛋鸡最好不用本品。休药期5 d。

尼卡巴嗪(双硝苯脲二甲嘧啶醇,球虫净)

【作用与用途】本品作用活性峰期在球虫生活周期的第 4 天,主要抑制球血第二代裂殖体发育。对盲肠柔嫩艾美耳球虫、小肠内堆型、巨型、毒害及布氏艾美耳球虫具有良好的作用。本品杀虫效果比抑制球虫作用更明显。

【用法与用量】尼卡巴嗪粉剂。预防家禽球虫病:混饲,每 1000 kg 饲料 125 g,可连续使用。

【注意事项】禁用于产蛋鸡。屠宰前需 4 d 休药期。

氨丙啉(安保宁)

【作用与用途】本品对柔嫩和堆型艾美耳球虫以及羔羊、犊牛球虫作用效果较好。对毒害、布氏、巨型和变位艾美耳球虫的效果较差。本品常与其他抗球虫药合用以增强抗虫效果。由于本品的化学结构与硫胺相似,能与硫胺发生竞争性的抑制作用而干扰球虫体内的代谢过程,从而发挥其抗球虫作用。球虫对氨丙啉的敏感性比宿主的敏感性高 50 倍,这是氨丙啉作为治疗药物的基础。本品抗虫活性峰期在球虫生活周期的第 3 天。鸡和火鸡的艾美耳球虫多数对氨丙啉产生了一定程度的耐药性。氨丙啉对鸡的数种肠道球虫效果不佳,在临床上经常与其他药物制成合剂以扩大抗虫谱和提高抗虫效果。饲料中添加氨丙啉的剂量过大可能引起雏鸡发生硫胺缺乏症,表现为多发性神经炎,增喂硫胺可使其症状改善,但会同时降低本品的抗球虫活性。

【用法与用量】氨丙啉粉剂。防治羔羊球虫病:拌料,按每千克体重 50～100 mg(每天量)剂量用药,高限剂量可连用 4 d。防治鸡球虫病:混饲,每 1000 kg 饲料 125～250 g。混饮,每 1000 L 饮水 60～120 g,连用 7 d,随后将剂量减半再用 2 周。氨丙啉、乙氧酰胺苯甲酯预混剂,每 1 kg 含氨丙啉 250 g,乙氧酰胺苯甲酯 16 g。预防鸡球虫病:混饲,每 1000 kg 饲料加预混剂 500 g(相当于加氨丙啉 125 g 和乙氧酰胺苯甲酯 8 g)。氨丙啉、乙氧酰胺苯甲酯、磺胺喹噁啉预混剂,每 1 kg 含氨丙啉 200 g,乙氧酰胺苯甲酯 10 g,磺胺喹噁啉 120 g,预防鸡球虫病,混饲,每 1000 kg 饲料加预混剂 500 g(相当于氨丙啉 100 g,乙氧酰胺苯甲酯5 g,磺胺喹噁啉 60 g)。

【注意事项】动物屠宰前应有 10 d 的休药期。不得用于产蛋鸡。

二甲硫胺

【作用与用途】与氨丙啉基本相同,均为硫胺颉颃剂。对鸡的堆型艾美耳球虫作用效果优于氨丙啉和氯苯胍。混饲,每 1000 kg 饲料 62 g。

【注意事项】同氨丙啉。

氯苯胍(罗本尼丁,双氯苯胍)

【作用与用途】本品抗球虫具有高效、广谱、低毒的药理学特点,适口性好。对畜禽的单独或混合感染的球虫病均有较好的防治效果。本品可抑制卵囊的发育,用药后卵囊排出数量减少。氯苯胍对大多数兔艾美耳球虫效果良好,并能明显改善兔、禽的饲料利用率,促进动物生长,增重明显。

【用法与用量】盐酸氯苯胍预混剂。预防球虫病：混饲，每 1000 kg 饲料 33 g。治疗球虫病：混饲，每 1000 kg 饲料 60 g。防治兔球虫病：混饲 1000 kg 饲料 100～150 g。

【注意事项】为防止耐药虫株的产生，使用氯苯胍时，常采用穿梭式用药或轮换式用药。所谓穿梭式用药即在肉鸡一个生产周期使用一种药物，在下一个生产周期改用另一种药物。轮换式用药是在两个生产周期或几个月改换一种药物。氯苯胍使鸡蛋产生异味，对蛋的生产包括产蛋率、蛋重、蛋的颜色、孵化率等方面均无不良影响。

杀球灵(敌克珠痢，刻利禽)

【作用与用途】本品是一种新型、高效、广谱抗球虫药物，已在许多国家批准使用。本品对柔嫩、毒害、布氏和巨型艾美耳球虫具有良好的抗虫作用，对于该药敏感性较差的一些球虫，使用 5 mg/kg 饲料即具有明显的抗球虫效果。本品主要作用于球虫的第二代裂殖生殖和有性生殖期。本品对耐氨丙啉、氯羟吡啶、球痢灵、常山酮、莫能菌素和氯苯胍的虫株有效。

【用法与用量】杀球灵预混剂(0.5%)。预防球虫病：混饲，每 1000 kg 饲料 1 g。治疗：每 1000 kg 饲料 2 g。敌克珠痢溶液剂(0.1%，0.5%)。混饮，每 1000 L 饮水 0.5～1.0 g。

【注意事项】为了减少耐药性的产生，最好采用穿梭式给药。对于一个禽舍来说，使用本品限制在 6 个月之内，然后间断 6 个月才可重新使用。休药期 5 d。

常山酮(溴氯常山酮，速丹)

【作用与用途】本品主要抑制球虫第一裂殖子，对侵入上皮细胞的子孢子也有抑制作用。对鸡的柔嫩、毒害、巨型、堆型、布氏艾美耳球虫均有较好的效果。常山酮有较好的杀球虫活性，不易产生耐药性，与其他抗球虫药无交叉耐药性。

【用法与用量】常山酮预混剂。预防肉鸡或 12 周龄以下的火鸡球虫病：混饲，每 1000 kg 饲料 2～3 g，可连续使用。

【注意事项】本品不用于产蛋鸡。本品对鸟类的骨胶原和哺乳动物的细胞有抑制作用，对鱼类和其他水生生物有明显的毒性作用。对皮肤和眼具有刺激性，使用时应注意避免与皮肤和眼接触。动物屠宰前需 4 d 休药期。

氯氰苄腺嘌呤

【作用与用途】本品作用的生化机制是干扰球虫的嘌呤代谢。抗球虫活性集中于球虫的无性生殖期，也可抑制卵囊的孢子化。短期用药起抑制球虫作用，长期用药起杀球虫作用。与其他抗球虫药物无交叉耐药性。

【用法与用量】氯氰苄腺嘌呤粉剂。肉鸡与 16 周龄以下后备鸡，混饲，每 1000 kg 饲料 60 g。

【注意事项】由于球虫易对本品产生耐药性，所以最好用药方式穿梭式或轮换式给药。

乙氧酰胺苯甲酯

【作用与用途】本品系动物专用品。对布氏艾美耳球虫以及其他小肠球虫具有较好的抗虫活性，与氨丙啉合用可以相互弥补抗菌谱不足。作用活性峰期是球虫生活周期第 4 天，主要作为抗球虫药物的增效剂而应用于防治家禽球虫病。

【用法与用量】混饲，每 1000 kg 饲料，家禽 8 g。复方制剂见氨丙啉有关说明。

【注意事项】使用含有本品的制剂，休药期 7 d。

任务二 抗线虫药物

20 世纪初期所使用的抗线虫药物驱虫谱狭窄，为了控制线虫感染，当时兽医临床常使用的药物是硫酸铜、各种砷制剂及生物碱如烟碱和土荆芥油。然而这些药物在控制畜禽肠道寄生虫方面的作用并不理想，而且经常引起动物中毒。由于科学技术的高速发展，现在已经研制合成了多种高效广谱低毒的抗线虫药物。常用的抗线虫药物包括有机磷酸酯类、咪唑骈噻唑类、苯骈咪唑类、四氢嘧啶类、大环内酯类等。

一、苯骈咪唑类

自从 1961 年发现噻苯咪唑具有驱虫作用以来，科学家根据噻苯咪唑的基本结构开发出了数百种化合物，药物学家又从这数百种化合物中筛选出了较为有效的多个驱虫药。常见的品种有噻苯咪唑、丙硫苯咪唑、康苯咪唑、硫苯咪唑、氟苯咪唑、甲苯咪唑、硫氧咪唑、丙氧咪唑、丁苯咪唑、三氯苯咪唑、尼妥比明、非班太和苯硫脲酯。苯骈咪唑类药物都具有一个共同的中心结构，即二氨苯。

噻苯咪唑

【作用与用途】本品为最早应用于临床的苯骈咪唑类药物，高效广谱抗线虫药。主要用于驱除家畜胃肠道寄生圆线虫，如牛羊血矛线虫、毛圆线虫、仰口线虫、食道口线虫、类圆线虫等，驱虫率达 95%以上。对鞭虫和肺线虫效果较差。本品对雌虫产卵有抑制作用，并能够杀灭排泄物中的虫卵和抑制虫卵的发育。

【用法与用量】噻苯咪唑水剂、糊剂、粉剂。马、牛、羊、猪按每千克体重 50～100 mg 的剂量一次内服，或将药物加到饲料或饮水中喂服。羔羊按相当于每天每千克体重 8 mg 的剂量将药物混合在颗粒饲料中连续喂服 4 周。治疗家禽气管比翼线虫病：混饲，每 1000 kg 饲料 1000 g，连续使用 2～3 周。犬驱虫：混饲，每 1000 kg 饲料 250 g，连续使用 16 周，几乎可全部清除蛔虫、钩虫、类圆线虫和鞭虫。

【注意事项】长期连续使用本品可产生耐药虫株。产乳动物用药后 4 d 内的乳汁不得供人食用。牛屠宰前至少休药 3 d，猪、羊屠宰前至少休药 30 d。

丙硫苯咪唑(丙硫咪唑，阿苯达唑)

【作用与用途】广谱高效低毒驱虫药物。对寄生于牛羊消化道的主要线虫，如血矛属、毛圆属、奥斯特属、仰口属、食道口属等成虫及其幼虫、牛羊莫尼茨绦虫、曲子宫绦虫、无卵黄腺绦虫等均有良好的驱虫效果，对网尾线虫、肝片吸虫成虫也有较理想的驱虫效果，驱虫率可达 85%～100%。对犬蛔虫、犬钩虫及野生肉食兽的各种线虫也有良好的驱虫效果。对细粒棘球蚴、猪囊虫、猫肺吸虫和羊脑包虫也有优良的驱虫作用。

本品有较强的杀灭囊尾蚴的作用，是防治囊尾蚴的良好药物。目前国内生产丙硫苯咪唑长效瘤胃控释剂，维持药效达 60 d 以上，可作为羊预防性或季节性驱虫剂，一般在春季或秋季使用，每只羊投服一枚即可。国外尚有丙硫苯咪唑瘤胃缓释大丸剂，可维持药效 45 d。

【用法与用量】丙硫苯咪唑混悬液、糊剂。内服或拌料，每 1 kg 体重，马、牛、猪、禽 10～20 mg，羊 5～15 mg。国外一般使用其混悬液，有较好的适口性。

【注意事项】一般规定妊娠 45 d 内的动物禁止使用。牛屠宰前至少休药 14 d，泌乳动物用药后 3 d 内产的乳汁不可供人食用。羊屠宰前至少休药 10 d。本品无致突变和致癌作用。

康苯咪唑

【作用与用途】本品对牛羊胃肠道绝大部分线虫均有较好的驱虫作用，对成虫和未成熟的虫体都有效。本品的另一药效特点是对寄生在牛羊肺部的网尾线虫有效。

【用法与用量】康苯咪唑粉剂。内服或拌料，每 1 kg 体重，马、牛、羊、猪 20～25 mg，禽 20～50 mg。

硫苯咪唑(苯硫咪唑)

【作用与用途】本品为广谱高效驱线虫药物。主要用于防治牛羊胃肠道线虫、肺网尾线虫、牛羊类圆线虫、尖尾线虫、猪胃圆线虫、蛔虫、食道口线虫、肺线虫，猫犬蛔虫、犬钩虫所引起的蠕虫病。

【用法与用量】硫苯咪唑糊剂、粉剂、混悬剂。内服或拌料，每 1 kg 体重，马 7.5 mg(驱除胃肠道寄生圆线虫)和 30 mg(驱除毛线虫幼虫)，牛、羊 7.5 mg，猫、犬 50 mg，猪 100 mg。孕犬从孕期第 40 天开始至产后 2 d 为止，每天 1 次。混饲，每 1 kg 饲料，鸽 20 mg，硫苯咪唑颗粒剂。防治胃肠道及肺蠕虫病：每 1 kg 体重，狮子、老虎、印度豹、黑熊、北极熊、灰熊 10 mg，每天 1 次，连用 3 d，拌入食团中喂服。含硫苯咪唑的饲料(拌料剂型)，每 1 kg 体重，野猪 3 mg，每天 1 次，连用 3 d；大角绵羊 10 mg，每天 1 次，连用 3 d。

【注意事项】鸽子投药期最好安排在育雏期或换毛期。动物屠宰前应休药 30 d。野生动物在捕猎季节开始前 14 d 不可使用硫苯咪唑。

氟苯咪唑

【作用与用途】主要用于驱除家畜胃肠道寄生圆线虫和肺线虫，以及家禽及观赏鸟胃肠道线虫、肺线虫和绦虫。

【用法与用量】氟苯咪唑粉剂、预混剂。内服或拌料，每 1 kg 体重猪 5 mg。混饲，每 1000 g 饲料，猪 30 g，鸡 20～30 g，火鸡 20 g，鹅 30 g，可连续使用 5～10 d。

【注意事项】动物屠宰前的最少休药期：猪 14 d，家禽和观赏鸟 7 d。蛋禽停药后 7 d 内的禽蛋禁止上市。

硫氧苯唑(亚砜咪唑，奥吩达唑)

【作用与用途】广谱驱虫药物。对牛羊肺网尾线虫、胃肠道寄生的线虫成虫和幼虫均有极显著的疗效。尤其对肺线虫效果最好，对鞭虫效果较好，对绦虫和吸虫的作用稍差。对马类艾氏毛圆线虫、副蛔虫、尖尾线虫等有效，5 倍的治疗量时对黏膜移行期的幼虫有效。对猪胃肠道寄生虫的效果大多优于噻苯咪唑，尤其对猪的食道口线虫、类圆线虫和肺线虫作用显著，对其幼虫也有一定的效果。

【用法与用量】硫氧苯唑糊剂、粉剂、混悬液。拌料或内服，每 1 kg 体重，马 10 mg，牛 4.5 mg，羊 5 mg，猪 3 mg。

【注意事项】本品与驱虫药物溴柳苯胺（溴代水杨酰苯胺）配伍应用可导致牛的流产和绵羊死亡。

氧苯咪唑（丙氧苯唑，奥苯达唑）

【作用与用途】广谱驱虫药物。本品对绝大部分消化道寄生线虫的成虫及幼虫有效。主要用于驱除牛羊的血矛线虫、奥斯特线虫、类圆线虫、细颈线虫、毛细线虫、食道口线虫，马类圆线虫、尖尾线虫和大形圆线虫，猪的胃圆线虫、蛔虫，鸡的蛔虫。

【用法与用量】氧苯咪唑糊剂、粉剂、混悬液。拌料或内服，每 1 kg 体重，马、牛 10～15 mg，猪、羊 10 mg，禽 10～20 mg。

【注意事项】种公牛禁用本品。动物屠宰前至少休药 6 d。

丁苯咪唑

【作用与用途】广谱驱线虫药物。主要用于驱除牛、羊、猪和禽类胃肠道寄生线虫成虫，对幼虫效果不稳定。本品对反刍动物的某些线虫的虫卵有较强的杀灭作用。

【用法与用量】丁苯咪唑粉剂。拌料或内服，每 1 kg 体重，牛、羊 20～30 mg，猪 25～50 mg。混饲，每 1000 kg 饲料，家禽 500 g。

【注意事项】禁用于怀孕羊。牛屠宰前至少休药 5 d，羊屠宰前至少休药 6 d。

苯硫脲酯

【作用与用途】广谱驱虫药，本品原药形式并无抗虫活性，只有在体内代谢成为苯骈咪唑氨基甲酸乙酯，即罗苯咪唑才表现抗虫活性作用。主要用于牛、羊和猪胃肠道各种线虫病的防治。对肺线虫的幼虫有较好的驱虫效果，对其成虫的效果稍差。

【用法与用量】苯硫脲酯粉剂。拌料或内服，每 1 kg 体重，牛、绵羊、山羊 67.5 mg，用药 1 次；或每 1 kg 体重，牛、绵羊、出羊 21 mg，每天 1 次，连续使用 5 d；或每 1 kg 体重，牛、绵羊、山羊 5. 25 mg，每天 1 次，连用 21 d。每 1 kg 体重，猪 67.5 mg，用药 1 次；或 6～7 mg，每天 1 次，连用 14 d。

【注意事项】动物屠宰前至少休药 7 d。泌乳动物用药后 3 d 内分泌的乳汁不可供人食用。

苯硫氨酯（非班太）

【作用与用途】广谱驱虫药物。苯硫氨酯原药无抗虫活性，它是苯硫咪唑和硫氧咪唑的前体药物，体内转变成苯骈咪唑类才具有抗虫活性，所以又称为苯骈咪唑类前体物。本品对牛、绵羊、猪的胃肠道内线虫、肺线虫，马的圆线虫、副蛔虫和尖尾线虫有效。对犬、猫的弓首蛔虫也有良好的驱虫效果。

【用法与用量】苯硫氨酯粉剂、糊剂、混悬乳剂。拌料或内服，每 1 kg 体重马 6 mg；6 月龄以上犬、猫 10 mg，6 月龄以下猫、犬 15 mg。猫、犬每天 1 次，连用 3 d。

二、咪唑骈噻唑类

左旋咪唑(左咪唑)

【作用与用途】左旋咪唑属广谱、高效、低毒的驱虫剂,对反刍动物的真胃寄生虫(血矛属、奥斯特属)、小肠寄生虫(古柏属、毛圆属)、大肠寄生虫(食道口属、毛首属)和肺寄生虫(网尾属)等的成虫,驱虫效果较好。另外对猪、禽、犬、猫和野生动物胃肠道寄生虫、肺线虫、犬心丝虫和猪肾虫也有十分理想的驱虫作用。

【用法与用量】盐酸或磷酸左旋咪唑粉剂。拌料或混饮,每 1 kg 体重,反刍动物 8 mg,猪 8 mg,禽 40 mg,犬 5 mg,猫 15 mg,马 7.5～15 mg。

【注意事项】无论是左旋咪唑还是噻咪唑,猪屠宰前至少休药 3 d,牛和绵羊至少休药7 d,泌乳动物用药后 3 d 内分泌的乳汁不能供人食用,产奶羊禁用本品。在用有机磷酸酯类药物和乙胺嗪驱虫后 14 d 内不得再用本品驱虫,以免发生中毒。骆驼十分敏感,绝对禁止使用。

三、四氢嘧啶类

噻吩嘧啶(噻嘧啶)

【作用与用途】广谱、高效、低毒驱虫剂。噻吩嘧啶主要用于驱除各种动物胃肠道寄生线虫或绦虫,如对马的副蛔虫、普通圆线虫、尖尾线虫有高效,对无齿圆线虫、马尖尾线虫童虫有中效,对马胃线虫(蝇柔线虫和大口柔线虫)、绦虫和艾氏毛圆线虫稍有作用或无效,对胃蝇蚴无效。酒石酸噻吩嘧啶对牛和绵羊是一种高效广谱驱虫药物,酒石酸噻吩嘧啶对绵羊、牛或山羊的捻转血矛线虫、奥斯特线虫、普通奥斯特线虫、蛇形毛圆线虫、凶恶细颈线虫、钝交合刺细颈线虫和古柏线虫十分有效,对食道口和夏伯特线虫有效。本品对猪的蛔虫和囊腔留居期的食道口线虫十分有效,对猪鞭虫无效。本品对犬的钩虫(犬钩口线虫)和蛔虫(犬弓首蛔虫)效果较好,对犬鞭虫效果较差。

【用法与用量】酒石酸噻吩嘧啶粉剂。拌料或内服,每 1 kg 体重,绵羊、山羊、牛 25 mg,马 12.5 mg,猫 22 mg。双氢萘酸噻吩嘧啶粉剂。拌料或内服,每 1 kg 体重,以噻吩嘧啶碱基计,马 6.6 mg;2.2 kg 以上的犬 5 mg,体重 2.2 kg 以下的犬 1.5 mg。

【注意事项】本品有拟胆碱作用,与有机磷酸酯类、安定药、肌肉松弛剂、中枢神经系统抑制药物联合用药应十分谨慎。酒石酸盐适口性较差,混饲、混饮给药时应注意保证动物的摄食量与饮水量,以免药效降低。牛屠宰前至少休药 14 d。

甲噻吩嘧啶(甲噻嘧啶,保康宁)

【作用与用途】本品比噻吩嘧啶驱虫作用强、毒性较低,主要用于防治牛、马、羊、猪、犬和野生动物的胃肠道线虫病。

【用法与用量】酒石酸甲噻吩嘧啶粉剂,可溶性粉剂。拌料或混饮,每 1 kg 体重,马、牛、羊、骆驼 10 mg,猪 15 mg,犬 2 mg,象 2 mg,狮、斑马、野猪、野山羊 10 mg。

【注意事项】禁止与含铜、碘的制剂合用。动物在屠宰前至少休药 3 d。对牛和牛的泌乳没有休药期限制。

吩嘧啶(间吩嘧啶,羟嘧啶)

【作用与用途】本品为抗毛首线虫特效药物,对其他胃肠道线虫和肺线虫作用较差。如与酒石酸甲噻吩嘧啶合用,对绵羊胃肠道 9 种主要寄生线虫(包括毛首线虫)均有良好的驱虫效果。本品毒性小,绵羊内服 600 mg/kg 体重未见毒性反应,可耐受 120 倍的治疗剂量。

【用法与用量】双羟萘酸吩嘧啶粉剂。拌料或内服,每 1 kg 体重,绵羊 5～10 mg,猴 30 mg。

四、有机磷酸酯类

有机磷酸酯类化合物开始是在农业上作为作物害虫的杀虫剂,后来部分低毒的有机磷酸酯类化合物被作为兽医临床驱虫药物。常见的品种有敌百虫、哈罗松、蝇毒磷和驱虫磷。我国应用最广的是敌百虫。

敌百虫

【作用与用途】本品属广谱驱虫药物,对畜禽体内的寄生虫有效,也有杀灭体外寄生虫的作用。主要用于防治马、牛、羊、猪等家畜的胃肠道寄生线虫、猪姜片吸虫、马胃蝇蚴、犬毛首线虫。敌百虫对鱼的单殖吸虫、鳃吸虫和鱼虱有效。对于体外寄生虫如牛皮蝇蛆、蜱、螨、蚤、虱、蚊、蝇等有杀灭作用。本品不仅对成虫有效,而且对未成熟的虫体也有较好的效果。

【用法与用量】敌百虫粉剂。拌料或内服,每 1 kg 体重,马 44 mg,牛 20～40 mg,绵羊 80～100 mg,山羊 50～70 mg,猪 80～100 mg,犬 75 mg。犬每 3～4 d 用药 1 次,共用 3 次。鱼按每 1000 L 水 250 mg 的比例撒入鱼池使用,注意均匀泼洒。

【注意事项】本品水溶液不稳定,应现配现用。本品遇碱易变质或生成毒性较强的敌敌畏,所以禁止与碱性药物或碱性水质配伍使用。本品对宿主乙酰胆碱酯酶有抑制作用,应禁止与其他。胆碱酯酶抑制剂(如新斯的明)拟胆碱药物配伍使用。孕畜及心脏病、胃肠炎动物禁用。产奶牛不得使用。牛对敌百虫敏感,中毒反应较强。家禽对敌百虫极敏感,不宜使用。动物中毒后,胃肠运动亢进,排粪次数增多,有时出现腹痛,起卧不安,流涎,呼吸困难等症状,严重时可引起死亡。发现中毒后,应立即停药,并使用生理对抗剂阿托品和胆碱酯酶复活剂解磷定解救,治疗有机磷酸酯类药物中毒时,阿托品的剂量为常用量的 4～5 倍。

哈罗松(海洛松,氯磷吡喃酮)

【作用与用途】本品为有机磷酸酯类驱虫药物。主要用于驱除牛、羊血矛线虫、毛圆线虫、古柏线虫、类圆线虫,牛新蛔虫、奥氏奥斯特线虫、辐射食道口线,马的蛔虫、尖尾线虫、胎生普氏线虫、三齿线虫、食道齿线虫、普通圆线虫,猪的蛔虫、食道口线虫,以及禽类的毛细线虫包括捻转毛细线虫。本品不仅对线虫成虫有效,对其幼虫也具有良好的驱虫效果。本品对动物绦虫和吸虫有一定的驱虫作用,对绵羊的奥斯特线虫和马小型圆线虫效果稍差。本品主要用于产肉动物和产毛动物。

【用法与用量】哈罗松的商品制剂有粉剂、液状混悬剂和糊剂，适口性好。拌料或内服，每 1 kg 体重，马 50～70 mg，牛 40～45 mg，羊 35～50 mg，猪 50 mg，鸡 100 mg。

【注意事项】本品不得与其他拟胆碱药物配伍应用。用药后可在乳汁中残留，因此泌乳动物在生产供人食用的乳汁时不可使用。动物屠宰前至少休药 7 d。鹅对本品极为敏感。本品中毒后使用生理对抗剂阿托品效果不好，解磷定除了能解鹅哈罗松中毒外，对其他动物的解毒效果尚未确定。

蝇毒磷

【作用与用途】主要用于驱除牛的各种血矛属线虫、奥斯特属线虫、毛圆属线虫、古柏属线虫，鸡和鸽的毛细线虫、蛔虫、异刺线虫。本品对仰口线虫、夏伯特线虫效果较差。外用可杀灭畜禽体表的螨、蚤、蝇、牛皮蝇蛆和创口蛆。本品可用于 8 周龄以上后备母鸡和产蛋鸡群。

【用法与用量】蝇毒磷预混剂。拌料，每 1 kg 体重，牛、乳牛 2 mg，连用 6 d。混饲，每 1000 kg饲料，后备小母鸡 40 g，连续使用 14 d；产蛋鸡 30 g，连续使用 14 d。参照牛和绵羊应用本品的剂量，动物园反刍动物如白尾鹿、黑尾鹿、麋、野牛以及红褐色美洲驼，每天2 mg/kg 体重的剂量拌入饮料中喂服，连续使用 6 d，可显著降低粪便中的虫卵数。蝇毒磷灌服剂。混饮，每 1 kg 体重，牛 15 mg，绵羊 8 mg。饮用前用碳酸氢钠关闭食道沟使药物直接进入皱胃，药效增加。

【注意事项】本品安全范围较窄。有色品种的蛋鸡群中最好不使用本品。免疫接种后 10 d 内或其他应激状态下的鸡群不可使用蝇毒磷。也不可用于 3 月龄以下的反刍动物以及病弱或应激状态下的动物。

驱虫磷(萘肽磷，蠕灭灵)

【作用与用途】本品为中谱有机磷酸酯类驱虫剂。主要用于驱除绵羊的捻转血矛线虫、普通奥斯特线虫、蛇形毛圆线虫和栉状古柏线虫，牛的各种血矛线虫、古柏线虫、蛇形毛圆线虫、艾氏毛圆线虫，马副蛔虫，禽的捻转毛细线虫、鸽毛细线虫。本品对绵羊食道口线虫和夏伯特线虫无效，对牛奥斯特线虫、马的大多数线虫和禽异刺线虫效果较差，对牛辐射食道口线虫效果不稳定。

【用法与用量】驱虫磷商品制剂包括饲料添加剂、大丸剂和饮水剂。大丸剂比饮水剂的效果稍好，大丸剂与饮水剂效果均优于饲料添加剂。混饮，每 1 kg 体重，牛、羊 50～75 mg。混饲，每 1000 kg 饲料，禽类 200 g，连续用药 2 d。拌料，每 1 kg 体重，马 35 mg；牛 10～20 mg，连用 6 d。

【注意事项】驱虫磷的安全范围较窄，绵羊内服驱虫磷的 LD_{50} 为 300 mg/kg 体重。牛使用 150 mg/kg 体重以上的剂量时会出现中毒症状。鸡对本品十分敏感，一次用药量为 50 mg/kg 体重时可致死。

五、其他类

哌嗪(二氮六环)

【作用与用途】哌嗪制剂对各种动物的蛔虫具有优良的驱杀作用，对犬科和猫科动物的钩虫(狐狸板口线虫)效果较好。对大部分畜禽的食道口线虫及尖尾线虫有较好的驱虫作用。主要用于防治动物的蛔虫病。

【用法与用量】枸橼酸哌嗪粉剂。拌料、混饮或内服，每 1 kg 体重，马、牛 250 mg，猪 300 mg，犬 100 mg，禽 250 mg。磷酸哌嗪粉剂。拌料或内服，每 1 kg 体重，马、牛、羊、猪、禽 100～300 mg，犬 80 mg。

【注意事项】如果将药物混入饮水中使用，必须在 8～12 h 内饮完。为了保证药物及时进入体内，在混饲与混饮前 8～12 h 停止供给饲料或饮水。

美沙利定(甲氧乙吡啶，甲氧啶)

【作用与用途】本品可用于驱除牛羊细颈属、食道口属、毛圆属、仰口属、夏伯特属、毛首属各种线虫，对寄生在真胃的线虫如血矛线虫、奥斯特线虫虽然有一定效果，但作用不稳定。本品对肺寄生线虫如网尾属线虫具有较好的驱虫效果，对猪的毛首线虫、鸡的毛细线虫也具良好的驱虫作用。

【用法与用量】美沙利定溶液剂。拌料或混饮，每 1 kg 体重，牛、羊、猪、家禽 200 mg。或每 1 L 饮水，家禽 2～4 g。

【注意事项】本品安全范围窄，治疗量可出现共济失调、精神沉郁和食欲降低等症状。2 倍的治疗剂量即可引起部分动物死亡。内服必须用饮水作充分的稀释，以减轻本品对胃肠道黏膜的刺激性。本品不可与乙胺嗪同时应用。

枸橼酸乙胺嗪

【作用与用途】本品对牛和绵羊的胎生网尾线虫和丝状网尾线虫所致的肺线虫病有效。临床上通常是使用哌嗪或其盐来驱杀犬、猫的蛔虫。

【用法与用量】枸橼酸乙胺嗪粉剂。预防犬、猫心丝虫病：拌料或混饮，每 1 kg 体重，犬、猫 2.5 mg(以乙胺嗪碱基计)；治疗肺线虫病，每 1 kg 体重，反刍动物 22 mg(以乙胺嗪碱基计)。

【注意事项】本品只能用于犬心丝虫病的预防，不可用于微丝蚴阳性犬，以免发生过敏性休克。由于本品对胃黏膜有刺激性，所以最好将药物按给药剂量拌入饲料中添加给药。

任务三 抗吸虫和绦虫药物

危害畜禽健康的吸虫主要包括牛羊肝片吸虫，猪的姜片吸虫和人畜共患的血吸虫，其中牛羊的肝片吸虫在我国分布广，危害较大。此外还有寄生于反刍兽的歧腔吸虫、阔盘吸虫和前后盘吸虫，寄生于犬、猫、猪的华枝睾吸虫和鸡的前殖吸虫。抗片形吸虫药物的化学结构中有一个共同的特点就是带有卤族元素氟、氯、溴、碘(F，Cl，Br，I)，常用的药物包括卤化碳氢化合物类、联苯酚类、硝基苯酚类和哌嗪类。

吡喹酮(环吡异喹酮)

【作用与用途】本品为高效、广谱、低毒驱虫药物。在低剂量条件下即能降低绦虫的吸盘吸附功能，高剂量可引起虫体体肌收缩，对动物的绝大部分绦虫，如牛、羊莫尼茨绦虫、无卵黄腺绦虫，犬等肉食兽的带科绦虫、犬复殖孔绦虫，以及兔的各种绦虫；多种囊尾蚴（束状囊尾蚴、豆状囊尾蚴、细颈囊尾蚴、牛囊尾蚴、猪囊尾蚴）具有显著的驱杀作用。对家禽如鸡的有轮赖利绦虫、漏斗绦虫和节片戴文绦虫，鹅鸭的矛形剑带绦虫、斯特凡斯基双睾绦虫、细小匙沟绦虫、冠双盔绦虫的驱虫率高达100%。

另外，本品对绵羊的矛形歧腔吸虫、猪的姜片吸虫、犬的华枝睾吸虫、反刍动物的肝片吸虫也有一定的驱除作用。

【用法与用量】吡喹酮粉剂。拌料或内服，每1 kg体重，治疗血吸虫病：牛30 mg，羊60 mg；治疗绦虫病：牛、羊10～20 mg，猪10～30 mg，犬、猫5～10 mg，家禽20 mg。

【注意事项】治疗剂量用药安全，高剂量时部分动物可能出现体温升高、肌颤、臌气等症状，有时能使动物血清谷丙转氨酶轻度增加。犬类使用200 mg/kg体重可引起呕吐反应。长期用药对妊娠大鼠和家兔胚胎无毒性作用或致畸作用。

硝硫氰胺（7505）

【作用与用途】本品属广谱抗血吸虫药物。对日本血吸虫、埃及血吸虫、曼氏血吸虫都有较好的驱虫作用。本品对家禽的蛔虫、猪的姜片吸虫也有很好的驱虫作用。

【用法与用量】硝硫氰胺微粒性粉（1～5 μm）。治疗血吸虫病：拌料，每1 kg体重，牛60 mg。

【注意事项】肝功能不全、妊娠或泌乳动物禁用。

氯硝柳胺（灭绦灵，育米生）

【作用与用途】本品为广谱高效低毒驱绦虫药物。对畜禽各种绦虫均有较好的驱虫作用，对牛羊等反刍动物的前后盘吸虫有效，此外还具有杀灭日本血吸虫中间宿主——钉螺的作用，本品可用于家畜以及兔、猴、鱼和爬虫类绦虫病的治疗。

【用法与用量】氯硝柳胺粉剂、混悬液和舔剂。拌料或内服，每1 kg体重，马200～300 mg，牛50 mg，羊100 mg，鸡50～60 mg，犬、猫125 mg，鸽、火鸡200 mg，兔100 mg。猴、爬行动物165 mg。杀钉螺：每1000 L水中加200 mg，作用24 h。治疗鱼槽头绦虫病：每天每1 kg体重40 mg。治疗鱼的皮肤吸虫病：将鱼浴在浓度为0.075～0.1 mg/L水体中90 min。氯硝柳胺哌嗪合剂，为动物专用制剂，对畜禽各种绦虫作用效果较好，并对牛、羊的前后盘吸虫，犬、猫带状绦虫、复孔绦虫和细粒棘球绦虫亦有良好的驱虫作用。拌料或内服，每1 kg体重，牛、羊60～80 mg，犬、猫125 mg，禽50 mg。

【注意事项】用药前各种动物最好禁食8～12 h。犬、猫对氯硝柳胺稍敏感，2倍的治疗剂量出现暂时性下痢，5倍的治疗剂量对肝、肾有轻度损伤作用。

羟溴柳胺（溴羟替苯胺，溴羟苯酰苯胺）

【作用与用途】本品是羟苯酰替苯胺类新型驱虫药物。对牛、羊莫尼茨属的各种绦虫有特效。此外对瘤胃吸虫（前后盘吸虫）的成虫和童虫作用效果较好。本品主要用于反刍动物的驱虫。

【用法与用量】羟溴柳胺粉剂。拌料或内服，每1 kg体重，牛、羊65 mg。

【注意事项】其副作用主要是偶尔发生腹泻。

硝氯酚（联硝氯酚，拜尔-9015）

【作用与用途】本品为广谱高效低毒驱片形吸虫药物。对牛、羊肝片吸虫成虫具有很好的驱杀作用，对牛前后盘吸虫效果较好，在临床上已取代六氯乙烷、四氯化碳等传统药物，主要用于驱除牛、羊肝片吸虫。对肝片吸虫的童虫需要高限剂量才有效，且不安全。

【用法与用量】硝氯酚粉剂。拌料或内服，每 1 kg 体重，牛 3～4 mg，羊 4～5 mg，猪 3～6 mg。

【注意事项】用药后的不良反应包括发热、呼吸困难、出汗、窒息等症状，其反应可持续 2～3 d，偶可引起死亡。中毒后可使用安钠咖或毒毛旋花苷强心，维生素 C 保肝解毒，支气管平滑肌解痉药麻黄碱缓解呼吸困难。动物屠宰前至少休药 15 d，用药后 15 d 内所分泌的乳汁不可供人食用。

硫溴酚（抗虫 349）

【作用与用途】本品为广谱抗吸虫药物。主要用于驱除牛、羊等反刍动物的肝片吸虫，对成虫效果好，对童虫效果较差。对牛羊前后盘吸虫、盲肠吸虫亦有一定的驱虫作用。

【用法与用量】硫溴酚粉剂。拌料或内服，每 1 kg 体重，黄牛 40～50 mg，水牛 30～40 mg，山羊 30～40 mg，绵羊 50～60 mg，鹿 60～100 mg。

【注意事项】牛内服 3～4 倍的治疗剂量会产生呼吸困难、流涎、精神沉郁等毒性反应。治疗剂量有时也会出现食欲减退和腹泻症状。

海托林

【作用与用途】本品主要用于驱除牛、羊的枝歧腔吸虫和羊的矛形歧腔吸虫。

【用法与用量】海托林粉剂。拌料或内服，每 1 kg 体重，牛 30～60 mg，羊 40～60 mg。

【注意事项】奶牛用药后 30 d 内所分泌的乳汁中有异味，因此不宜供人食用。

碘硝氰酚(氰碘硝基苯酚，硝碘酚腈，硝羟碘苄腈)

【作用与用途】本品对牛、羊肝片吸虫和大片形吸虫的成虫和童虫均有良好的驱杀作用。另外，对牛、羊的血矛属线虫、观赏鸟的比翼线虫、犬的钩虫亦有一定的驱除效果。主要用于防治动物的肝片吸虫病。

【用法与用量】碘硝氰酚粉剂、溶液剂。拌料或混饮，每 1 kg 体重，牛、羊、猪、犬 10 mg，观赏鸟 24 mg，羊急性感染肝片吸虫的剂量可增至每千克体重 15 mg。

【注意事项】混饮药液可使羊毛或毛发黄染，使用时应小心，极少数牛使用本品后会发生乳汁黄染。用药后体内药物通过粪便和尿液缓慢排出，排泄时间长达 31 d。药物可通过血液转运到乳汁中，泌乳动物在用药后 31 d 内所分泌的乳汁不可供人食用。动物屠宰前至少休药 31 d。绵羊和犊牛可耐受每千克体重 40 mg 的内服剂量，但在该剂量条件下，动物的心跳、呼吸和代谢率明显增加，中毒的原因可能是因为药物干扰了宿主体内氧化磷酸化偶联过程。本品与其他抗线虫药物(包括有机磷酸酯类)联合应用十分安全。

硫双二氯酚(别丁)

【作用与用途】本品具有抗细菌、真菌和抗蠕虫作用。对畜禽的主要吸虫和绦虫如牛、羊、鹿的肝片吸虫，牛、羊前后盘吸虫、莫尼茨绦虫、曲子宫绦虫，猪姜片吸虫，马裸头科绦虫，犬、猫带绦虫，鸡赖利绦虫，鹅剑带绦虫均有较好的驱虫作用。

【用法与用量】硫双二氯酚粉剂。拌料，每 1 kg 体重，马 10～20 mg，牛 40～80 mg，猪、羊 75～100 mg，绵羊、犬 60 mg，鸡 100～200 mg，鸭 30～50 mg，鹿 50～100 mg。

【注意事项】马属动物最敏感，慎用。本品不可与其他抗蠕虫药物合并应用，以免毒性增加。禁止将药物制成溶液剂通过内服给药，因为内服溶液剂后，药物在胃肠道吸收速率明显加快，造成血液中药物浓度升高而使动物大批死亡。体弱、虚脱或下痢的动物不宜使用。

双酰胺氧醚(联胺苯醚，联氨酚噻，双醋酰苯氧乙醚)

【作用与用途】本品是目前常用杀片形吸虫药物中唯一对肝片吸虫的童虫具有极高活性的药物。是目前预防肝片吸虫病最理想的药物。

【用法与用量】双酰胺氧醚粉剂、混悬液。拌料或混饮，每 1 kg 体重，牛、羊 100 mg。

【注意事项】本品对 10 周龄以上的肝片吸虫效果较差，因此可间隔 8 周重复用药 1 次。或与杀成虫的药物并用，这样可有效地控制吸虫病的发生。动物屠宰前至少休药 7 d。

六氯对二甲苯(血防 846，海涛尔)

【作用与用途】本品属有机氯类广谱驱蠕虫药。本品在临床上主要用于防治反刍动物的肝片吸虫病和血吸虫病。本品对牛、羊、猪等的肝吸虫、歧腔吸虫、华枝睾吸虫，对前后盘吸虫、胰吸虫、姜片吸虫均有较好的驱虫作用，对牛羊绦虫，蛔虫、尖尾线虫、钩虫及阿米巴原虫亦有一定的作用。绵羊对本品的耐受性较强，使用 4 倍的治疗剂量(每千克体重 600 mg)反应轻微，使用 10 倍的治疗量仅有精神沉郁和食欲不振等症状，但未发现死亡，1～2 d 后症状即消失。

【用法与用量】六氯对二甲苯粉剂。拌料或内服，每 1 kg 体重，牛 130 mg，羊 150 mg。

【注意事项】动物屠宰前至少要休药 14 d。

氯苯碘柳胺(碘醚柳胺，重碘柳胺，二碘羟柳胺)

【作用与用途】本品为卤代水杨酰胺类广谱高效驱吸虫药物。对反刍动物肝片吸虫相大片形吸虫(成虫、童虫)、牛羊捻转血矛线虫(成虫、童虫)、鼻蝇蚴各期幼虫具有优良的驱杀作用。

【用法与用量】氯苯碘柳胺混悬液。拌料或内服，每 1 kg 体重，牛、羊 7.5 mg，一次内服或拌入饲料中喂服。

【注意事项】动物用药后吸收进入血液循环的药物可转运到乳汁中，泌乳动物用药后 28 d内所分泌的乳汁不可供人食用，动物屠宰前至少休药 28 d。

丁萘脒

【作用与用途】丁萘脒为广谱抗绦虫药物。主要用于犬和猫，驱杀细粒棘球绦虫、带状绦虫和复孔绦虫。反刍动物和家禽，以驱杀羊的扩展莫尼茨绦虫，鸡的赖利绦虫、鹅的剑带绦虫等。

【用法与用量】羟萘酸丁萘脒粉剂。拌料，每 1 kg 体重，牛、羊 25～30 mg；鸡 40 mg。用药前最好禁食 4～8 h。

【注意事项】本品不仅对口腔黏膜有刺激性，而且使用粉剂或混悬剂会使吸收加快，提高血液中药物浓度以至动物发生中毒。

槟榔碱

【作用与用途】槟榔碱各种衍生物都具有抗绦虫作用，其中氢溴酸槟榔碱是传统的驱犬细粒棘球绦虫及带绦虫、家禽各种绦虫的药物，临床上主要用于驱除犬细粒棘球绦虫、带绦虫、鸡赖利绦虫和鸭的剑带绦虫。槟榔碱乙酰肿胺主要用于驱除犬的带状绦虫、复孔绦虫。由于有刺激动物肠蠕动的作用，所以可作为犬、猫的一种有效的缓泻药，作为缓泻药的剂量为驱虫剂量的 1/2。羧苯锑酸槟榔碱主要用于驱杀犬的各种绦虫。

【用法与用量】氢溴酸槟榔碱粉剂、水溶液剂。拌料或内服，每 1 kg 体重，犬 1～2 mg，鸡 3 mg，鸭、鹅 1～2 mg。用药前最好禁食 12 h。槟榔碱乙酰肿胺粉剂（用水将粉剂配成溶液剂时必须现配现用）。拌料，每 1 kg 体重，成年犬、猫 5 mg。羧苯锑酸槟榔碱片剂、粉剂。拌料，每 1 kg 体重，犬 10 mg。

【注意事项】禁止水剂通过口腔给药，因为药液极易通过口腔黏膜吸收，其中毒反应可能会因此而提高 100 倍，使用水剂时，应将药液通过导管送至舌根部，使动物迅速吞咽，以减少药物的吸收。主要的中毒症状包括中枢抑制、恶心、呕吐和疝痛，病犬和猫易发生中毒，猫使用后还可以引起支气管腺大量分泌及窒息，用药时应慎重。马属动物对槟榔碱极敏感，因此不宜使用。中毒后可使用硫酸阿托品抗胆碱药物解毒，剂量为每千克体重 0.045 mg。

【考核评价】

某地一养鸡场，在当地饲养条件下，饲料中要添加抗球虫药物，减少球虫病的发生，提高其增重，改善饲料报酬，取得良好的经济效益。可以选择哪些药物添加？

【案例分析】

鸡球虫病的防治

某养殖户在原住房改造的鸡舍里养的 900 多只 43 日龄肉鸡，部分出现精神沉郁，羽毛松乱，食欲减退，饮水增加，闭目呆立，伏地不起，行动迟缓，嗉囊内充满液体，排白色粪便或水样粪便，严重者排出红色粪便，病程稍长者鸡冠、肉髯、皮肤变白，精神极度萎靡，数日内倒地死亡。经问诊，剖检，显微镜下观察，确诊为鸡小肠球虫病。

选用磺胺喹噁啉来治疗，按 500～1000 mg/kg 的浓度混饲或 250～500 mg/kg 的浓度混饮，连用 3 d，停药 2 d，再用 3 d，鸡只死亡率减少，病鸡逐渐恢复健康。

养殖户在兽医人员的建议下，在以后饲养鸡只的过程中按 150～250 mg/kg 的浓度混饲或 50～100 mg/kg 的浓度混饮，有效地防止球虫病的发生。

【知识拓展】

抗球虫药物在防治鸡病中的合理应用

二维码　抗球虫药物在防治鸡病中的合理应用

【知识链接】

1. 中华人民共和国农业部公告第168号《饲料药物添加剂使用规范》
2. 中华人民共和国农业部公告第1224号《饲料药物添加剂使用规范》
3. 中华人民共和国农业部公告第193号《食品动物禁用的兽药及其他化合物清单》
4. 中华人民共和国农业部公告第318号《饲料添加剂品种目录》
5. 中华人民共和国农业部《动物性食品中兽药的最高残留限量(试行)》

Project 5

中草药添加剂

>>> **学习目标**

掌握常用中草药添加剂的名称与用途；熟悉中草药添加剂的用法及其剂量以及相应的注意事项。

中草药作为饲料添加剂，在我国源远流长，历史悠久。西汉时期(公元前206—25年)刘安(公元前179—前122年)撰写的《淮南子·万毕术》(公元前132年)中，记载有"麻盐肥豚豕法：取麻子三升，捣千余杵，煮为羹，加盐一升，著中，和以糠三斛，饲豚，则肥也。"麻子、盐均为中草药。麻盐和糠，不仅可提高饲料的适口性，促进食欲，并能活血行气，调和脏腑，帮助消化吸收，从而提高饲料利用率，防治便结、宿食不化等病证，能促进猪只健壮生长和膘满肉肥。从目前所收集的史料看，此项可以认为是中草药在猪上应用最早的记载。中草药用以促进畜禽生长发育、催肥，提高动物的生产性能，改善畜产品的品质，在历代都有运用和发展，有许多经验和验方一直沿用至今，促进了畜牧业的发展。

中草药种类繁多，成分复杂，不同的药物具有不同的作用，并不是每种中草药都可作饲料药物。经过深入研究、反复实践，认为只有那些异味小、适口性好、药源充足、价格低廉、易于消化吸收的中草药才能用作饲料药物，应用后才可获得较好的效果。饲料中草药类的功效，主要是提高动物的生产性能、改善畜产品品质及防病治病。目前已筛选出的饲料中草药以植物药最多，矿物药次之，动物药较少。除单味药外，多为复方。中草药复方，是在中兽医药性理论指导下，根据生产实际的需要及动物的采食和生物学特性，从整体观念和辨证论治出发，运用四气、五味、升降浮沉、归经、补泻等原则，依据药物性能，遵循主辅佐使的法度而处方用药，以发挥群药的作用。

任务一　抗病原微生物中草药

中草药中凡能抑制或杀灭病原微生物生长繁殖，提高机体抵抗力，用于治疗感染性疾病者，称抗病原微生物中草药。本类药物性味多苦寒，具有清热、解毒、祛风、除湿热等功效。多含生物碱、黄酮类以及香豆精等有效成分，能抑杀多种病原微生物。它们不仅抗菌，还具有抗病毒、抗原虫或抗炎作用，有的还能增强机体免疫功能，提高抵抗力。一般而言，这类药物在常规剂量下使用，毒副作用低、病原微生物不易产生耐药性。此外，中草药药源丰富，可就地取材，因而在饲料药物中具有广阔的应用前景。

黄连

【作用与用途】性味苦寒，归心、脾、胃、肝、胆、大肠经；清热燥湿，泻火解毒。本品或小檗碱具有广谱抗菌作用。用于感染性疾病、肠炎、肺炎、痢疾、咽喉炎、疮疡肿毒及马腺疫等。

【用法与用量】粉碎混饲或煎水自饮。马、牛18～30 g/次，骆驼25～45 g/次，羊、猪6～9 g/次，兔、禽0.6～1.2 g/次，鱼0.2～6.0 g/(kg·d)，蚕0.02～0.03 g/kg桑叶，喷洒于桑叶上。

黄柏

【作用与用途】性味苦寒，归肾、膀胱经；清热燥湿，泻火解毒，退虚热。

本品具有与黄连及小檗碱相类似的广谱抗菌作用。对多种致病性真菌亦有程度不等的抑制作用。用于仔猪白痢、羔羊痢、肠炎、胃肠炎、链球菌病及皮肤真菌病等。

【用法与用量】粉碎混饲或煎水自饮。马、牛 15～45 g/次，驼 20～50 g/次，羊、猪 6～15 g/次，犬 3～8 g/次，兔、禽 0.6～2 g/次，鱼 0.6～2 g/(kg・d)，蚕 0.02～0.03 g/kg 桑叶，喷洒于桑叶上。

黄芩

【作用与用途】性味苦寒，归肺、胆、脾、大肠、小肠经；清热燥湿，泻火解毒，止血，安胎。本品具广谱抗菌作用，用于肠炎、肺炎、子宫内膜炎、结膜炎、眼炎等。亦可作雏鸡白痢的预防药用。

本品还具有保肝、利胆，以及抗炎，抗过敏、利尿、镇静、扩张外周血管、降压的作用，并能抑制血小板凝集。

【用法与用量】粉碎混饲或煎水自饮。马、牛 15～90/次，羊、猪 6～15 g/次，犬 3～5 g/次，兔、禽 1.5～2.5 g/次，鱼 1.5～2.5 g/(kg・d)，蚕 0.02～0.03 g/kg 桑叶，喷洒于桑叶上。

金银花

【作用与用途】性味甘寒，归肺、大肠、胃经；清热解毒，散热疏风。本品具广谱抗菌作用，用于流感、肠炎、痢疾、脑膜炎、肺炎、乳房炎及发热性传染病和创伤感染等。

【用法与用量】粉碎混饲或煎水自饮。马、牛 15～60 g/次，羊、猪 9～15 g/次，犬 3～6 g/次，兔、禽 1.2～2.4 g/次，鱼 0.5～2 g/(kg・d)。

忍冬藤(金银藤)

【作用与用途】性味甘寒，归肺、胃经；清热解毒，疏风通络。本品用于肠炎、痢疾、流感、疮疡肿毒、热性感染性疾病及风湿症等。

【用法与用量】粉碎混饲或煎水自饮。马、牛 30～120 g/次，羊、猪 15～30 g/次，犬 6～12 g/次，兔、禽 1.2～2.4 g/次，鱼 100～150 g/667 m^2 水面，全池泼洒。

连翘

【作用与用途】性味苦微寒，归肺、心、胆经；清热解毒，消肿散结。连翘或其挥发油、连翘酚具广谱抗菌作用。用于流感、肺炎、肠炎、流行性淋巴管炎及疮肿等。

【用法与用量】粉碎混饲或煎水自饮。马、牛 24～26 g/次，羊、猪 9～15 g/次，犬 3～6 g/次，兔、禽 0.6～1.8 g/次。

板蓝根

【作用与用途】性味苦寒，归心、肺经；清热解毒，凉血利咽。本品对多种细菌有抑制作用。用于细菌性感染、败血症、咽炎、流行性淋巴管炎、马腺疫、胸疫、猪肺疫、猪喘气病、流感、水肿病、肝炎、黄疸及鱼类出血病、烂鳃病和肠炎等病。

【用法与用量】粉碎混饲或煎水自饮。马、牛 30～90 g/次，羊、猪 15～30 g/次，犬 2～6 g/次，鱼 2～2.5 g/kg，或 100 g/667 m^2 水面。

青蒿

【作用与用途】性味苦辛寒，归肝、胆经；清热解暑，退虚热，杀灭原虫。本品用于感染性疾病、黄疸等，并可作防霉剂使用。

【用法与用量】粉碎混饲或煎水自饮。马、牛 15～60 g/次，骆驼 30～90 g/次，羊、猪 6～15 g/次，犬 3～6 g/次，兔、禽 1～2 g/次。

鱼腥草

【作用与用途】性味辛微寒，归肺经；清热解毒，消肿排脓，利尿通淋。本品用于肺炎、支气管炎、肺脓肿、仔猪白痢、咽喉肿胀及外伤感染和肾炎等病。

【用法与用量】粉碎混饲或煎水自饮。马、牛 30～120 g/次，羊、猪 15～30 g/次。

千里光

【作用与用途】性味苦寒，归肺、肝、大肠经；清热解毒，清肝明目。本品具有广谱抗菌作用，用于各种细菌性感染及炎症均有较好效果，如肺炎、肠炎、周期性眼炎、尿路感染、马流行性淋巴管炎、猪丹毒、烧伤、炎肿及湿疹等。

【用法与用量】粉碎混饲或煎水自饮。马、牛 60～120 g/次，羊、猪 30～60 g/次。

山豆根（广豆根）

【作用与用途】性味苦寒，有毒，归肺、胃经；清热解毒，消肿利咽，祛痰止咳。本品用于肺炎、支气管炎、咽喉炎及疡肿等。

【用法与用量】粉碎混饲或煎水自饮。马、牛 15～45 g/次，骆驼 35～75 g/次，羊、猪 6～12 g/次，犬 3～6 g/次，兔、禽 0.6～1.8 g/次。

蒲公英

【作用与用途】性味苦甘寒，归肝、胃经；清热解毒，消肿散结，利尿通淋。本品用于乳房炎、肠炎、腹泻、肺炎、结膜炎、胆道感染、咽喉炎及疮肿等。

【用法与用量】粉碎混饲或煎水自饮。马、牛 30～90 g/次，骆驼 45～120 g/次，羊、猪 15～30 g/次，犬 3～6 g/次，兔、禽 1.5～3 g/次，鱼 2～10 g/kg，或按饵料加入 0.2%～0.4%。

紫花地丁

【作用与用途】性味苦辛寒，归心、肝经；清热解毒，凉血消肿。本品用于肠炎、黄疸、疮肿等。

【用法与用量】粉碎混饲或煎水自饮。马、牛 60～80 g/次，骆驼 80～120 g/次，猪、羊 15～30 g/次，犬 3～6 g/次。

野菊花

【作用与用途】性味苦辛微寒，归肺、心经；清热解毒，平肝明目。本品用于流感、脑炎、肠炎、尿路感染、结膜炎、虫蛇咬伤及疮肿等。还可防治鱼白头白嘴病和赤皮病。野菊花内酯等还有明显的降压作用。

【用法与用量】粉碎混饲或煎水自饮。马、牛 12～30 g/次，羊、猪 6～9 g/次，兔、禽1.5～3 g/次，鱼 5 kg/667m^2 水面，或按饵料的 0.2%～1%加入。

马齿苋

【作用与用途】性味酸寒，归心、肝、脾经；清热解毒，凉血止痢。本品用于肠炎、下痢、马副伤寒、仔猪下痢、风湿症、尿路感染及创肿等，还可防治鱼的细菌性肠炎。

本品还有兴奋子宫、加强肠蠕动及利尿作用，用于尿路感染如膀胱炎等。

【用法与用量】粉碎混饲或生饲，亦可煎水自饮。马、牛 30～120 g/次，羊、猪 15～30 g/次，兔、禽 1.5～6 g/次，鱼 15～30 g/kg。

桉叶

【作用与用途】性味苦辛平，归肺经；清热解毒，疏风止痒，敛疮消肿，化痰止咳。本品抗菌力较强，抗菌谱较广。用于流感、肺炎、肠炎、肾炎、湿疹及疮肿等，还可用于青、草鱼烂鳃及肠炎病。

【用法与用量】粉碎混饲或煎水自饮。马、牛 30～90 g/次，猪、羊 15～30 g/次，鱼 0.002%煎剂全池泼洒；或将桉叶 25～50 kg 扎成一捆，放入食场一角，或捣碎，泼洒全池。

【注意事项】孕畜慎用。

石膏

【作用与用途】性味甘辛大寒，归胃、肺经；清热泻火，生津止渴。石膏内服用于肺系及感染性热性疾病。并可作为骨骼生长发育的重要成分。

【用法与用量】粉碎混饲或煎水自饮。马、牛 6～120 g/次，骆驼 90～180 g/次，羊、猪 15～30 g/次，犬 5～10 g/次，猫 1～5 g/次，兔、禽 1.5～6 g/次。

【注意事项】体质虚弱者慎用。保存于干燥处。

白头翁

【作用与用途】性味苦寒，归胃、大肠经；清热，解毒，凉血，止痢。本品用于肠炎、痢疾、仔猪白痢、血痢等，并可防治青、草鱼肠炎病。本品还有镇静、镇痛、防霉变等作用。

【用法与用量】粉碎混饲或煎水自饮。马、牛 15～60 g/次，骆驼 30～90 g/次，羊、猪 6～15 g/次，犬 1～5 g/次，兔、禽 1.5～3 g/次，鱼 5～40 g/kg。

【注意事项】虚寒泻痢忌服。保存于通风干燥处。

秦皮

【作用与用途】性味苦涩寒，归肝、胆、大肠经；清热燥湿，收涩，明目。本品用于痢疾，肠炎，仔猪白痢，肺炎及链球菌病等。

【用法与用量】粉碎混饲或煎水自饮。马、牛 15～60 g/次，羊、猪 6～9 g/次，犬 3～6 g/次，兔、禽 1～1.5 g/次。

龙胆草

【作用与用途】性味苦寒，归肝、胆经；泻肝胆实火，除下焦湿热。本品用于肝炎、结膜炎等。

【用法与用量】粉碎混饲或煎水自饮。马、牛 15～45 g/次，骆驼 30～60 g/次，羊、猪、犬 1～5 g/次，兔、禽 1.5～3 g/次。

半边莲

【作用与用途】性味辛平，归心、小肠、肺经；清热解毒，利水消肿。本品用于感染性疾病及防霉变。

【用法与用量】粉碎混饲，或鲜品捣烂生饲，或煎水自饮。马、牛 30～60 g/次，鲜品 90～300 g/次；骆驼 45～90 g/次，鲜品 150～500 g/次；羊、猪 9～15 g/次，鲜品 30～90 g/次；犬 5～10 g/次，鲜品 10～15 g/次；兔、禽 0.6～1.5 g/次。

松针(叶)

【作用与用途】性味苦涩温，归心、肝、脾经；燥湿健脾，理气祛风，杀虫止痒。本品用于食积、肚胀、瘤胃臌气等。

本品含有大量营养成分，具有较高的营养价值。在畜禽饲料中添加 2%～10%，可促进生长，提高生产性能，改善畜产品品质。对奶牛可增加产乳量；对猪可使体重增加，提高屠宰率及瘦肉率；对产蛋鸡、鹅及鹌鹑可提高产蛋率、受精率和孵化率，且蛋黄颜色深；对兔可提高产仔率，减少畸形，仔兔成活率高；用于鱼有利增产、增收，提高商品鱼规格；个体生长速度加快，并可防治鱼的肠炎和烂鳃病及鱼类锚头鳋病。

由于本品富含多种维生素，可用防治维生素缺乏症，如夜盲症、干眼病、佝偻病、僵猪、后肢跛行或麻痹及禽痛风病等。

【用法与用量】粉碎混饲。马、牛 60～90 g/次，羊、猪 15～30 g/次，禽 2～3 g/次，鱼 4～5 kg/667 m^2 水面，或 0.0035%～0.006%药量捣碎，全池泼洒。

任务二 抗寄生虫中草药

中草药中凡能驱除或杀灭畜禽体内外寄生虫为主要作用的药物，称为抗寄生虫中草药，或驱虫中草药。我国使用中草药作为驱虫药由来已久，药物多味苦，具有驱虫、杀虫、解毒等功效。多含生物碱、黄酮类及酚类等有效成分，能麻痹或杀灭、驱除体内外寄生虫而沿用至今，常配伍泻下药以促使体内虫体排出。临床应用可根据寄生虫的种类，选择药物，以驱除蛔虫、蛲虫、绦虫、肝片吸虫、前后盘吸虫、钩虫、姜片虫、鞭虫、血吸虫、滴虫、球虫、锥虫、疟原虫等。可单味使用，或按中药药性组成复方使用。由于毒副作用低，驱虫谱广，且可扶正祛邪而为人们所采用。

槟榔

【作用与用途】性味苦辛温，归胃、大肠经；驱虫，消积，降气，行水。本品用于驱除畜禽绦虫、肝片吸虫、蛔虫、蛲虫及姜片吸虫等，并可用于鱼类绦虫病和鲤鱼碘泡虫病。

【用法与用量】粉碎混饲或煎水自饮。马 9～18 g/次，牛 12～60 g/次，羊、猪 6～12 g/次，兔、禽 1～3 g/次，鱼 2～4 g/(kg·次)。

【注意事项】孕畜慎用。保存于通风干燥处，防蛀。

南瓜子

【作用与用途】性味甘温，归胃、脾经；驱绦虫、蛔虫。本品用于绦虫病和蛔虫病。

【用法与用量】粉碎混饲或煎水自饮。马、牛 60～150 g/次，羊、猪 60～90 g/次。

鹤草芽

【作用与用途】性味苦涩微温，归肝、大肠、小肠经；驱虫。本品用于绦虫病、蛔虫病。

【用法与用量】粉碎混饲。马、牛 120～180 g/次，羊、猪 15～40 g/次。

除虫菊

【作用与用途】性味辛苦温；杀虫。本品用于灭虱、蚊、蝇、蚤等及疥癣病。

【用法与用量】外用杀虫。1%～3%干粉制成乳剂用于疥癣。除虫菊酯 0.2%煤油溶液或除虫菊干粉 0.37～0.75 g 与煤油 1.8 L 混合制成喷雾剂，以灭蚊、蝇、虱、蚤等体外寄生虫。

常山

【作用与用途】性味苦辛寒，有毒，归肺、肝、脾经；杀虫，除痰，消积，开胃。本品用于鸡球虫病、兔球虫病、原虫痢。

【用法与用量】粉碎混饲或煎水自饮。马、牛 30～60 g/次，羊、猪 9～15 g/次，兔、禽 0.5～1 g/次。

苦楝皮

【作用与用途】性味苦寒，有毒，归肝、脾、胃经；驱虫疗癣。本品用于驱除蛔虫及蛲虫，并可预防鱼类肠炎和治疗鱼类车轮虫病、白头白嘴病、隐鞭虫病、锚头鳋病及杀灭毛细线虫与头槽绦虫。

【用法与用量】粉碎混饲或煎水自饮。马、牛 15～45 g/次，羊、猪 6～15 g/次，兔、禽 0.6～1.8 g/次，鱼 2～6 g/kg，或树叶 10～15 kg/667 m^2 水面。

【注意事项】仔猪慎用。保存于干燥处、防潮。

贯众

【作用与用途】性味苦微寒，有小毒，归肝、胃经；驱虫，清热解毒，止血。本品用于驱除绦虫、肝片形吸虫、前后吸盘吸虫、胰阔吸盘吸虫、蛔虫及治疗鱼类毛细线虫病和头槽绦虫病。

【用法与用量】粉碎混饲或煎水自饮。马、牛 18～60 g/次，羊、猪 9～15 g/次，鱼 2～6 g/kg，蚕 0.2～2.5 g/kg 桑叶，喷洒。

【注意事项】本品对子宫有较强的收缩作用，孕畜慎用。保存于阴凉干燥处。

百部

【作用与用途】性味甘苦微温,归肺经;润肺止咳,杀虫。本品用于疥癣、蛲虫病、蛔虫病、体虱的防治。

【用法与用量】粉碎混饲或煎水自饮或用煎剂涂搽、喷雾以驱杀体外寄生虫。马、牛15～30 g/次,羊、猪 6～12 g/次。

【注意事项】本品服用过量,可导致呼吸中枢麻痹。保存于通风干燥处,防潮。

使君子

【作用与用途】性味甘温。归脾、胃经;驱虫,消积。本品用于蛔虫病及虫积腹痛等。

【用法与用量】粉碎混饲或煎水自饮。马、牛 30～90 g/次,羊、猪 6～12 g/次,兔、禽1.5～3 g/次。

雷丸

【作用与用途】性味微苦寒,归胃、大肠经;杀虫消积。本品用于绦虫病、钩虫病、蛔虫病及滴虫病等,还可治疗鱼类锚头鳋病。

【用法与用量】粉碎混饲。马、牛 30～60 g/次,驼 45～90 g/次,羊、猪 15～30 g/次,鱼10 g/kg 水体浸泡。

鹤虱

【作用与用途】性味苦辛平,有小毒,归肝、大肠经;杀虫。本品对犬绦虫、猪蛔虫、蛲虫、水蛭等有杀虫作用,用于虫积腹痛以驱绦虫、蛔虫、蛲虫等。

【用法与用量】粉碎混饲或煎水自饮。马、牛 15～30 g/次,羊、猪 3～6 g/次,兔、禽1.2～1.8 g/次。

榧子

【作用与用途】性味甘平,归肺、胃、大肠经;杀虫消积,润燥通便。本品对钩虫有抑制、杀灭作用,能驱除猫的绦虫。

【用法与用量】粉碎混饲。马、牛 15～30 g/次,羊、猪 6～12 g/次。

蛇床子

【作用与用途】性味辛苦温,有小毒,归脾、肾经;温肾壮阳,祛风燥湿,杀虫止痒。本品用于阴道滴虫病及蛔虫病,也可用于皮肤癣病及霉菌性阴道炎等。

【用法与用量】粉碎混饲或煎水自饮。马、牛 30～60 g/次,羊、猪 15～30 g/次,鱼 5～10 g/(kg · d)。

【考核评价】

某地一养猪场,在当地饲养条件下,饲料中要添加一些具有抗病毒作用的中草药,减少疾病的发生,提高其增重,改善饲料报酬,取得良好的经济效益。可以选择哪些药物添加?

【案例分析】

中草药对鸡柔嫩艾美耳球虫病防治有显著效果

鸡球虫病是由艾美耳属多种球虫寄生于鸡肠上皮细胞内所引起的一种寄生性原虫病。鸡球虫分布广、危害大，其种类不同，寄生部位和致病性亦有差异，其中柔嫩艾美耳球虫是致病性最强，危害最为严重的一个种。目前对该病的防治仍以化学合成药及抗生素为主，长期使用，产生了耐药性及大量的药物残留，但随着化药在禽产品中残留对人体健康的威胁日益受到关注，人们开始寻找新的防治鸡球虫病的途径。目前，日、美、英、法等国家试图用“传统植物药”(我国称中草药)来防治畜禽疾病，而中草药作为抗寄生虫药物历史悠久，且效果显著。许多中药对鸡球虫病都有防治效果，加上毒副作用小、不易产生耐药性和药物残留等优点，在人们关注“绿色”食品的今天，中药防治球虫病会有更广阔的前景。为了避免因化药残留对人体造成的危害，减少球虫病给养鸡业造成的经济损失。

中国农业科学院王新爱等人在总结国内外有关中药防治球虫病研究资料的基础上，根据鸡球虫病的特点，选用青蒿、白头翁、常山等 10 味中药对球虫卵囊进行孢子化抑制试验，从而选出对球虫卵囊孢子化抑制效果较好的药物作为主药，根据中兽医辨证论治原则组成三个方剂，分别以杀虫，解毒消炎为主方Ⅰ，以杀虫，泻下为主方Ⅱ，以杀虫，消炎为主方Ⅲ。用于预防人工感染柔嫩艾美耳球虫试验，根据抗球虫指数，判断抗球虫效果，筛选出抗球虫效果良好的中药方剂“球虫散”并对其效果进行了研究，为后续试验做基础。通过体外抑制球虫卵囊孢子化试验结果显示：球虫散 5%和 3%浓度分别作用 1 h、5 h、10 h 均可以使卵囊的孢子率明显降低，其中 3%浓度作用 10 h 组和 5%浓度作用 5 h、10 h 组的孢子化率均显著低于 2.5%重铬酸钾对照组，在相同浓度下，随药物作用时间的延长，球虫的孢子化率降低；在相同的作用时间下，随着药物浓度的提高，药物对球虫孢子化率的抑制作用增强。研究了中药“球虫散”80 目微粉制剂对鸡柔嫩艾美耳球虫的疗效：试验共设 6 个组，球克组、5%球虫散组、3%球虫散组、1%球虫散组、感染不给药组和不感染不给药组，结果显示：5%、3%、1%添加量的抗球虫指数分别为 184.34、161.94、141.64，以 5%添加量的抗球虫效果最好，比球克组高出 7.6 个百分点。

最后得出结论：分组后的 3 个中药方剂的抗球虫指数均高于感染不给药组，在一定程度上说明了应用中药防治鸡球虫病是可行的，且在 80 目微粉制剂(5%浓度拌料)的抗球虫指数最好，对球虫孢子化卵囊抑制作用最好，为选择中药作为抗寄生虫药物提供了借鉴和依据。

【知识拓展】

中草药饲料添加剂的研究进展

二维码　中草药饲料添加剂的研究进展

【知识链接】

1. 中华人民共和国农业部公告第 168 号《饲料药物添加剂使用规范》
2. 中华人民共和国农业部公告第 1224 号《饲料药物添加剂使用规范》
3. 中华人民共和国农业部公告第 193 号《食品动物禁用的兽药及其他化合物清单》
4. 中华人民共和国农业部公告第 318 号《饲料添加剂品种目录》
5. 中华人民共和国农业部《动物性食品中兽药的最高残留限量(试行)》
6. 饲料和饲料添加剂管理条例(国务院令第 609 号)(2013 年修正本)

模块三　免疫增强剂

项目一　中药增强免疫剂

Project 1

中药增强免疫剂

学习目标

掌握增强动物机体免疫功能的常用中药；熟悉中药增强动物机体免疫功能的物质基础；了解中药增强动物机体免疫功能的作用机制。

任务一　中药增强免疫作用的机理

免疫增强剂，系指具有增强动物免疫功能或适应性的物质。免疫一词，在我国最早见于明朝(1368—1644 年)的《免疫类方》，其义为免除疾病。而我国早在两千多年前的《内经》中已对免疫概念有一定的认识，如其记有："正气存内，邪不可干"，"邪之所凑，其气必虚"。正气含义就是概括了机体免疫系统正常功能；邪泛指各种致病因子。天然植物取自自然，并保持了其自然结构和活性，是经过几千年筛选后保留下来的确有实效无毒副作用的天然物。它具有多效性、双向调节和适应原作用等优势，并以整体调节机体内一切抗病因素抵御病邪、增强抗病力(免疫力)而著称于世界，受到国内外免疫学界的重视。尤其是在近些年来，对天然植物所含的多糖类、苷类等成分的增强免疫作用开展了广泛的研究，并取得一定成果，从而在天然植物中找到了无毒副高效的免疫增强剂，并广泛应用。

动物在自然界生成进化的漫长过程中，经过自然的选择，而形成与自然界万物的平衡统一关系，构成生态平衡体系，进行物质、能量、信息交换和循环。与此同时，动物也形成保护自己、排出异己物质(包括有毒有害、病原微生物等)的体系和能力，即免疫系统和抗病害力(抗病力或称免疫力)，我国古代称之为"正气"。

自动物被人类驯养后，为促进养殖发展，人类一直在探求动物免疫问题，尤其是免疫调节机理问题。但直至现代，随着分子生物学的进展，才对免疫调节和中药调节免疫的作用有了较为清楚的认识。现就中药免疫增强作用作以下简介。

一、中药增强免疫的物质基础

(1)多糖　在免疫调节中起着如下作用：①刺激免疫的作用，包括刺激巨噬细胞和 T 淋巴细胞的功能等；②促进和诱生干扰素作用等，而刺激动物体的免疫功能发挥；③解除免疫抑制至正常免疫水平作用。现已知中药中有 100 多种多糖物质，分别具有抗病毒、抗感染、调节免疫等作用。

(2)苷类(又称甙或配糖体)　苷类范围很广，包括皂苷，其对免疫的作用功效也是多方面的。如毛茛苷有杀虫抗菌的作用；淫羊藿苷、甘草苷有促进吞噬细胞功能、淋巴细胞转化、抗体和干扰素生的产生等作用，又如黄芪皂苷有增强网状内皮系统的吞噬功能作用，以及促进抗体生成、淋巴细胞转化、抗原抗体反应等作用。

(3)生物碱　生物碱广泛分布于植物体内，自然界已分离到 1000 多种生物碱，广泛用于医疗防治疾病和调节免疫方面。如小檗碱等有抗菌抗毒作用；苦参碱有抗虫作用；奎宁等有抗疟作用；苦豆草总碱有增强体液免疫和细胞免疫作用，以及刺激巨噬细胞的吞噬功能作用和增强 T、B 淋巴细胞增值作用等。

(4)挥发成分　中药中的挥发成分在动物免疫功能调节中起到多方面的作用。如关木通、马兜铃等中的挥发成分有增强巨噬细胞的吞噬功能作用；桂皮中挥发成分有升高血液中白细胞数作用；鱼腥草素有增强网状内皮系统功能和增强白细胞吞噬功能作用，以及增强血清中备解素浓度的作用。

二、中药调节免疫功能作用类型

(1)促进单核巨噬细胞系统功能或增加作用细胞数量　有大蒜、银耳、灵芝、黄芪、白术、猪苓、当归等(主要为多糖成分功效)。它们能显著提高巨噬细胞功能和机体外周血的中性白细胞吞噬率和指数。

(2)通过激活 T、B 淋巴细胞功能和增殖其细胞数量,从而增强机体的体液免疫和细胞免疫功能　有香菇、黄精、灵芝、银耳、黄芪、何首乌、白术、金银花、女贞子、柴胡、枸杞子、丹参等。

(3)促进抗体生成及其效价　①促进抗体生成(如香菇、淫羊藿、黄芪、何首乌、猪苓、补骨脂、地黄、柴胡等);②提高 IgA、IgG、IgM 含量及增加抗体生成细胞数和抗体效价(如枸杞子等);③血清抗体上升且持续时间长(如淫羊藿药剂与疫苗合用等);④中药的补阳药(促抗体提前生成出现)或补阴药(可延长抗体在血清中的水平)。

(4)提高血清中补体量　有香菇、黄芪、人参等。

(5)激活网状内皮细胞系统而诱生多种细胞免疫因子　①诱生干扰素,预防病毒病(如黄芪、银耳、红花、刺五加、当归等诱生干扰素);②通过细胞因子网络、T 淋巴细胞网络、机体水平分泌免疫网络,而增强机体免疫力;③诱生白细胞介素-2(如五加皮、刺五加、女贞子等);④提高血清凝集素(如黄芪、板蓝根、白术、银花、山豆根、甘草等)。

(6)对机体免疫器官组织的增重　如对动物免疫器官组织(脾、胸腺、淋巴结、鸡法氏囊等)作用有蒲公英、白术、黄芪、何首乌、香菇等。

三、中药对免疫的调节作用

(1)通过作用于“下丘脑-垂体-肾上腺皮质轴”调节免疫　现已知中医学中的“肾”与“下丘脑-垂体-肾上腺皮质轴”密切相关,故补肾中药可通过“神经-体液”的调节作用调节免疫,并且有的中药本身就具有肾上腺皮质素样的作用(如甘草、黄芪、何首乌、玉竹、附子、人参叶等)。

(2)通过调整植物神经调节免疫　中医辨证中的“脾虚证”,常有副交感神经功能偏亢、免疫功能偏低。而在补气健脾药后,可调节植物神经而达到对机体免疫功能的调节。

(3)通过作用于环核苷酸(CAMP/CGMP)系统调节免疫　机体正常细胞中 CAMP/CGMP 的比值保持一定,否则就会出现免疫功能异常。如用人参、黄芪、大枣则可提高 CAMP 含量。中药调节机体阴阳,可达机体免疫平衡。中药对环核苷酸的调节,是起效速度的“快速调节”。

(4)通过调整核酸代谢调节免疫　中药中的补气药、活血药可作用于核酸。如补肾阳药肉桂、仙灵脾、肉苁蓉、附子等,可使机体提高 DNA 合成率,而滋肾阴药生地、麦冬、玄参等可使亢进的 DNA 合成率减低,从而对免疫进行调节。

(5)通过提高 T 淋巴细胞的数量和功能调节免疫　如补气补肾中药(党参、黄芪、补骨脂等)均可提高 T 淋巴细胞的数量和质量。

(6)通过中药本身的双向调节作用调节免疫　不少“扶正”的中药具有双向调节作用,尤对免疫的双向调节作用更为显著。

任务二 增强免疫作用的中药

黄芪

【作用与用途】甘温，入肺、脾经，具补中益气之功。具有提高巨噬细胞功能、数量和代谢活性；提高淋巴细胞转化率；促T、B淋巴前提细胞的增生，增加抗体形成细胞数，增加抗体产生；促进病毒诱生干扰素；延缓细胞衰老，以及抗菌作用和抗疲劳，增强适应性和抗病力等作用。

【用法与用量】粉碎混饲或煎汁自饮。马、牛15～60 g/次，驼30～80 g/次，羊、猪6～12 g/次，犬3～10 g/次，兔、禽1～2 g/次。

刺五加

【作用与用途】辛温，入肝、肾经，具有替代人参之功。有增强内皮系统吞噬功能、增强B细胞功能、增强对各种有害因子伤害抵抗力、兴奋肾上腺皮质系统和有适应原样作用等，可使动物体对内外界环境保持高度的调节与适应能力。

【用法与用量】粉碎混饲或煎汁自饮。马、牛15～45 g/次，羊、猪6～12 g/次，犬、猫2～5 g/次，兔、禽1.5～3 g/次。

党参

【作用与用途】性味甘平，入脾、肺经，具有补中益气、健脾胃之功。有增强巨噬细胞的功能和数量，增强淋巴细胞转化率，促进造血功能，增加红、白细胞数量，促肾上腺皮质功能，增加血浆皮质酮量，提高机体抵抗力，有适应原样作用，增强免疫功能。

【用法与用量】粉碎混饲或煎水自饮。马、牛18～60 g/次，羊、猪5～9 g/次，犬3～10 g/次，兔、禽0.6～1.5 g/次。

白术

【作用与用途】性味甘苦温，入脾、胃经，具有补脾健胃、燥湿利水、安胎、止汗之功。对造血系统具有刺激作用，能增加红细胞、血红蛋白含量，增强网状上皮系统的吞噬功能，对化疗、放疗所致的白细胞减少症有升白细胞作用。本品尚能提高淋巴细胞转化率，促进IgG的明显提高，具有明显的免疫增强作用。

【用法与用量】粉碎混饲或煎汁自饮。马、牛15～60 g/次，驼30～90 g/次，羊、猪6～12 g/次，犬1～5 g/次，兔、禽1.2～1.8 g/次。

商陆

【作用与用途】性味苦寒，入肺脾肾经。具有逐水消肿、解毒消痈之功。有促进淋巴细胞转化，激活T淋巴细胞和B淋巴细胞分裂，可使非致敏淋巴细胞转化成细胞毒性效应淋巴细胞和诱生干扰素，以及增强抗病力和适应能力。

【用法与用量】粉碎混饲或煎汁自饮。马、牛 15～90 g/次，羊、猪 9～15 g/次，犬 3～5 g/次，兔、禽 1.5～3 g/次。

山药

【作用与用途】性味甘平，入脾、肺、肾经，具有补脾养胃、益肺生津、补肾固涩之功。有本品黏液质在体内水解为蛋白质和碳水化合物，具有滋补强壮作用，有促进红血细胞生成作用。

【用法与用量】粉碎混饲或煎水自饮。马、牛 30～90 g/次，羊、猪 9～15 g/次，兔、禽 1.5～3 g/次。

马兜铃

【作用与用途】性味苦寒辛，入肺大肠经，具有清肺降气、消痛肿之功。有兴奋白细胞、巨噬细胞活性，提高血液杀菌物质含量，提高非特异性抗体，以及提高肝、脾细胞代谢能力等。

【用法与用量】粉碎混饲或煎汁自饮。马、牛 15～60 g/次，驼 30～90 g/次，羊、猪 6～12 g/次，犬 1～5 g/次，兔、禽 1.2～1.8 g/次。

何首乌

【作用与用途】性味苦甘涩温，入肝、心、肾经，生首乌润肠通便、解毒疗疮，制首乌补肝肾、益精血、壮筋骨。有增加动物脾脏指数，对脾脏 T 细胞和胸腺 T 细胞 ConA 诱导的增殖反应具明显促进作用；对脂多糖诱导脾脏 B 淋巴细胞增殖具有明显促进作用；对脾脏抗体空斑形成细胞数具有明显增强作用；可明显促进 T、B 淋巴细胞增殖，并可明显促进抗原抗体免疫反应。

【用法与用量】粉碎混饲或煎汁自饮。马、牛 15～90 g/次，羊、猪 9～15 g/次，犬 3～5 g/次，兔、禽 1.5～3 g/次。

甜瓜蒂

【作用与用途】性味苦寒，入脾胃经，具有催吐、泻水湿之功。有激发细胞免疫功能，提高淋巴细胞转化率和抑制“终致癌物”的形成。

【用法与用量】粉碎混饲或煎汁自饮。马、牛 15～45 g/次，羊、猪 5～10 g/次，犬、猫 3～5 g/次，兔、禽 0.6～1.5 g/次。

当归

【作用与用途】性味甘辛温，入心、肝、脾经，具有养血滋补、活血化瘀之功。有显著提高巨噬细胞和单核细胞的吞噬功能，促进肝细胞合成蛋白质，促进红细胞的生成，抑制多种细菌微生物等作用。

【用法与用量】粉碎混饲或煎汁自饮。马、牛 15～60 g/次，驼 35～75 g/次，羊、猪 6～15 g/次，犬 2～6 g/次，兔、禽 0.6～1.8 g/次。

甘草

【作用与用途】性味甘平，入心、肺、脾、胃经，或归十二经，具有补脾益气、润肺止咳、和中缓急、解毒、调和诸药等作用。有增加动物免疫器官的重量，使动物免疫活性增高，能使白细胞增加，还可对非特异性的免疫起加强作用。

【用法与用量】粉碎混饲或煎水自饮。马、牛 15～60 g/次，驼 45～90 g/次，羊、猪 3～12 g/次，犬 1～5 g/次，猫 0.5～1 g/次，兔、禽 0.6～3 g/次。

白芍

【作用与用途】性味苦酸微寒，入肝、脾经，具有平肝止痛、养血敛阴之功。有显著提高巨噬细胞和单核细胞的吞噬功能，促进肝细胞合成蛋白质，促进红细胞的生成，诱导脾脏淋巴细胞产生 IL-2 等作用。

【用法与用量】粉碎混饲或煎汁自饮。马、牛 15～60 g/次，驼 30～90 g/次，羊、猪 6～15 g/次，犬 1～5 g/次，兔、禽 1.2～2.1 g/次。

肉苁蓉

【作用与用途】性味甘咸温，入肾、大肠经，具有补肾阳、益精血、润肠通便之功。有提高机体的体液免疫和细胞免疫功能，增强单核-巨噬细胞吞噬能力。增强脾脏、胸腺重量，增强溶血素和溶血空斑值，同时使腹腔巨噬细胞内的 cAMP 含量增加，cGMP 含量下降。本品还能激活肾上腺释放皮质激素，增强下丘脑-垂体功能。

【用法与用量】粉碎混饲或煎汁自饮。马、牛 15～45 g/次，羊、猪 5～10 g/次，犬、狐 3～5 g/次，兔、禽 0.6～1.5 g/次。

红花

【作用与用途】性味辛温，入心肝经，具有活血化瘀、宣毒透疹之功。有促进淋巴细胞转化率和致细胞有丝分裂，抑制免疫抑制剂的毒副作用，是较好的免疫促进剂和免疫调节剂。

【用法与用量】粉碎混饲或煎水自饮。马、牛 15～90 g/次，驼 25～120 g/次，羊、猪 9～18 g/次，兔、禽 1～3 g/次。

女贞子

【作用与用途】性味甘苦凉，入肝、肾经，具有补肾滋肝、强腰健膝、养阴益精、明目之功。有增加白细胞数，促进淋巴细胞转化率，保肝抗癌和抗菌，增加胸腺、脾脏重量，升高血清溶血素及 IgG 含量，明显增强 PHA、ConA、PWM 引起的淋巴细胞增殖，对机体体液免疫和细胞免疫均有增强作用。此外，本品还对Ⅰ、Ⅱ、Ⅲ、Ⅳ型变态反应均具有明显的抑制作用。

【用法与用量】粉碎混饲或煎汁投服。马、牛 15～60 g/次，羊、猪 6～15 g/次，犬 3～6 g/次，猫 1～2 g/次，兔、禽 1.3～3 g/次。

麦冬

【作用与用途】性味甘微苦寒，入心、肺、胃经，具有养阴生津、润肺清心之功。有促进免疫，延长抗体存在时间的作用，升高外周血液的白细胞，增强网状内皮系统的吞噬功能。

【用法与用量】粉碎混饲或煎水自饮。马、牛 18～60 g/次，羊、猪 9～15 g/次，兔、禽 0.6～1.5 g/次。

天冬

【作用与用途】性味甘苦寒，入肺、肾经，具有养阴生津、润肺清心之功。有促进免疫，延长抗体存在时间的作用，升高外周血液的白细胞，增强网状内皮系统的吞噬功能。

【用法与用量】粉碎混饲或煎水自饮。马、牛 15～40 g/次，羊、猪 6～18 g/次，犬、猫 1～3 g/次，兔、禽 0.6～1.8 g/次。

淫羊藿

【作用与用途】性味辛甘温，入肝肾经，具有补肾、壮筋骨之功。有促使脾细胞增加，脾增重，增加白细胞和淋巴细胞数，提高淋巴细胞转化率，增强巨噬细胞吞噬功能，诱生干扰素，抑制多种细菌微生物，以及具维生素 E 样作用等。

【用法与用量】粉碎混饲或煎汁自饮。马、牛 15～45 g/次，羊、猪 5～10 g/次，犬、狐 3～5 g/次，兔、禽 0.6～1.5 g/次。

黄精

【作用与用途】性味甘平，入脾、肺、肾经，具有补气养阴、健脾、润肺、益肾之功。有提高机体的免疫功能，并促进 DNA、RNA 和蛋白质的合成，其多糖类提取物有促进淋巴细胞转化的作用，增加脾脏重量的作用。

【用法与用量】粉碎混饲或煎水自饮。马、牛 15～90 g/次，驼 25～120 g/次，羊、猪 9～18 g/次，兔、禽 1～3 g/次。

穿心莲

【作用与用途】性味苦寒，入肝肺大肠经，具有清热解毒、凉血止痢、消肿止痛之功。有增强吞噬细胞吞噬功能，增强肾上腺皮质功能，抗炎抗癌等作用，对许多感染和非感染性疾病，均有较好的疗效。

【用法与用量】粉碎混饲或煎水自饮。马、牛 15～30 g/次，驼 30～45 g/次，羊、猪 3～15 g/次，犬 1～5 g/次，兔、禽 0.9～1.8 g/次。

墨旱莲

【作用与用途】性味甘酸寒，入肝、肾经，具有凉血止血、补肾益阴之功。有抑菌和升高外周血白细胞数量的作用。

【用法与用量】粉碎混饲或煎水自饮。马、牛 15～60 g/次，羊、猪 9～15 g/次，犬、猫 1～3 g/次，兔、禽 0.6～1.8 g/次。

白花蛇舌草

【作用与用途】性味甘凉，入胃大小肠经，具有清热解毒、活血利湿之功。有促进网状内皮细胞增生,增强吞噬细胞活力,增强血清的杀菌作用,增强肾上腺皮质功能和抗肿瘤作用,提高动物体非特异性免疫功能等作用。

【用法与用量】粉碎混饲或煎水自饮。马、牛 15～90 g/次,驼 25～120 g/次,羊、猪 9～18 g/次,兔、禽 1～3 g/次。

北沙参

【作用与用途】性味甘微苦,入肺、胃经,具有滋阴清热、润肺止咳、益胃生津之功。有延长抗体存在时间,增加免疫器官重量。

【用法与用量】粉碎混饲或煎水自饮。马、牛 15～30 g/次,驼 30～45 g/次,羊、猪 3～15 g/次,犬 1～5 g/次,兔、禽 0.9～1.8 g/次。

百合

【作用与用途】性味甘寒,入心、肺经,具有养阴润肺、清心安神之功。有升高外周血白细胞数量的作用,促进细胞的有丝分裂等。

【用法与用量】粉碎混饲或煎水自饮。马、牛 18～60 g/次,羊、猪 6～12 g/次。

防风

【作用与用途】性味辛甘温,入膀胱、肝、脾经,具有解表祛风、胜湿解痉之功。有延长抗体存在时间,增加免疫器官重量,提高腹腔巨噬细胞的吞噬功能。

【用法与用量】粉碎混饲或煎水自饮。马、牛 15～60 g/次,驼 45～90 g/次,羊、猪 5～15 g/次,兔、禽 1.5～3 g/次。

猪苓

【作用与用途】性味甘平,入肾、膀胱经,具有渗湿利水、消肿、止泻之功。有增加抗体形成细胞数,增强巨噬细胞活力,以及激发网状内皮系统和抗肿瘤等作用。

【用法与用量】粉碎混饲或煎水自饮。马、牛 15～90 g/次,驼 25～120 g/次,羊、猪 9～18 g/次,兔、禽 1～3 g/次。

云芝

【作用与用途】性味甘平,为滋养强壮之品。有增加淋巴结中 T、B 细胞数量,激活 B 细胞产生抗体,增强巨噬细胞功能,提高 IgM 的量等作用。

【用法与用量】粉碎混饲或煎水自饮。马、牛 15～30 g/次,驼 30～45 g/次,羊、猪 3～15 g/次,犬 1～5 g/次,兔、禽 0.9～1.8 g/次。

【考核评价】

獭兔是一种有着较高经济价值和多种使用途径的草食动物,市场发展前景广阔。养殖獭兔具有"短、平、快"的特点,有着良好的经济效益、社会效益和生态效益。獭兔不仅皮张有较大的经济价值,而且獭兔肉也可以和其他畜种肉相媲美。作为一种节粮型草食动物,獭兔能充分利用农作物秸秆等非粮饲料资源。但是,獭兔和肉兔相比较,獭兔喜爱清洁干燥的生活环境，同时其抗病能力较差。清洁干燥的环境条件能保证獭兔的健康，而潮湿污秽的环境往往会招致传染病和寄生虫病的蔓延，而且患病后一般较难治疗。獭兔在幼龄期生长阶段更容易出现生长发育缓慢、免疫功能低下等问题。请你查阅獭兔生理免疫等方面的相关资料，研制出一种适合獭兔生理特点的、能够有效提高獭兔生长发育以及调节獭兔免疫功能的中草药饲料添加剂组方，以促进獭兔健康生长。

【知识拓展】

中药化学成分简介

二维码　中药化学成分简介

【知识链接】

GB/T 19424—2003《天然植物饲料添加剂通则》

模块四 微生态制剂

项目一 饲料中使用的微生态制剂

Project 1

饲料中使用的微生物制剂

学习目标

掌握饲料中常用的微生态制剂；熟悉微生态制剂的应用及应用原则；了解微生态制剂使用时的注意事项。

任务一　微生态制剂的作用机理与应用原则

微生态制剂又叫活菌制剂、益生菌制剂，指能在动物消化道中生长、发育或繁殖，并起有益作用的微生物制剂。它是近年来为替代抗生素添加剂而开发的一类新型药物添加剂。在未来，微生态制剂作为遵循生态环境自然循环法则的无公害制剂，将是添加剂行业的一种发展趋势。

一、微生态制剂的作用机理

①维持动物肠道菌群的生态平衡，抑制大肠杆菌、沙门氏菌等的生长繁殖。

②提高动物体抗体水平和巨噬细胞的活性，产生非特异性免疫调节因子，增强机体免疫功能。

③产生过氧化氢或抗生素类物质，对潜在的病原微生物有杀灭作用。

④产生乳酸、丙酸、乙酸等，使空肠、回肠 pH 下降，促进营养物质的吸收。

⑤微生态制剂中的微生物对肠道黏膜上皮的附着力比一些致病菌强，使它们失去植入肠黏膜的可能，在空间上抑制致病；同时在营养源上也同致病菌有竞争作用。

⑥防止产生具有刺激性和毒性的氨和胺，并能利用它们合成菌体蛋白。

⑦合成蛋白酶、脂肪酶、淀粉酶及多种消化酶，还能降解植物性饲料中的某些复杂的碳水化合物，从而大大提高饲料转化率。

⑧微生态制剂在动物体内还可产生各种 B 族维生素，从而加强动物体的营养代谢。

二、微生态制剂的应用原则

①应用时间要早，即先入为主的原则，使微生态制剂抢先占据消化道，成为优势菌群。

②添加剂中应有足够活力和数量的微生态制剂。

③应用于动物的幼龄期、应激期（如断奶、运输、饲料或环境的改变等）效果更佳。

任务二　微生态制剂的分类

最先研究并作为经典使用的微生态制剂都是外源添加的微生态制剂，称为益生菌或微生物益生素，但最近人们发现有些低聚糖能选择性增殖动物消化道内固有益生菌丛，有着与益生菌相似的效果，但又是非生物活性物质，人们称之为化学益生素。

一、微生物益生素

微生物益生素又称生菌剂、EM 制剂、微生物添加剂等。其作用方式是通过外源活菌

(有益菌)进入动物消化道后,进行自身繁殖和提供有益物质,同时促进肠道有益菌繁殖,来抑制有害菌的生长,以保持肠道内正常微生物的区系平衡,达到治病和促生长的目的。微生物益生素的种类有以下几种。

(1)乳酸菌制剂　含有一种或几种乳酸菌的微生物制剂,利用乳酸菌定殖肠道产生乳酸,形成酸性环境,抑制病原菌繁殖,达到促长防病目的。如嗜酸乳杆菌制剂、双歧杆菌制剂等。

(2)芽孢制剂　由一种或几种芽孢菌组成的微生态制剂,利用芽孢的耐恶劣环境能力和生长势颉颃病原微生物,并提供合成中性蛋白酶、B族维生素等,有益于动物的生长和康复,如枯草芽孢制剂、蜡样芽孢杆菌制剂等。

(3)酵母制剂　利用多种酵母菌的产酶活性和各种促生长因子的共同作用,来提高动物的饲料消化率和利用率,有利于动物的生长和繁殖常用菌种有酿酒酵母、产朊假丝酵母等。

(4)曲霉制剂　利用曲霉制剂中的曲霉菌产生一批酶类和类抗生素物质,来改善动物生长性能,提高动物免疫力,如黑曲霉制剂、白地霉制剂。

(5)混合EM制剂　为多种益生菌的共存体,其菌种配伍可以是乳酸菌、芽孢菌组合,也可以是乳酸菌、芽孢菌、酵母菌和曲霉菌共同组合。由于混合菌有益于微生物的功能互补,故混合EM制剂效果优于单菌制剂,但菌种配伍时要求混合菌种种类宜少而精,并要求在同一保存体系中能有协同作用,目前市售的饲用微生态制剂大部分都为混合制剂。

二、化学益生素

正常情况下,巩固健康动物消化道内有益菌丛方法,除了直接外源补加益生菌协同内源优势菌群作用外,还可以提供一些只为动物体固有益生菌利用而不为动物消化吸收的营养物质,选择性增殖动物体有益菌,这些营养物质统称为化学益生素。化学益生素的种类有如下几种。

(1)双糖　目前应用的主要为乳糖的衍生物乳果糖和乳糖醇,它不能为单胃动物的酶所分解,但可以被后肠道中的微生物所利用。促进了动物体内双歧杆菌、乳酸杆菌的生长。

(2)寡聚糖　它指一些比双糖大比多糖小的一类中糖聚合物,目前应用的有果寡糖、异麦芽糖、大豆寡聚糖等,这些寡聚糖均不能为胃肠道内酶所识别分解和吸收利用,却能被肠道内有益菌乳酸菌和双歧杆菌等利用而形成增殖,同时抑制拟杆菌等有害菌的生长。

任务三　微生态制剂在畜牧生产中的应用

一、微生态制剂在动物生产中的应用

(1)微生态制剂对猪的使用效果　微生态制剂能促进仔猪增重,对降低仔猪腹泻的作用比较明显。微生态制剂还能降低猪肠道的pH,改善血液生化指标,增强消化道内的酶活,降低肠道大肠杆菌数。

(2)微生态制剂对禽类的使用效果　微生态制剂对肉鸡具有改善饲料效率,提高增重,

降低死亡率及在体内抑制某些病原微生物，降低肠道 pH、抑制大肠杆菌或沙门氏菌生长、降低氨的含量、增加免疫功能等作用。

(3)微生态制剂对牛、羊的使用效果　日粮中添加活性酵母可以提高反刍动物瘤胃中细菌总数和纤维分解菌的数量，增加采食量和提高产奶量。泌乳牛喂米曲霉或酿酒酵母培养物，日增奶量 1.2 L；泌乳牛饲喂 57 g/d 酿酒酵母培养物，纤维分解菌数增加 82%；给泌乳牛喂酿酒酵母培养物 50 g/d，泌乳量增加 1.1 kg/d。米曲霉除有类似于酿酒酵母培养物的增产作用外，还有改善了饲料利用率，降低热应激期间的体温的作用。奶牛日粮中添加 10 g 活酵母培养物，标准乳产量从 29.4 kg/d 提高到 34.3 kg/d。在犊牛日粮中使用剂量为 7.5 亿个乳酸链球菌培养物，可使牛日增重提高 5.3%，饲料利用率提高 5.2%。新生犊牛生后马上投喂粪链球菌和嗜酸杆菌，腹泻率由 82%降至 35%，死亡率由 10.2%降至 2.8%，病情经过减轻。

二、使用微生态制剂应注意的问题

①应用微生态制剂时，禁止与抗生素、杀菌素、消毒药或具有抗菌作用的中草药同时使用，否则会抑制或杀死其中的活菌，减弱或失去微生态制剂的作用。

②对已含有保健药品的饲料，再添加益生素仍有协同互补作用。

③所用益生素添加剂必须含有一定量的活菌，一般要求 3×10^8 个左右活菌体。

④所选菌种必须具有较好的稳定性，并且对胃酸有较强的抵抗力，保证菌种顺利达到动物肠道内以较强的活性发挥作用。

⑤有些菌种的益生素(如乳酸杆菌类益生素)不能耐受高温，因此，最好是在处理后添加。

⑥益生素添加剂对幼龄动物的饲用效果较好，可以帮助它们尽早建立健全肠道正常的微生物区系，从而减少消化道疾病，并促进生长。

⑦益生素的预防效果好于治疗，并且益生素的作用发挥较慢，因此应长时间连续饲喂，才能达到预期效果。

⑧动物处于应激状态时饲用益生素效果最佳，如断奶、运输、饲料改变，天气突变和饲养条件恶劣等应激条件。

⑨益生素添加剂一般要求避光保存，乳酸杆菌类最好是低温保存，有效期因产品质量不同而差别很大，一般一年左右。

【考核评价】

近年来，甘肃省依据本省地理资源优势，大力发展草食畜牧业。草食动物由于能充分利用农作物秸秆等非粮饲料资源，在循环生态农业发展方面优势突出。在这些政策的引导下，甘肃省大部分农区大力发展肉牛养殖业，而犊牛腹泻肉牛养殖业中比较常见的疾病之一。请你根据微生态制剂的原理及作用，谈谈微生态制剂在犊牛腹泻方面的应用以及前景。

【知识拓展】

1. 瘤胃内主要微生物及其作用
2. 正常动物体内的微生物分布及其作用

二维码　瘤胃内主要微生物及其作用

二维码　正常动物体内的微生物分布及其作用

【知识链接】

1. GB/T 13093—2006《饲料中细菌总数的测定方法》
2. GB/T 14699.1—2005《饲料采样方法》
3. GB/T 16764—2006《配合饲料企业卫生规范》
4. GB/T 6435—2014《饲料水分的测定方法》

模块五　调节新陈代谢饲料添加剂

学习目标

掌握饲料中常用的氨基酸、维生素和微量元素；熟悉各氨基酸、维生素和微量元素的作用、用途与用法，微量元素氨基酸螯合物的功能；了解各氨基酸、维生素和微量元素的化学性状与体内过程，微量元素氨基酸螯合物的应用。

Project 1

氨 基 酸

任务一 概述

氨基酸是蛋白质的基本组成成分，常见的氨基酸有20余种。饲料中的蛋白质在胃肠道分解为氨基酸，吸收入血液后，通过血液循环运输到机体各部，被组织细胞利用，用以合成各种蛋白质。有些氨基酸可以在动物体内合成，称为非必需氨基酸。另一部分氨基酸，动物机体本身不能合成或合成的量很少，不能满足动物的需要，必须从饲料中摄取，这类氨基酸称为必需氨基酸。人和动物共有13种必需氨基酸。各种动物所需的必需氨基酸种类并不完全一致，其中生长猪10种，生长鸡11种，鱼类10种。单胃动物的必需氨基酸有蛋氨酸、赖氨酸、精氨酸、色氨酸、苏氨酸、亮氨酸、异亮氨酸、组氨酸、缬氨酸和苯丙氨酸，雏鸡还有甘氨酸、胱氨酸和酪氨酸，共13种。成年动物维持正常生理功能通常需要8种必需氨基酸。

根据必需氨基酸在饲料中缺乏的程度，可分为限制性氨基酸和非限制性氨基酸。限制性氨基酸是指饲料或日粮中的某一种或几种必需氨基酸，当其含量低于动物的需要量时，其不足限制了动物对其他必需和非需氨基酸的利用。缺乏最为严重的称为第一限制性氨基酸，依次为第二、第三、第四……限制性氨基酸。

不同品种的动物使用不同的饲料，限制性氨基酸的种类不一样。例如，以玉米和豆粕为主的饲料饲养幼猪时，第一限制性氨基酸为赖氨酸，第二限制性氨基酸为色氨酸。而用该饲料喂鸡，特别是产蛋鸡时，蛋氨酸为第一限制性氨基酸，赖氨酸、苏氨酸和色氨酸分别为第二、第三和第四限制性氨基酸。设计饲料配方时，首先应添加第一限制性氨基酸，其次添加第二限制性氨基酸。如果以相反顺序添加，添加第二限制性氨基酸而不添加第一限制性氨基酸，会加剧氨基酸的不平衡，使动物的生产受阻。

氨基酸的不平衡对饲料蛋白质的利用率影响较大，现代饲料工业中，添加缺乏的氨基酸成为改善饲养效果的重要手段。氨基酸主要在小肠吸收。二肽和三肽等小肽在小肠也有少量吸收，且比氨基酸吸收快，肠道的小肽吸收是近年来蛋白质营养研究的新领域之一。机体氨基酸有两个主要来源：一是来自组织蛋白分解产生的氨基酸，二是胃肠道消化吸收后进入血液的氨基酸。

任务二 常用氨基酸

L-赖氨酸盐酸盐

【作用与用途】赖氨酸主要用于合成体内各种蛋白质。除豆粕(饼)外，植物性饲料中赖氨酸含量均较低，特别是玉米、大麦、小麦等谷物类饲料中含量更低。赖氨酸通常为第一限制性氨基酸。因此，以谷物类为主的日粮中容易引起赖氨酸缺乏症。

饼粕类饲料在加工过程中，赖氨酸遇热会降低其利用率。长期贮存也会使赖氨酸的有效率下降。日粮缺乏赖氨酸时会造成氮负平衡，降低饲料蛋白质的利用率，使动物生长变慢，生产性能下降，有的出现脂肪肝、骨齿钙化率降低等症状。因此，在缺乏赖氨酸的日粮中添加赖氨酸可提高动物的生长速度和生产力。

【用法与用量】按动物营养需要量与饲料中可利用赖氨酸含量的差值等物质的量规则添加。

DL-蛋氨酸

【作用与用途】蛋氨酸为必需氨基酸，在动物体内转化成胱氨酸后有保肝解毒作用。铅中毒的大鼠或雏鸡添加蛋氨酸，可使中毒症状得以缓解。钴、铜和硒中毒时，添加蛋氨酸也有同样效果。蛋氨酸与胆碱类似，有预防脂肪肝的作用。植物性饲料中的蛋氨酸含量一般较低，不能满足动物的生长和生产需要，要求在饲料中添加。但过量使用会产生毒副作用，抑制动物生长，且不能用补加其他氨基酸的方法加以纠正。这是一种“氨基酸中毒”症。

【用法与用量】按动物营养需要量与饲料中可利用的蛋氨酸含量的差值等物质的量规则添加。

蛋氨酸羟基类似物

【作用与用途】蛋氨酸羟基类似物的生理作用与蛋氨酸相似。

【用法与用量】羟基蛋氨酸为液态，使用时喷入饲料后混合均匀即可。

N-羟甲基蛋氨酸钙

【作用与用途】生理作用与蛋氨酸相似。适用于反刍动物，因在瘤胃中有抗降解的作用，故又称为保护性蛋氨酸。用于奶牛饲料中可提高产奶量，提高牛奶中蛋白质含量和乳脂含量，减少肝代谢负荷，还可延长奶牛的产乳期。

【用法与用量】本品以蛋氨酸计算有效含量，使用时应按等物质的量原则添加。

色氨酸

【作用与用途】色氨酸是畜、禽、鱼类的必需氨基酸之一，主要用于机体蛋白质的合成，已被认为是重要的氨基酸饲料添加剂之一。

色氨酸在体内可转化生成5-羟色胺，为大脑中的一种神经递质，可控制动物行为和动物持续睡眠时间。脑外组织中的5-羟色胺具有收缩血管、止血等功能。色氨酸对泌乳期的牛、猪有促进泌乳作用，怀孕母猪添加色氨酸，可增加仔猪的抗体含量。

【用法与用量】色氨酸主要用于仔猪人工乳中，添加量为0.02％～0.05％。按动物营养需要量与饲料中可利用的色氨酸含量之间的差值添加。

苏氨酸

【作用与用途】苏氨酸是畜、禽、鱼类的必需氨基酸之一，通常为第三、第四限制性氨基酸。以小麦、大麦等谷物为主的饲料中，苏氨酸的含量往往不能满足需要，故需添加。

【用法与用量】按动物营养需要量与饲料中可利用的苏氨酸含量之间的差值添加。在仔猪日粮中，赖氨酸与苏氨酸的比例最好是1.5∶1。

Project 2

维 生 素

任务一　概述

维生素是动物维持正常生命活动所必需的有机物质，虽然人们通常把维生素描述为动物机体的“营养要素”，但它们与三大营养物质蛋白质、糖和脂肪不一样。维生素在分解代谢过程中产生的能量很微小，也不是机体组织结构的组成成分。其主要生物学作用是参与体内酶的辅酶或辅基的组成，间接调节物质在体内的代谢过程。虽然动物机体对维生素的需要量很少，通常以毫克或微克计，但其作用却十分重要。每一种维生素对动物机体都有特殊的功能。动物缺乏任何一种维生素都会引起特定的营养代谢障碍，即维生素缺乏症。轻者引起畜禽生长发育受阻、生产能力下降，严重时可引起大批动物死亡。

现代畜牧养殖业通常是把维生素作为营养成分添加到饲料中以促进动物健康、快速地生长，提高畜禽的生产性能、增加饲料报酬。营养学家进行了大量的饲养试验，制订了各种动物对维生素营养所需要的推荐量。从使用维生素来防治维生素缺乏症来讲，维生素又属一类药物，同样具有药物的各种属性，如果单纯把维生素作为“营养成分”来考虑，认为在饲料中添加过量不会对机体健康有严重影响这一观点是十分错误的。研究发现，如果超量滥用维生素，同样会使动物发生中毒或产生一些与治疗目的相反的作用，多次大剂量使用脂溶性维生素很容易产生蓄积性中毒。

现在已经归类的维生素有 50 多种，对动物重要的有近 20 种。根据溶解性质，把维生素分为脂溶性维生素（如维生素 A、维生素 D、维生素 E、维生素 K）和水溶性维生素（如硫胺类、核黄素、烟酰胺、维生素 B_6、生物素、泛酸、叶酸、氰钴胺素、氯化胆碱、抗坏血酸等）两大类，另外还有其功能类似维生素的物质，称之为类维生素，如肉毒碱、甜菜碱、肌醇、对氨基苯甲酸、芸香苷、乳清酸、维生素 F、维生素 B_{15}、维生素 T、维生素 U 等。

在目前规模化养殖中，饲料往往都是配合饲料，动物采食含维生素丰富的青绿饲料的机会大大减少，为了保证饲料中各种营养物质的平衡，必须在配合饲料中常规添加维生素。绝大多数维生素的性质不稳定，混饲后易受到多种因素（如氧化剂、矿物质、温度、湿度、光线）的影响，为了保证维生素的有效性，维生素添加到饲料中后最长必须在 2 个月内使用完毕。

任务二　脂溶性维生素

本类维生素都可以溶于脂类或油类溶剂中，不溶于水。包括维生素 A、维生素 D、维生素 E 和维生素 K。本类维生素吸收后主要贮存于肝脏和其他脂肪组织中，以缓释方式供机体吸收利用。脂溶性维生素吸收多，在体内贮存也多，由于这一特性，并不一定要每天供给动物脂溶性维生素。如果机体摄取的脂溶性维生素过多，在体内大量蓄积，超过了体内贮存的限量，则可能导致动物脂溶性维生素过多而发生中毒症状。

维生素 A（视黄醇，抗干眼醇）

鱼类、鸟类和哺乳动物肝脏中的维生素 A 含量较高。此外鱼卵、乳脂、肉类、蛋黄和鱼粉中也含有丰富的维生素A,临床上常用鱼肝制成维生素A的油剂使用。植物性饲料中不含维生素A,但含有维生素A原——类胡萝卜素,为红色和黄色植物色素,广泛分布在牧草、水果和蔬菜等植物中。能在动物体内转化生成某种维生素的前体物质,称为维生素原。类胡萝卜素能在体内可转变成维生素A,称为维生素A原。动物利用维生素A原的效率较高。维生素A的剂量一般使用μg和国际单位(IU)表示。

动物体内不能合成维生素A,只能依靠外源供给。很多氧化剂可使维生素A发生分解,如高锰酸钾、亚硝酸盐、硝酸盐。在日粮中使用氧化剂时应该根据所使用的剂量将维生素A的水平提高50%~100%;吸附剂也可减少维生素A在消化道的吸收,如饲料中添加有硅胶粉,则日粮中维生素A的水平应提高1~2倍。维生素E可保护饲料中维生素A或A原不被氧化。维生素A或A原不耐热,青贮饲料放置过久,其中的维生素A原会因此而降低。维生素A与矿物质混合会迅速发生破坏,暴露于高湿、阳光下仅2 h,降解率达35%,所有的粗料在加工和贮存期间,其维生素A的活性会大大降低,收获后6个月干草中的维生素A原基本全部消失。

【作用与用途】能够维持正常的视觉功、皮肤黏膜与上皮组织的完整性;促进动物正常生长和发育,维持骨骼的正常形态和功能。用于夜盲症;眼、呼吸道、消化道、泌尿生殖道黏膜感染;骨骼和牙齿生长缓慢、变形,动物生长发育迟缓,体重减轻;公畜性机能下降,母畜正常发情周期紊乱。

长期摄入高剂量或一次摄入超大剂量(50~500倍的需要量)可导致维生素A中毒反应。中毒症状包括食欲不振、皮肤增厚、皮炎、被毛脱落、眼睑肿胀、关节疼痛、管状骨的骨膜发生增生变化、出血、自动骨折。一旦发生维生素A中毒,应立即停止使用维生素A制剂,并使用维生素K以减轻出血等反应。

【用法与用量】每1 kg日粮中维生素A的推荐量(IU),生长猪1300~10000,妊娠母猪4000,泌乳母猪2000,小鸡11000~14000,生长鸡6600~9000,产蛋鸡8800~10000,仔猪24000,母猪16000,早期断奶仔猪40000,哺乳仔猪20000,育肥猪5000,种母猪12000,雏鸡及肉用仔鸡前期15000,肉鸡后期10000,母鸡10000。每头每天需要量(IU),犊牛40000,生长牛25000,育肥牛40000,奶牛50000,绵羊及山羊40000。马每100 kg体重的推荐量(IU):驹、断奶驹10000,役马及乘马10000,赛马及种用马15000,观赏及实验用犬8000。猫3000,兔10000。

鱼肝油,每克含维生素A 850 IU以上,维生素D 851 U以上。内服,马、牛20~60 mL,猪、羊10~30 mL(或0.1 mg/kg体重),犬猫5~10 mL(或0.2 mg/kg重)。浓鱼肝油,每克含维生素A 50000 IU以上,维生素D 5000 IU以上。内服,每100 kg体重,各种动物0.4~0.6 mL。

微生物胡萝卜素饲用制剂,本品在干燥通风良好的暗室内,低于20℃条件下可保存6个月,但在配合料或预混料中,在4个月的期限内,只能保持70%的活性。本品中的胡萝卜素转换成维生素A的程度在哺乳动物和禽中不同,在禽体内1 mg胡萝卜素可转换生成1000 IU维生素A,在猪、羊、牛体内1 mg胡萝卜素只能转换生成500 IU维生素A,在马体内1 mg胡萝卜素只能转换生成400 IU维生素A。混饲,每1000 kg饲料,以胡萝卜素计,种用产蛋鸡15 g,仔猪和育肥猪6 g,母猪和公猪12 g,1~6日龄犊牛、母牛6 g,哺乳母羊、公羊、4月龄前育成羊4 g。

饲用微粒维生素A，每1 g含25万IU、32.5万IU、44万IU维生素A。本制剂为100～500 μm微粒型维生素A，浅黄色或橘黄色，多为100～200 μm微粒，在预混料、添加料或全价配合料中可保持活性6个月。在加有硫酸盐的预混料中，本品维生素A的活性在6个月可降低25%。混饲，每1000 kh饲料，以维生素A计，种公牛300万IU，产前1个月妊娠母牛380万IU，6月龄以下犊牛1500万IU，马390万IU，产前20天母绵羊150万IU，羔羊150万IU，断奶仔猪200万IU，育肥猪1600万IU，母猪、公猪650万IU，产蛋鸡700万～1000万IU，肉用仔猪1000万IU，雏鸡1000万IU。

维生素D

【作用与用途】能够保证骨骼的生长发育和禽类蛋壳的形成；促进骨骼愈合。用于佝偻病（幼畜）和骨质疏松症（成年），家禽产软壳蛋，蛋壳变薄，甚至不能形成蛋壳，停止产蛋；骨折。使用大剂量维生素D结合补充钙盐可治疗因甲状旁腺功能减退所引起的低血钙。长期大剂量使用维生素D制剂可引起动物中毒，主要症状有高血钙、骨硬化症、软组织沉积钙盐、肾小管严重钙化、生长发育障碍，严重时引起尿毒症而死亡。研究发现，中毒死亡的动物肝和骨骼肌病变与缺乏维生素E相似，所以实践中有时用维生素E治疗维生素D中毒症。

【用法与用量】犊、仔猪、犬和禽类的佝偻病和成年马、牛的骨质软化病的发病原因要么是饲料中钙磷含量不足，要么是机体缺乏维生素D，或者两者兼而有之。如果饲料中钙磷水平已达到要求，只缺乏维生素D，此时补充维生素D则效果显著。在产前71周，每天给牛使用维生素$D_3$1000万IU，可以预防牛乳热症的发生。

每1 kg日粮中维生素D_3的推荐用量（IU），生长猪150～1500，妊娠母猪200，泌乳母猪200，小鸡1200～3000，生长鸡2000～2200，产蛋鸡2000～2200，早期断奶仔猪4000，哺乳仔猪2000，育肥猪1000，种母猪1200，肉用仔鸡前期1500，肉用仔鸡后期1200。

每天每头维生素D_3的推荐用量（IU），0～3月龄犊牛4000，生长牛3000，育肥牛5000，奶牛8000，绵羊和山羊250。马属动物每100 kg体重维生素D_3的推荐用量（IU），驹1000，役马乘马1000，赛马及种用马1400。

维生素D_2胶囊剂。预防维生素D缺乏症：混饲，每1 kg体重，家禽100～300 IU，犬、猫100～125 μg；每1000 kg饲料，家禽25～50 mg。

照射饲用酵母，每1 g产品维生素D_2不低于4000 IU。为浅黄色或浅褐色粉末，有干酵母气味。本品不用于家禽或鱼类，因为维生素D_2在这些动物体内的活性极低。在家畜日粮中的添加量一般为每1 kg日粮干物质200～ 300 IU维生素D_2，或按每1 kg体重15～30 IU维生素D_2内服。本品从生产之日起，在低于25℃，空气相对湿度不高于70%的条件下密封避光保存期为6个月。

微粒维生素D_3。每1 g含维生素D_3不少于10万IU。干燥品较稳定，呈白色或淡黄色。混饲，每1000 kg饲料，以维生素D_3（百万IU）计，母牛1～2，犊牛1.5，种公牛3～5，绵羊0.5，羔羊1，马1，母马1.5，母猪、公猪、断奶仔猪0.5，育肥猪0.25，种用蛋鸡和公鸡2，1～28日龄肉用仔鸡1～180日龄雏鸡或青年鸡1.5，29日龄以上的肉用仔鸡1.0，家兔2。治疗剂量比预防剂量高1～4倍。

酪蛋白维生素D_3，颗粒小于150 μm，粉末呈黄灰色，主要用作禽类维生素D的补充剂。在预混料和配合料中添加量分别为每1000 kg 10000万～20000万IU和100万～200万IU。

本品也可作为哺乳动物维生素D的补充剂，添加剂量同维生素D_2制剂。

维生素D_3油剂，为黄色透明液体或微浊液，每1 mL含维生素D(35万±0.5万)IU，pH不超过4。主要用于家禽，预防家禽产破蛋和裂纹蛋，使用剂量与微粒维生素D_3相同。

维生素D_3乳剂是维生素D_3的乳化剂，为浅褐色可流动液体，具挥发性。每1 mL含维生素D_3(40万±4万)IU。可用于防治各种畜禽维生素D缺乏症，预防：每1 kg饲料添加量，牛50 IU，猪250 IU，禽1000 IU(以维生素D_3计)。在治疗佝偻病和软骨病时可根据发病程度使用1～4倍的预防剂量。

维生素E

【作用与用途】维生素E具有抗氧化剂作用，保护其他物质不被氧化；提高糖和蛋白质的利用率、抗毒素、解毒、抗癌、提高机体抗病能力、维护骨骼肌和心肌的正常机能。维生素E与硒的功能有着密切的关系，动物缺硒可引起与维生素E缺乏症相似的症状，饲料中补硒可防治或减轻大多数维生素E缺乏症状，但硒只能代替维生素E作用的一部分。维生素E可用于不能生育，雌性动物出现流产或死胎；脑软化、渗出性素质、皮下水肿、肝坏死、红细胞溶血、小脑出血或水肿；肌营养性障碍，如猪的白肌病、羔羊的僵羔病。硒可防治哺乳动物缺乏维生素E所致的肌变性，但对禽类效果不佳。猪的饲料中缺乏维生素E时，发生"黄脂病"。

【用法与用量】每1 kg日粮中维生素E推荐用量(IU)，早期断奶仔猪50，哺乳仔猪30，生长猪20～25，育肥猪20，妊娠母猪44，泌乳母猪44，种母猪25，雏鸡及肉用仔鸡前期30，雏鸡及肉用仔鸡后期25，生长鸡5～30，产蛋鸡4～25。

每天每头维生素E的推荐用量(IU)：0～3月龄犊牛50，生长牛150，育肥牛250，奶牛350，绵羊和山羊25。每天每100 kg体重，驹50，役马和乘马50，赛马及种用马200。

维生素E乙酸酯，预防维生素E缺乏症：混饲，每1000 kg饲料，雏禽5000 mg。

畜用25%维生素E油剂：为浅黄色至浅褐色油状液体或微浊液，pH低于2.25。本品可添加到家畜预混料或配合料中，以改善和提高动物的繁殖力和生产性能，使用剂量为每1000 kg全价配合料5～120 g。本品在预混料混合之前应先用含水5%的麸皮制成粉状产物，即取200 kg麸皮和50 kg 25%维生素E油剂搅拌均匀，使每1 kg终产物含50 g维生素E，配制的该粉状物必须在当天或第2天按剂量配制到预混料或配合料中。

微胶囊饲用维生素E-25，本品为颗粒为200～400 μm的微胶囊维生素E，维生素E 25%。本品添加到各种畜禽预混料、配合料或日粮中的剂量与颗粒维生素E相同(以维生素E含量计)。微粒维生素E，本品用于防治幼龄哺乳动物肌肉营养性萎缩、四肢轻瘫、肌酸尿、肝中毒性营养不良、雏鸡脑组织软化、雏鸡渗出性素质，同时还有助于提高成年动物的繁殖力和胚胎及新生幼畜的生活力。预防：混饲，每1000 kg饲料，泌乳牛、种公牛、羔羊、哺乳仔猪30 g，育成牛、母绵羊、鸡20 g，犊牛40 g，母猪、公猪20～25 g，育成断奶仔猪15～20 g，家兔15 g。治疗剂量为预防剂量的2倍。以每天每头计，犊牛50 mg，羔羊15 mg，仔猪20 mg，禽5～10 mg。

维生素K

【作用与用途】维生素K缺乏或肝功能障碍时，动物机体发生出血性疾患。家畜缺乏维生素K，会导致凝血时间延长、皮下广泛性出血，各种器官组织如消化道、泌尿生殖系统、脑、肌肉等发生内出血，有时伴有尿血或贫血症状，甚至死亡。家禽尤其是小鸡，常发生雏鸡出血性综合征，病鸡常表现为皮下出现紫斑、精神不振、蜷缩、发抖，有时因轻微擦伤导致流血不止而死亡，症状轻微的主要表现为脚、腿部、翅膀、腹腔及肠表面出现小的出血瘢痕。在临床上，维生素K主要用于禽类缺乏维生素K所引起的出血性疾患，预防雏鸡的出血性综合征。

【用法与用量】每1 kg日粮中维生素K_3推荐用量(mg)：早期断奶仔猪3，哺乳仔猪2，生长猪0.5～12，育肥猪1，种母猪2，雏鸡及肉用仔鸡前期3，雏鸡及肉用仔鸡后期2，母鸡2，生长鸡0.5～1.5，产蛋鸡0.4～2，犬10，猫10。0～3月龄犊牛每头每天维生素K_3推荐用量3 mg。维生素K_1粉剂。防治维生素K缺乏症：混饲，每1000 kg饲料，以维生素K_1计，8周龄幼雏4000 mg，产蛋鸡、种鸡2000 mg。

任务三　水溶性维生素

水溶性维生素包括B族维生素和维生素C，均易溶于水。B族维生素包括维生素B_1、维生素B_2、泛酸、胆碱、维生素B_5、维生素B_6、维生素H(生物素)、叶酸和维生素B_{12} 9种，它们的化学性质和生理功能有许多相似之处，大多是构成动物体内酶的辅酶或辅基成分。水溶性维生素不像脂溶性维生素，它们一般不在体内贮存，超过生理需要量的部分会较快地随尿排泄到体外，因此它们的毒性较低，一般不会因长期应用而造成蓄积中毒。一次大剂量使用通常不会引起毒性反应。

维生素B_1(硫胺素)

【作用与用途】维生素B_1可促进胃肠道对糖的吸收；防止神经组织萎缩、维持神经和心肌正常功能；促进动物生长发育，提高机体的免疫机能。用于食欲不振、生长缓慢；痉挛和角弓反张现象，心肌坏死、心脏功能衰竭；高脂血症，机体浮肿、下痢、心包积水、低蛋白血症；甲状腺功能降低，妊娠和泌乳功能异常。家禽对维生素B_1的缺乏最敏感，其次是猪。在兽医临床上，维生素B_1主要用于防治多发性神经炎及各种原因引起的疲劳和衰竭，高热和重度损伤以及大量输注葡萄糖时也有必要补充维生素B_1。维生素B_1很少会因为饲料添加剂量过大而发生中毒反应。静脉注射中毒反应因动物种类的不同而异，中毒反应的剂量范围为125～350 mg/kg体重，一般为治疗剂量的50～100倍。中毒症状主要表现为衰弱、呼吸困难，严重时可因呼吸麻痹而死亡。

【用法与用量】每1 kg日粮中维生素B_1推荐用量(mg)：各阶段肉鸡1.8～3，小鸡1～3，生长鸡0.8～1.5，产蛋鸡0.6～1.3，母鸡3；生长猪1～2.5。早期断奶仔猪6，哺乳仔猪3，育肥猪2，种母猪2.5，犬3，猫10。每100 kg体重(mg)：驹15，役马、乘马15，赛马和种用马20。

溴化硫胺素，为白色或淡黄色结晶性粉末，味苦微带酵母气味。易溶于水，难溶于乙醇，不溶于乙醚；混饲，每1000 kg饲料，畜、禽2 g。盐酸硫胺素，为白色或淡黄色结晶性粉末，具有吸湿性，味苦，微带酵母气味。易溶于水，水溶液pH为2.7～3.6，可在100℃条件下灭菌30 min，含盐酸硫胺素不低于95%，水分不高于5%。防治动物维生素B_1缺乏症，混饲，每1000 kg饲料，家畜1～3 g，幼雏1.8 g。磷酸硫胺素，为白色或淡黄色结晶性粉末，味酸，带酵母气味。易溶于水、不溶于乙醇。与其他硫胺素制剂比较，本品在体内贮存较多，可在预混料、氨基酸-维生素添加剂及配合饲料中添加，剂量与盐酸硫胺素相同。

维生素B_2(核黄素)

【作用与用途】维生素B_2可以提高饲料的转化率，促进和调节动物的生长与组织修复，具有保护肝脏、皮肤和皮脂腺的功能。维生素B_2用于雏鸡足趾麻痹、腿无力、生长阻滞、皮肤干燥、消化障碍、下痢；对成年产蛋鸡则用于产蛋率和孵化率降低，雏鸡胚胎发育异常、畸变；对于猪则用于角膜炎症、晶状体浑浊、白内障、常伴有食欲不振、呕吐、腹泻等；对于母猪则用于早产或产弱仔、死胎、无毛猪；对于幼犊和羔羊则用于口角、口腔、嘴唇溃疡，食欲不振、掉毛和腹泻。

畜禽对维生素B_2的需要量取决于品种、年龄及其生理状态。成年反刍家畜不需要额外添加维生素B_2，因为瘤胃微生物可合成足够的维生素B_2，但3月龄以前的犊牛、羔羊与禽和猪一样，需要经常在配合饲料中添加维生素B_2。一般来说单胃动物对维生素B_2的需要量为每1000 kg饲料4 g，随着年龄的增长逐渐下降。禽和猪对维生素B_2的需要量较高。禽通过胃肠道吸收的维生素B_2有25%～30%进入蛋中，产蛋鸡每1 kg饲料中需要维生素B_2 3.6 mg，这样才能保证蛋有较高的孵化率，种蛋内维生素B_2不足会导致孵化蛋的胚胎在10～12 d死亡。

【用法与用量】每1 kg日粮中维生素B_2推荐用量(mg)，早期断奶仔猪8，哺乳仔猪6，生长猪2～5，妊娠母猪3.75，泌乳母猪3.75，种母猪6，育肥猪4；小鸡4.4～7，生长鸡4.4～4.5，产蛋鸡4.4～5，母鸡6；犬5，猫8，兔6。每100 kg体重用量(mg)：驹15，役马、乘马15，赛马和种用马20。

维生素B_2片剂。拌料或内服，马、牛0.1～0.15 g，猪、羊0.02～0.03 g。预防维生素B_2缺乏症：混饲，每1000 kg饲料，家禽2～5 g。

维生素B_2粉剂(药典制剂)，为黄色结晶性粉末，味苦。难溶于水和乙醇，水溶液呈黄色，pH为5～7。在碱性溶液中不稳定。易溶于醋酸溶液中，并且较稳定。本品可被紫外线照射而失活。本品含维生素B_2应大于97%，水分应低于3%。本品放置后易结块，松散性差。在与预混料和配合料混合之前，先将本品5份与95份的干燥磨细的磷酸三钙或骨粉混合成松散的添加物，然后按剂量要求与预混料或配合料混匀。一般推荐的预防维生素B_2缺乏症的剂量为：每1000 kg饲料，犊牛、羔羊10 g，母猪、公猪4～6 g，哺乳仔猪5 g，断奶和育成仔猪3 g，鸡4～6 g。治疗维生素B_2缺乏症的剂量为每天每头犊牛10～20 mg，羔羊3～5 mg，仔猪2～5 mg，母猪15～20 mg，犬3～5 mg，使用治疗剂量直至症状消失后改为预防剂量。

饲用维生素B_2，为干酵母与其培养基的制品，为黄褐色均质粉末，每1 g产品含维生素B_2不低于10 mg。该制剂在预混料、蛋白质-维生素添加剂及配合料中的添加量同维生素B_2粉剂(药典制剂)。微粒维生素B_2，本品为饲用维生素B_2制剂。呈深橘黄色，味苦。每1 g产品含维生素B_2(50±5) mg。饲料中添加本品剂量参照维生素B_2粉剂。

泛酸(遍多酸)

【作用与用途】泛酸有利于各种营养物质的吸收与利用，促进抗体的生成。泛酸在各种饲料的原料中分布较丰富。家禽极少发生泛酸缺乏症。长期饲喂玉米类饲料可能诱发泛酸缺乏症，主要表现为生长滞缓、腹泻、咳嗽、皮炎、被毛粗乱、肠道溃乱、神经变性、生殖机能紊乱、体重降低、抗体形成受阻，仔猪发生明显的呼吸困难，母鸡产蛋正常但孵化率降低，鸡胚常在孵化的最后2～3 d死亡，育雏成活率降低。猪常表现为消化系统炎症反应、繁殖障碍、不孕、肌无力、运动失调，后肢出现“鹅步”现象。

【用法与用量】每1 kg日粮中泛酸的推荐用量(mg)，早期断奶仔猪25，哺乳仔猪20，生长猪9～15，妊娠母猪12，泌乳母猪12，种母猪12，育肥猪13；小鸡12～15，生长鸡7.5～13，产蛋鸡6～8，母鸡15；每100 kg体重每日用量(mg)，驹15，役马及乘马15，赛马及种用马15。泛酸钙片剂。内服，每50 kg体重，猪18.5 mg。拌料，每1000 kg饲料，猪10～13 g。

烟酸

【作用与用途】烟酸包括尼克酸和烟酰胺。尼克酸还具有显著的药理作用，能扩张血管，可使皮肤发红发热，并且可降低血脂和胆固醇，烟酰胺无此作用。烟酸缺乏犬口腔黏膜发生病变，外观黑色，即呈现犬的“黑舌病”。其他动物表现为生长缓慢、食欲下降，鸡主要表现为口炎、羽毛生长不良、皮炎、腿弯曲、肿胀、腹泻、轻度贫血和坏死性肠炎等。家畜虽然较少发生烟酸缺乏症，但以玉米为主要饲料时，需要补充烟酸。同时，它也常与维生素B_1和维生素B_2合用，对各种疾病进行综合辅助性治疗。此外，烟酸对日光性皮炎也有一定疗效。兽医临床上可用尼克酸辅助治疗牛酮血症。在这一作用中，烟酰胺不能替代尼克酸。

【用法与用量】每1 kg日粮中尼克酸的推荐用量(mg)，早期断奶仔猪35，哺乳仔猪25，生长猪7～30，妊娠母猪10，泌乳母猪10，种母猪20，育肥猪15；小鸡24，生长鸡15～33，母鸡40，产蛋鸡17～26；犬20，猫60，兔50。每100 kg体重每天烟酸的推荐用量(mg)：驹25，役马及乘马25，赛马及种用马25。

尼克酸粉剂，含烟酸不低于99.5%，水分不高于0.5%。防治烟酸缺乏症：每1000 kg饲料，母鸡20～25 g，雏鸡、肉用仔鸡30 g；仔猪20 g，母猪、公猪、育肥猪12 g，家兔20 g。尼克酸片剂。防治烟酸缺乏症或治疗酮血症：内服，每1 kg体重，家畜3～5 g。

尼克酸锌，为白色结晶性粉末。不溶于水、难溶于热水。本品有明显的促生长作用，毒性小。该制剂可用来代替肉用仔鸡日粮中的烟酸，有较好的促生长作用，从5日龄到育肥结束。混饲，每1000 kg饲料，鸡40 g。烟酰胺粉剂，含烟酰胺应大于99%，使用剂量参照烟酸粉剂。

维生素B_6(吡哆辛)

【作用与用途】维生素B_6可用于皮炎、贫血和神经兴奋症状；畜禽食欲不振、生长缓慢；肝脏和心脏受损、功能减弱；动物兴奋、惊厥、不安等。在动物中，猪和家禽以及幼龄反刍动物较易发生维生素B_6缺乏症，特别是在现代养殖方式中，如肉用仔鸡配合日粮中能量水平较高，猪配合饲料中蛋白质水平和能量的提高都容易导致动物机体对维生素B_6的需要量增加。

【用法与用量】每1 kg日粮中维生素B_6的推荐用量(mg)，小鸡2.5～4.4，生长鸡1.5～3.3，母鸡5，产蛋鸡1.7；早期断奶仔猪8，哺乳仔猪6，生长猪1～5，妊娠母猪1，泌乳母猪1，种母猪5，育肥猪4；犬5，猫5，兔2。每100 kg体重每日用量(mg)，驹10，役马及乘马10，赛马及种用马15。

维生素B_6片剂。治疗维生素B_6缺乏症：内服，以维生素B_6有效成分计：马、牛3～5 g，猪、羊0.5～1 g，家禽0.05～0.1 g。盐酸吡哆醇粉剂：本品为白色结晶性粉末。熔点204～

208℃，易溶于水，难溶于乙醇，1%溶液的 pH 为 2.5～3.5，溶液耐煮沸，在日光或紫外线的照射下易分解。混饲，每 1000 kg 饲料，雏鸡 3 g，猪 3～5 g。

生物素(维生素 H)

【作用与用途】禽和猪较易发生生物素缺乏症，其中以火鸡最易发生。缺乏生物素的一般症状为脂肪肝肾综合征，特别是在饲喂以大麦为主的日粮的肉鸡中最易表现有这种综合征。成年蛋鸡主要表现为产蛋率下降、孵化率降低。猪有时皮肤出现褐色分泌物和溃疡病变，后肢痉挛麻痹、蹄底和蹄冠开裂。在临床上生物素主要用于防治动物生物素缺乏症。

【用法与用量】每 1 kg 日粮中生物素的推荐用量(mg)，小鸡 0.15，生长鸡 0.1，母鸡0.2，产蛋鸡 0.1；早期断奶仔猪 0.25，哺乳仔猪 0.25，生长猪 0.08～0.15，妊娠母猪 0.20，泌乳母猪 0.2，种母猪 0.22，育肥猪 0.1。预防生物素缺乏症：混饲，每 1000 kg 饲料，以 *D*-生物素计，仔猪 200 mg，鸡 150～350 mg，犬、猫 250 mg。治疗生物素缺乏症：混饲，每 1000 kg 饲料，家禽 400～1000 mg。

叶酸(蝶酰谷氨酸)

【作用与用途】如果动物缺乏叶酸，则表现腹泻、皮肤功能受损、肝功能不全、生长发育受阻，家禽还表现有羽毛生长不良、褪色；幼雏表现为胫骨粗短症、贫血、水样下痢。成年产蛋鸡产蛋率下降、孵化率降低，胚胎死亡率明显增高。幼母鸡表现为特征性的“胫麻痹”。猪主要表现为贫血、繁殖功能障碍以及胚胎发育异常。牛缺乏叶酸时主要表现为脑水肿、大肠炎以及贫血。

【用法与用量】每 1 kg 日粮中叶酸的推荐用量(mg)，小鸡 0.6～1.3，生长鸡 0.4，母鸡 1.5，产蛋鸡 0.4；早期断奶仔猪 1，哺乳仔猪 0.8，生长猪 0.3～0.5，妊娠母猪 1.3，泌乳母猪 1.3，种母猪 2.0；犬 0.3，猫 0.5。每 100 kg 体重每天用量(mg)，驹 10，役马及乘马 10，赛马及种用马 15。叶酸粉剂，为黄色或橘黄色结晶性粉末。微溶于苯酚和甲醇，几乎不溶于乙醚。易溶于浓盐酸和苛性钠溶液中，几乎不溶于水。阳光和紫外线照射时不稳定。预防叶酸缺乏症：每 1000 kg 饲料，雏鸡、后备鸡、肉用仔鸡 0.5 g，种用鸡 1.5 g；仔猪 0.25～0.5 g，育肥猪 0.5 g，种母猪 1 g。

维生素 B_{12}(氰钴胺)

【作用与用途】维生素 B_{12} 缺乏症在猪通常表现为贫血，在家禽主要表现为产蛋率及孵化率降低。猪、犬、小鸡常发生生长发育受阻、饲料转化率降低、抗病能力下降、皮肤粗糙、皮炎。在伴有叶酸不足时，维生素 B_{12} 缺乏症表现更为严重。在治疗和预防贫血等症状时，维生素 B_{12} 和叶酸配合使用可取得较理想的效果。

【用法与用量】每 1 kg 日粮中维生素 B_{12} 的推荐用量(μg)，仔猪 20～40，育肥猪 10～20，种母猪 15～20；家禽 10。饲用维生素 B_{12} 浓缩物，本品为深褐色均质细粉末。每 1 kg 制剂中含维生素 B_{12} 25 mg，核黄素 100 mg，烟酸 90 mg，泛酸 125 mg，叶酸 70 mg，胆碱 5000 mg，粗蛋白质含量为 25%，脂肪 1.5%，含水分低于 10%。本品在饲料中的添加量(以表观维生素 B_{12} 计)应为氰钴胺的 2 倍。

丙酸菌和乳酸菌肉汤培养物，为丙酸菌和嗜乳酸菌在血清肉汤中培养的混合物生物制剂，浅黄色带乳光的液体，有浅灰色沉淀样物，振荡后沉淀样物溶解消失。每 1 kg 含维生素 B_{12} 1～4 mg，并含有其他 B 族维生素。使用方法：分娩前 2 个月妊娠母猪，每天每头 50 μg(以维生素 B_{12} 计)饲喂 10 d，间隔 40 d 后再饲喂 10 d，一共 2 个疗程，可以保证生产后幼仔的活力与存活率。哺乳仔猪、断奶仔猪按每 1 kg 体重 5～10 μg 维生素 B_{12} 的剂量拌料喂给，连用 10～20 d。犊牛按每天每头 40～50 μg 维生素 B_{12} 连喂 3 d。防治维生素 B_{12} 缺乏症的治疗剂量为 1～10 日龄的仔猪、犊牛每头 60～80 μg，30 日龄以上的猪和犊牛每头 100 μg。为加快雏鸡的生长，饲喂剂量以维生素 B_{12} 计，1～5 日龄每只 0.5～1 μg，6～10 日龄每只 1～1.5 μg，11～20 日龄每只 1.5～ 2 μg，21～ 30 日龄每只 2～ 3 μg，30 日龄每只 3～4 μg。

丙酸菌维生素粉剂，本品为瘤胃丙酸菌培养基发酵产物。浅黄色均质粉末。每 1 kg 制剂维生素 B_{12} 含量不低于 80 mg，含水分不超过 10%，其特点是维生素 B_{12} 含量较高、标准。防治维生素 B_{12} 缺乏症的剂量(以产品的实际重量计)，犊牛每 1 kg 体重 0.02～ 0.05 g，雏鸡每 1 kg 饲料 0.8～ 1.2 g，妊娠哺乳母猪每 1 kg 体重 0.05～0.15 g，哺乳仔猪和育肥猪每 1 kg体重 0.01～0.03 g，可连续使用。

维生素 C(抗坏血酸)

【作用与用途】维生素 C 具有很强的还原性。能够增强机体的抗病能力和防御功能；有助于改善心肌功能和减轻缺乏维生素 A、维生素 E、维生素 B_1、维生素 B_{12} 及泛酸等维生素所致的症状；增加应激反应的能力。用于黏膜自发性出血，皮下、骨膜和内脏发生广泛性出血，齿龈肿胀、出血；牙齿松动易脱，关节肿痛，全身贫血，创伤愈合缓慢，骨骼和其他结缔组织生长发育不良，机体的抗病性和防御机能下降，易患感染性疾病。

在饲料供给正常的条件下，各种动物不易出现维生素 C 缺乏症。因为猪、鸡、牛、羊可有效地利用饲料中维生素 C，其体内还可由葡萄糖合成少部分的维生素 C 供机体使用。常规条件下不必在饲料中补加。但在动物发生感染性疾病，处于应激状态时或饲料中维生素 C 显著缺乏时则有必要在饲料中补足维生素 C。

在兽医临床上，维生素 C 作为药物用来防治坏血病，并且可辅助治疗动物发热性传染病，这样可补充动物发病时维生素 C 消耗量的增加和增加抗病能力。维生素 C 还辅助用于各种贫血、出血症。常用于严重创伤或烧伤以及重金属铅、汞和化学物质苯及砷化物慢性中毒、过敏性皮炎、过敏性紫癜和湿疹的治疗。

【用法与用量】每 1 kg 日粮中维生素 C 的推荐用量(mg)，早期断奶仔猪 500，哺乳期仔猪 300，生长猪 30～100，种母猪 100，育肥猪 100；小鸡 30，生长鸡 15，种用母鸡 200，产蛋鸡 17～200；犬、猫 150。每 100 kg 体重每天用量(mg)，驹 250，赛马和种马 250。维生素 C 片剂，内服，马 1～ 3 g，猪 0.2～0.5 g。抗坏血酸粉剂，含维生素 C 99%，灰分不高于 0.1%，重金属盐不高于 0.001%，干燥失重不高于 0.1%。本品具有抗氧化剂和保藏剂的作用，每 1000 kg 饲料中加维生素 C 50～100 g。

【注意事项】本品应密封避光于干燥阴凉处保存。大剂量长期使用超过正常需要量的 5～50 倍可引起中毒反应，如呕吐、腹泻、胃肠功能紊乱、肾结石、铜的吸收降低。由于长期用药会对机体产生维生素 C 的依赖性，突然停药，动物则更容易发生坏血病。胃肠道中和血液中的维生素 B_{12} 易被维生素 C 破坏。因此临床上应避免注意大剂量长期应用维生素 C，维生素 C 在碱性环境中更易氧化失效，因此不宜与碱性较强的药物混合。

任务四　类维生素

所谓类维生素实际上是植物或动物体内正常存在的一类物质，一般认为其功能与维生素类似，但动物的合成量不能满足自身的生理需要。

胆碱

【作用与用途】胆碱可用于肝脂肪变性、脂肪浸润(脂肪肝综合征)、生长缓慢、骨和关节畸变、家禽发生骨短粗症、跗关节肿胀变形、运动失调；猪犬坐姿势，繁殖率下降。

【用法与用量】每 1 kg 日粮中胆碱的推荐用量(mg)。早期断奶仔猪 1400，哺乳仔猪 1200，生长猪 300～1000，妊娠母猪 1250，泌乳母猪 1000，种母猪 900，育肥猪 900；小鸡600～1320，生长鸡 500～1000，母鸡 1100，产蛋鸡 1100～5000。犬 1000，猫 1500，兔1300。每 100 kg 体重用量(mg)：驹 200，役马、乘马 200，赛马及种用马 250。

氯化胆碱，为白色结晶性粉末，有胺的特殊气味。吸湿性强，易溶于水和乙醇，由于纯氯化胆碱具有较强的吸湿性，因而一般将氯化胆碱制成含量为 50% 的制剂，含量为 50% 的氯化胆碱粉末比较稳定，吸湿性降低，易燃，燃烧时可用水熄灭。混饲，每 1000 kg 饲料，哺乳仔猪 1100 g，断奶仔猪 840 g，母猪和公猪 900 g，育肥猪 700 g，鸡 1000 g。内服，马 3～4 g，牛 1～8 g，犬 0.25～0.5 g，鸡 0.1～0.2 g。

甜菜碱

甜菜碱广泛存在于动植物体内。在植物中，枸杞、豆科植物均含有甜菜碱。甜菜的糖蜜是甜菜碱的主要来源。在动物中，如章鱼、墨鱼、虾等软体动物，以及脊椎动物(包括人)的肝脏、脾脏和羊水均含有甜菜碱。

【作用与用途】甜菜碱有稳定维生素的作用。

【用法与用量】各种动物饲料中甜菜碱添加的推荐量为(g/1000 kg)：产蛋雏鸡(8～10 周龄)0～500，肉用雏鸡 0～600，仔猪(8～10 周龄)0～500，肥育猪 0 ～250，牛(8～10 周龄)、羊 0～500。

肌醇

肌醇广泛存在于饲料中。已知由纯粹的营养物质如酪蛋白、淀粉、脂肪以及其他营养要素所配制的日粮中，不加肌醇则动物的物质代谢以及组织细胞功能会发生紊乱。治疗产蛋鸡的脂肪肝，混饲，每 1000 kg 饲料 1000 g。可能由于肌醇能与脂肪酸、磷酸结合成肌磷脂而发挥类似胆碱的作用。医学上用于治疗肝炎和早期肝硬化。

肌苷(次黄嘌呤核苷)

肌苷能减轻肝脏损害，参与体内能量代谢和蛋白质合成，有利于受损肝细胞修复，可用于急慢性肝炎和肝硬化。

对氨基苯甲酸

对氨基苯甲酸是细菌合成叶酸的原料，具有促进细菌生长的作用，对动物机体的物质代谢同样具有重要作用。对氨基苯甲酸广泛存在于动物的饲料中，在家禽的饲料中添加对氨基苯甲酸可明显提高其饲养效率。对氨基苯甲酸是细菌生长繁殖所必需的物质。

芸香苷(维生素 P，路丁，芦丁，路通，络通)

芸香苷是从芸香植物中提取的一种类黄酮类化合物。我国使用的药物路丁即是从槐花中提得的芸香苷。芸香苷并非水溶性维生素，在食物或饲料中常与维生素 C 共存。芸香苷的主要功能是降低毛细血管的通透性和降低毛细血管的脆性，具有防治马蹄浮肿的作用。芸香苷还可防止动物受到辐射的伤害，这可能与它作为黄的色素物质有关。它与维生素 C 配合在生理机能上具有协同作用。

乳清酸

乳清酸是动物体内物质代谢过程中的中间产物，具有促进青年动物和家禽生长的作用，还有保护肝脏的功能。日粮中含动物蛋白较低时，每 1 kg 配合饲料中补充乳清酸 40 mg 可促进动物生长与发育，并且可提高动物的日增重率、受胎率和生活力。母牛分娩后泌乳前几周的乳汁中乳清酸含量较高，对犊牛的营养十分重要。

维生素 F(必需脂肪酸)

维生素 F 包括亚油酸、亚麻酸和花生四烯酸。动物体内不能合成，必须通过饲料补充供给。日粮中缺乏维生素 F，动物的生长发育受阻，饲料转化率降低。维生素 F 与维生素 E 的关系密切，动物对维生素 E 的需要量必须同日粮中维生素 F 的水平取得平衡。

维生素 B_{15}(潘盖米酸)

维生素 B_{15} 广泛存在于米糠、酵母、血粉和其他饲料原料中。在临床上，主要用于治疗肝、脑硬化。

维生素 T(因子 T)

维生素 T 最初是从白蚁体内提取分离出来的，动物肝、脑下垂体和各种真菌中均含有维生素 T。维生素 T 有促进动物生长的作用。

维生素 U(卷心菜素，抗溃疡维生素)

维生素 U 常称为抗溃疡维生素，为存在于蔬菜、水果等植物中的一种抗溃疡因子，现已能人工合成。主要活性物质为蛋氨酸甲硫盐，具有明显的抗脂肪肝作用。还能促进胃黏膜再生和溃疡面的愈合，临床上常用于消化性溃疡病。

Project 3

微量元素

任务一　概述

凡占动物体重在0.01%以下的元素称为微量元素。微量元素总共只占动物体重0.05%。虽然微量元素所占的比例较小，但它们在体内所产生的生理功能却十分重要，它们是许多生化代谢酶的必需组分或激活因子。此外，微量元素与体内激素的功能与调节有着非常密切的关系，有利于激素的合成。常见的微量矿物元素包括铁、铜、锰、锌、碘、硒、钴，猪、禽等单胃动物主要补充前六种，钴通常以维生素 B_{12} 的形式满足需要。由于日粮中的添加量少，微量元素添加剂几乎都是用纯度高的化工产品，常用的主要是各元素的无机盐或有机盐类及氧化物、氯化物。

近年来，对微量元素氨基酸螯合物特别是与某些氨基酸、肽或蛋白质、多糖等的螯合物用做饲料添加剂的研究和产品开发有了很大进展。微量元素氨基酸螯合物是由氨基酸或短肽物质与微量元素通过化学方法螯合而成的一种新型饲料添加剂。

任务二　微量元素氨基酸螯合物

微量元素氨基酸螯合物具有改善金属离子在体内的吸收和利用，防止微量元素形成不溶性物质，具有一定的杀菌和改善机体免疫功能的作用，对提高动物生产性能和抗应激能力等具有重要作用，是一种新型的高效的绿色饲料添加剂。

一、微量元素氨基酸螯合物的营养功能

(1)促进金属离子的吸收、生物学效价高　无机盐、简单无机盐形成的微量元素在被动物摄入后，金属离子需要载体分子与之构成元素螯合物形式，才能穿过细胞膜。螯合分子内电荷趋于中性，在胃肠道内溶解性好，能迅速将微量元素运送到肠道，利于小肠黏膜的吸收。

(2)形成缓冲系统　金属离子和有机配体的反应为金属离子在介质中的浓度提供了一个缓冲系统，缓冲系统通过离解螯合物的形式来保证金属离子浓度恒定。无机盐会影响胃肠内的pH和体内的酸碱平衡，氨基酸螯合物为体内正常中间产物，对机体很少产生不良的刺激作用，有利于动物采食和胃肠道的消化吸收。同时，可加强动物体内酶的活性，提高蛋白质、脂肪和维生素的利用率。由于用量少，可以避免使用高剂量微量元素所造成的环境污染。

(3)提高免疫功能，增强抗病能力　氨基酸螯合物被吸收进入动物体后，螯合的微量元素可以直接被运输到特定的靶组织和酶系统中，满足机体需要。氨基酸螯合物还具有一定的杀菌和改善机体免疫功能的作用，对某些肠炎、皮肤病、贫血、痢疾有显著的治疗作用；可以改进动物皮毛状况，减少早期胚胎死亡等。

(4)毒性小，适口性好　微量元素螯合物的半致死量远远大于无机盐，毒副作用小，安全性高，适口性较好，易于被动物采食吸收。

(5)抗应激作用　在高温环境下，饲料中添加蛋氨酸锌可以减轻蛋鸡的热应激反应，改

善蛋壳品质，还可防止在低钙应激期及恢复期的产蛋率下降，低钙应激时补充蛋氨酸锌比对照组可产生更高的产蛋率及最大蛋重。蛋氨酸锌还可以促进阉公牛运输和接种过程受到应激后生长性能的恢复，而补充蛋氨酸锌使产蛋鸡破蛋率显著下降。

(6)微量元素离子被封闭在螯合物的螯环内较为稳定，极大地降低了对饲料中添加的维生素等氧化和催化氧化破坏作用 对牛羊等反刍动物补饲螯合物，抵抗了微生物对氨基酸的降解，保护了限制性必需氨基酸过瘤胃。针对特定日粮(麸高植酸)、特定动物(乳猪、反刍动物)、特定阶段(分娩前后)、特定环境(应激)，选用相应的螯合物则效果极为明显。

二、微量元素氨基酸螯合物在动物生产中的应用

(1)肉鸡 微量元素氨基酸螯合物可促进肉鸡生产，降低饲料消耗，提高饲料转化率，增强机体免疫力。用0.3%氨基酸螯合锰、锌代替无机硫酸盐饲喂肉仔鸡，使日增重提高6.6%，饲料消耗降低5.7%，腿病发生率下降9.94%。用氨基酸铜、氨基酸铁等饲喂肉鸡，49日龄日增重提高5.28%，饲料转化率提高2.59%，出栏重提高24.1g。

(2)蛋鸡 在蛋鸡饲料中添加氨基酸螯合物，可以改善蛋壳质量，提高产蛋量与产蛋率以及种蛋的孵化率和健雏率。

(3)哺乳仔猪 氨基酸螯合铁可通过母猪胎盘和母乳传给仔猪，促进了仔猪生长发育，预防缺铁性贫血。在母猪日粮中添加氨基酸螯合铁，使穿过胎盘进入胎儿的铁大量增加，使初生仔猪死亡率降低，母猪窝产仔数，仔猪初生重、断奶重显著增加。用蛋氨酸铁饲喂妊娠后期母猪，发现初生仔猪的含铁量提高，仔猪初生重、断奶重均显著增加，死胎数减少。

(4)断奶仔猪 氨基酸螯合物可改善断奶仔猪的生长性能，提高日增重，提高免疫机能和抗病力。

(5)生长育肥猪 添加氨基酸螯合物使生长育肥猪日增重提高，饲料利用率提高，改善胴体品质。

(6)母猪 微量元素氨基酸螯合物能提高母猪繁殖性能，调控体内激素代谢，提高窝产仔数和仔猪成活率。

(7)反刍动物 反刍动物饲料中添加氨基酸螯合物，可提高瘤胃氨基酸和微量元素的利用率，对肉牛可提高日增重和饲料转化率，改善胴体品质，对奶牛可提高产奶量，降低乳房炎发病率，减少腐蹄病的发生。

(8)鱼类 微量元素氨基酸螯合物能够促进鱼类生产，提高饲料转化率和鱼的成活率。

三、应用微量元素氨基酸螯合物时存在的问题及解决方案

①微量元素氨基酸螯合物可以满足动物对微量元素的需要，可将氨基酸以30%～50%的比例替代相应的无机盐，也可以在一定程度上增强动物抵抗疾病的能力，相应减少抗生素的应用，相应减少排泄物中排出量，减少对环境的污染。

②微量元素氨基酸螯合物在畜禽生产中所起的积极作用是可以肯定的，但其作用机制和有效添加量及影响其作用效果的因素有待进一步探讨，如有机和无机锌在发挥生物功能时的代谢差异。探讨作用机理的同时，合理地开发和利用一些高蛋白，低生物学效价的饲料资源，把握好质量控制，使其符合添加剂和动物消化生理的基本要求。

③无论进口的还是国产的微量元素氨基酸螯合物产品，无论是单一螯合物产品还是复合添加剂，目前价格普遍偏高，在一定程度上限制了其推广使用，应改进产品配方、工艺设计、产品的检测技术，选择合适的生产工艺路线，降低生产成本。

④加大对微量元素氨基酸螯合物的宣传，一旦在生产中推广普及使用，将会给饲料业和畜牧业带来一场新的革命。

任务三　常见的微量元素

铁

【作用与用途】铁是构成血红蛋白的必须物质，血红蛋白铁占全身含铁量的60%。铁也是肌红蛋白、细胞色素和某些呼吸酶的组成部分。每日都有相当数量的红细胞被破坏，红细胞破坏所释放的铁，几乎均可被骨髓利用来合成血红蛋白，所以每日只需补充少量因排泄而失去的铁，即可维持体内铁的平衡。饲料中含有丰富的铁，一般情况下家畜不会缺铁。但吮乳期或生长期幼畜、妊娠期或泌乳期母畜因需铁量增加而摄入量不足；胃酸缺乏、慢性腹泻等而致肠道吸收铁的功能减退；慢性失血使体内贮铁耗竭；急性大出血后恢复期。铁作为造血原料需要增加时，都必须补铁。

【用法与用量】铁剂的应用有两个目的，一是治疗缺铁性贫血，二是用于配合饲料的添加以满足动物对铁的生理需要。

硫酸亚铁粉剂。治疗缺铁性贫血：内服或拌料，马、牛 2～10 g，猪、羊 0.5～2 g，犬0.05～0.5 g。本品若被氧化成黄棕色硫酸铁时不得使用。为了减轻本品对胃肠黏膜的刺激性，可在饲后投喂或配成 0.5%～1%溶液内服。枸橼酸铁铵粉剂。内服或拌料，马、牛 5～10 g，猪、羊 1～2 g，每天 2～3 次，可配成 10%溶液喂服。还原铁。内服或拌料，马、牛 1～5 g，猪、羊 0.5～1 g，犬 0.02～0.2 g。妊娠母猪内服苏氨酸铁可防止分娩后仔猪的贫血。苏氨酸铁还可通过初乳将铁转移给仔猪，在妊娠母猪和哺乳母猪日粮中添加 1500 mg/kg 苏氨酸铁可很好地预防仔猪缺铁性贫血。

中华人民共和国国家标准，动物对铁的需要量如下：仔猪每头每天对铁的需要量(mg)：1～5 kg 体重 33，5～10 kg 体重 67，10～20 kg 体重 71。仔猪每 1 kg 日粮中铁的含量(mg)：1～5 kg 体重 165，5～10 kg 体重 146，10～20 kg 体重 78。

生长肥育猪每头每天铁的需要量(mg)：20～35 kg 体重 84，35～60 kg 体重 101，60～90 kg 体重 104。生长肥育猪每 1 kg 日粮铁的需要量(mg)：20～35 kg 体重 55，30～60 kg 体重 46，60～90 kg 体重 37。

后备母猪每头每天铁的需要量(mg)：小型 10～20 kg 体重 64，20～35 kg 体重 64，35～60 kg 体重 73；大型 20～35 kg 体重 67，35～60 kg 体重 79，60～90 kg 体重 80。后备母猪每 1 kg日粮中铁的需要量(mg)：小型 10～20 kg 体重 71，20～35 kg 体重 53，35～60 kg 体重 43；大型 20～35 kg 体重 53，35～60 kg 体重 44，60～90 kg 体重 38。

母猪每头每天对铁的需要量(mg)：妊娠前期＜90 kg 体重 96，90～120 kg 体重 108，120～150 kg 体重 122，＞150 kg 体重 129；妊娠后期＜90 kg 体重 132，90～120 kg 体重 143，120～150 kg 体重 158，＞150 kg 体重 165；哺乳期＜120 kg 体重 336，120～150 kg 体重 348，

150～180 kg 体重 356，>180 kg 体重 365。母猪每 1 kg 日粮中铁的需要量(mg)：妊娠前期 65，妊娠后期 65，哺乳期 70。种公猪每头每天铁的需要量(mg)：<90 kg 体重 101，90～150 kg 体重 137，>150 kg 体重 162。每 1 kg 风干饲料铁含量为 71 mg。

蛋用鸡及肉用种鸡每 1 kg 日粮中铁含量(mg)：0～14 周龄 80，15 周龄以上 40，种母鸡 80，产蛋鸡 50。

铜

【作用与用途】铜能促进骨髓生成红细胞和血红蛋白的合成，促进铁在胃肠道的吸收，并使铁进入骨髓。缺铜时，会引起贫血，红细胞寿命缩短，以及生长停滞等；铜是多种氧化酶如细胞色素氧化酶、抗坏血酸氧化酶、酪氨酸酶、单胺氧化酶、黄嘌呤氧化酶等的组成成分，与生物氧化密切相关；酪氨酸酶能催化酪氨酸氧化生成黑色素，维持黑的毛色，并使羊毛的弯曲度增加和促进羊毛的生长。缺乏时，可使羊毛褪色、毛弯曲度降低或脱落；铜还能促进磷脂的生成而有利于大脑和脊髓的神经细胞形成髓鞘，缺乏时，脑和脊髓神经纤维髓鞘发育不正常或脱髓鞘。铜制剂可用于上述铜的缺乏症。

【用法与用量】铜制剂在临床上应用主要有如下三个方面：①预防或治疗羔羊摆腰症。怀孕母羊产前 8 周灌服硫酸铜 30 mg/kg 体重，隔 4 周后再使用一次。从妊娠第 2～3 周开始到产羔后 1 个月，灌服 1%硫酸铜，绵羊 50 mL，山羊 40 mL，每隔 15 d 使用一次。也可给怀孕母羊皮下注射蛋氨酸铜 45 mg，安全有效。②用于促进动物特别是仔猪和生长猪的生长和发育。将铜添加到饲料中，使饲料中铜的水平达到 150～200 mg/kg，成为高铜饲料，用以促进猪的增体和提高饲料转化率。③作为饲料添加剂，以满足或平衡动物机体对铜的生理需要。

中华人民共和国国家标准：仔猪每头每天对铜的需要量(mg)：1～5 kg 体重 1.3，5～10 kg 体重 2.9，10～20 kg 体重 4.5。仔猪每 1 kg 日粮中铜的需要量(mg)：1～5 kg 体重 6.5～10 kg 体重 6.3，10～20 kg 体重 4.9。

生长肥育猪每头每天对铜的需要量(mg)：20～35 kg 体重 6，35～60 kg 体重 7，60～90 kg 体重 8。生长肥育猪每 1 kg 日粮中铜的需要量(mg)：20～35 kg 体重 4，35～60 kg 体重 3，60～90 kg 体重 3。

后备母猪每头每天对铜的需要量(mg)：小型猪 10～20 kg 体重 4.5，20～35 kg 体重 4.8，35～60 kg 体重 5.1；大型猪 20～35 kg 体重 5，30～60 kg 体重 5.4，60～90 kg 体重 6.3。后备母猪每 1 kg 日粮中铜的需要量(mg)：小型猪 10～20 kg 体重 5，20～35 kg 体重 4，35～60 kg 体重 3；大型猪 20～35 kg 体重 4，35～60 kg 体重 3，60～90 kg 体重 3。

母猪每头每天对铜的需要量(mg)：妊娠前期< 90 kg 体重 6，90～120 kg 体重 7，120～150 kg 体重 8，> 150 kg 体重 8.5；妊娠后期<90 kg 体重 8，9～120 kg 体重 9，120～150 kg 体重 10，>150 kg 体重 11；哺乳期<120 kg 体重 21，120～150 kg 体重 22，150～180 kg 体重 22，>180 kg 体重 23。母猪每 1 kg 日粮中铜的需要量(mg)：妊娠前期 4，妊娠后期 4，哺乳期 4.4。

种公猪每头每天对铜的需要量(mg)：<90 kg 体重 6，90～150 kg 体重 9，>150 kg 体重 10。

蛋用及肉用鸡 1 kg 日粮中铜的需要量(mg)：0～14 周龄 4，15 周龄以上 3，产蛋鸡 3，种用鸡 3。

锌

【作用与用途】锌是各种家畜必需的一种微量元素。锌是碳酸酐酶、碱性磷酸酶、乳酸脱氢酶等多种酶的组成成分，锌参与精氨酸酶、组氨酸脱氨酶、卵磷脂酶、尿激酶等多种酶的激活；维持皮肤和黏膜的正常结构与功能；参与蛋白质、核酸、激素的合成与代谢。另外，锌还能提高机体的免疫功能。锌的缺乏，可引起猪生长缓慢、食欲减退、皮肤和食管上皮细胞变厚和过度角化；乳牛的乳房及四肢出现皲裂；家禽发生皮炎和羽毛稀少，雏鸡生长缓慢、严重皮炎、脚与羽毛生长不良等。

【用法与用量】第一是治疗锌缺乏症。在治疗由于缺锌所致的猪副角化病时，每天每头喂服碳酸锌 0.2～0.5 g，连续使用 1 个月有效。给 1～2 岁马每天补充 0.2～0.5 g 锌，可治疗马的骨营养性不良。绵羊每天内服 1%硫酸锌 0.3～0.5 g，可提高其繁殖机能和提高产羔数。第二是用于平衡日粮配合料锌元素水平，以满足动物机体对锌的生理需要。

中华人民共和国国家标准：仔猪每头每天对锌的需要量(mg)：1～5 kg 体重 22，5～10 kg 体重 48，10～20 kg 体重 71。仔猪每 1 kg 日粮中锌的需要量(mg)：1～5 kg 体重110，5～10 kg 体重 104，10～20 kg 体重 78。

生长育肥猪每头每天对锌的需要量(mg)：20～35 kg 体重 84，35～60 kg 体重 101，60～90 kg 体重 104。生长育肥猪每 1 kg 日粮中锌的含量(mg)：20～35 kg 体重 55，35～60 kg 体重 46，60～90 kg 体重 37。

后备母猪每头每天对锌的需要量(mg)：小型 10～20 kg 体重 64，20～35 kg 体重 68，35～60 体重 73；大型 20～35 kg 体重 67，35～60 kg 体重 79，60～90 kg 体重 80。后备母猪每 1 kg 日粮中锌的需要量(mg)：小型 10～20 kg 体重 71，20～35 kg 体重 53，35～60 kg 体重 43；大型 20～35 kg 体重 53，35～60 kg 体重 44，60～90 kg 体重 42。

母猪每头每天对锌的需要量(mg)：妊娠前期，<90 kg 体重 62，90～120 kg 体重 69，120～150 kg 体重 78，>150 kg 体重 83；妊娠后期，<90 kg 体重 84，90～120 kg 体重 92，120～150 kg 体重 101，> 150 kg 体重 105；哺乳期，<120 kg 体重 210，120～150 kg 体重 218，150～180 kg 体重 224，> 180 kg 体重 228。母猪每 1 kg 日粮中锌的含量(mg)：妊娠前期 42，妊娠后期 42，哺乳期 44。

种公猪每天每头对锌的需要量(mg)：<90 kg 体重 63，90～150 kg 体重 85，>150 kg 体重 102。风干饲料中每 1 kg 日粮中含锌量为 44 mg。

蛋用及肉用种鸡每 1 kg 日粮中锌的需要量(mg)：0～14 周龄 40，15 周龄以上 35，产蛋鸡 50，种母鸡 65。

【注意事项】正常动物饲料中，锌与钙的比例为 1∶(100～150)(家禽饲粮例外)，如应用高铜饲粮作为猪促生长剂，其饲粮中锌含量以 150 mg/kg 比较适宜。牛缺锌时，可将日粮中含锌量提高到 260 mg/kg。

钴

大多数植物含有微量的钴，牧草、干草、块根饲料干物质含钴量为 0.08～0.15 mg/kg，禾本科籽实饲料含钴量为 0.15～0.3 mg/kg，谷类籽实饲料含钴 0.06～0.09 mg/kg。

【作用与用途】钴是维生素 B_{12} 的必需组成成分，能刺激骨髓的造血机能，有抗贫血作用。反刍动物瘤胃内的微生物必须利用摄入的钴，合成自身所必需的维生素 B_{12}。另外，钴还是核苷酸还原酶和谷氨酸变位酶的组成成分，参与脱氧核糖核酸的生物合成和氨基酸的代谢。钴缺乏时，血清维生素 B_{12} 降低，引起动物尤其是反刍动物，出现食欲减退、生长减慢、贫血、肝脂肪变性、消瘦、腹泻等症状。内服钴制剂，能消除以上钴缺乏症。

【用法与用量】氯化钴片或氯化钴溶液 20 mg、40 mg。内服(治疗量)，一次量，牛 500 mg，犊 200 mg，羊 100 mg，羔羊 50 mg。预防量，牛 25 mg，犊 10 mg，羊 5 mg，羔羊 2.5 mg。

锰

【作用与用途】锰对骨骼的形成与发育十分重要。缺锰会造成软骨成骨作用受阻，骨质受损，骨质变得疏松。锰对动物机体的繁殖功能也有十分重要的作用，缺锰的动物表现有发情周期紊乱，易流产，胚胎发育异常，出生的幼儿运动功能不全，易患新生动物运动失调症，活力降低，初生动物体重降低，死亡率增高。雄性动物缺锰时，生殖器官发育不良，精子的数量减少、品质降低。

缺锰时易引起动物生长抑制，饲料转化率降低。家禽易发生锰缺之症。雏鸡缺锰时可引起“滑腱症”典型症状，主要表现为：后跟腱从踝状突滑出，跗关节肿大，长骨变得短而粗，扭出。

缺锰会导致心肌功能受损。种母鸡缺锰时可引起软骨营养性障碍症，产蛋量下降，蛋壳变薄，无壳蛋生产率增加，受精率和孵化率降低。

反刍动物不易发生缺锰症状。缺锰时，青年母牛发情周期紊乱，受精率低，成年母牛易流产，有时发生胎儿吸收、早产和出现无奶现象。

猪不易发生缺锰症状，只有在以玉米为主的日粮所喂的猪群中可能发生。主要症状有跛行、腿短而弯曲变形、骨质疏松、关节肿大、胚胎易被吸收，初生仔猪生活力低，母猪泌乳量下降，公猪睾丸退化，精子发育异常，甚至丧失生殖机能。

各种动物对锰的耐受能力较强。对饲料中锰的最大耐受量为牛 1000 mg/kg，绵羊 1000 mg/kg，猪 400 mg/kg，禽 300 mg/kg。小鸡饲料中含锰量为 600 mg/kg 时，生长发育受阻，含量达 4800 mg/kg 会明显阻碍生长，并可导致半数雏鸡死亡。生长鸡对日粮中锰的耐受量高达 3000～5000 mg/kg。猪饲料中锰含量为 500 mg/kg 时，可出现生长抑制、食欲不振、采食量明显下降。

日粮中锰过多对羔羊的生长与增重有较大的影响。不补加锰，日平均增重为 74.4 g。每天每头 250 mg 补锰，连续 10 周，日平均增重 38.6 g。每天每头 500 mg 补锰，连续 10 周，日平均增重 47.3 g。说明，在正常日粮中另外再补加高剂量的锰对羔羊的生长与增重有抑制作用。

【用法与用量】锰制剂用于补充畜禽全日粮配合料的含量，中华人民共和国国家标准：仔猪每头每天对锰的需要量(mg)：1～5 kg 体重 0.9，5～10 kg 体重 1.9，10～20 kg 体重 2.7。仔猪每 1 kg 日粮中锰的含量(mg)：1～5 kg 体重 4.5，5～10 kg 体重 4.1，10～20 kg 体重 3.0。

生长肥育猪每头每天对锰的需要量(mg)：20～35 kg 体重 3，36～60 kg 体重 4，60～90 kg 体重 5。生长肥育猪每 1 kg 日粮中锰的含量(mg)：20～35 kg 体重 2，30～60 kg 体重

2,60～90 kg 体重 2。

后备母猪每头每天对锰的需要量(mg):小型 10～20 kg 体重 2.3,20～35 kg 体重 2.4,35～60 kg 体重 3.4,大型 20～35 kg 体重 2.5,35～60 kg 体重 3.6,60～90 kg 体重 4.2。后备母猪每 1 kg 日粮中锰的含量各期均为 2.0 mg。

母猪每头每天对锰的需要量(mg):妊娠前期,＜90 kg 体重 12,90～120 kg 体重 14,120～150 kg 体重 16,＞150 kg 体重 18。妊娠后期,＜90 kg 体重 16,90～120 kg 体重 18,120～150 kg 体重 20,＞ 150 kg 体重 22,哺乳期,＜120 kg 体重 42,120～150 kg 体重 44,150～180 kg 体重 45,＞180 kg 体重 46。妊娠各期和哺乳期母猪每 1 kg 日粮中锰的含量均为8 mg。

种公猪每头每天对锰的需要量(mg):＜90 kg 体重 13,90～150 kg 体重 17,＞150 kg 体重 20。每 1 kg 风干粮中锰的含量 9 mg。

蛋用及肉用种鸡每 1 kg 日粮中锰的需要量(mg):0～14 周龄 55,15 周龄以上 25,产蛋鸡 5,种母鸡 30。

【注意事项】铁、钴、锰在动物肠道内有共同的吸收部位,日粮中一种元素含量过高时,必然会抑制另一元素的吸收。

碘

【作用与用途】碘是继铁元素之后人类发现的第二种动物必需的微量元素。早在两个世纪以前,人类就开始用碘治疗和预防甲状腺肿。甲状腺机能不全时,骨骼生长和大脑发育明显受阻,造成身材短小、智力低下,通常称之为“呆小病”。碘也是动物体内正常微生物所必需的元素,在缺碘的反刍动物日粮中补加碘盐,改善营养物质在反刍动物体内的代谢能力。由于多种原因,特别是某些地区水土中缺乏碘易造成动物饲料与饮水碘不足,使动物发生碘缺乏症。饲料中的氟和砷过高也会影响碘的吸收与利用,引起碘缺乏症。

动物缺碘的主要症状。母畜缺碘时,可导致胎儿甲状腺肿,出现死胎或弱胎,初生仔猪无毛或被毛粗乱,全身肿胀,颈部水肿明显。母鸡碘缺乏时,停止产蛋变肥,蛋鸡饲料中碘不足时,孵化率降低。

猪缺碘时,甲状腺增生肿大,生长抑制,性腺与生殖器官发育异常,发情周期紊乱、流产、产死胎、产弱仔,生长不良,呆小症,猪精液品质低劣。反刍兽缺碘时,幼畜甲状腺肿大,母畜产无毛弱胎、死胎,有甲状腺增生症状。成年反刍兽一般不发生甲状腺肿大,但出现产乳量下降,发情周期紊乱,繁殖机能下降,受孕率降低,并可能出现胎盘滞留现象。

常规条件下,动物不易发生碘中毒,因为动物对碘的耐受性较强。动物对日粮中碘的最大耐受量为(mg/kg):牛 50,绵羊 50,猪 500,禽 300,马 5。只有摄入超过动物生理需要量的100～1000 倍时才可发生碘中毒。碘中毒时,在禽类表现为产蛋率和孵化率下降,胚胎易在早期死亡。猪发生碘中毒时表现为生长抑制,采食量减少。反刍动物易发生碘缺乏症,对碘过量中毒也十分敏感,碘中毒时,出现流泪、咳嗽,食量降低、唾液分泌增加。

【用法与用量】碘制剂主要用于平衡各种动物全日粮配合料中碘的含量。中华人民共和国国家标准:仔猪每头每天对碘的需要量(mg):1～5 kg 体重 0.03,5～10 kg 体重 0.07,10～20 kg 体重 0.13。仔猪每 1 kg 日粮中碘的需要量(mg):1～5 kg 体重 0.15,5～10 kg 体重 0.15,10～20 kg 体重 0.14。

生长育肥猪每头每天对碘的需要量(mg):20～35 kg 体重 0.20,35～60 kg 体重 0.28,60～90 kg 体重 0.36。生长育肥猪每 1 kg 日粮中碘的含量为 0.13 mg。

后备母猪每头每天对碘的需要量(mg):小型 10～20 kg 体重 0.13,20～35 kg 体重 0.17,35～60 kg 体重 0.24;大型 20～35 kg 体重 0.18,35～60 kg 体重 0.25,60～90 kg 体重 0.29。后备母猪每 1 kg 日粮中碘的含量均为 0.14 mg。

母猪每头每天对碘的需要量(mg):妊娠前期＜ 90 kg 体重 0.16,90～120 kg 体重 0.18,120～150 kg 体重 0.21,＞150 kg 体重 0.22;妊娠后期＜90 kg 体重 0.22,90～120 kg 体重 0.24,120～150 kg 体重 0.27,＞150 kg 体重 0.28;哺乳期＜120 kg 体重 0.56,120～150 kg 体重 0.58,150～180 kg 体重 0.60,＞180 kg 体重 0.61。母猪每 1 kg 日粮中碘的含量(mg):妊娠前期 0.11,妊娠后期 0.11,哺乳期 0.12。

种公猪每头每天对碘的需要量(mg):＜90 kg 体重 0.17,90～150 kg 体重 0.23,＞150 kg体重 0.28。每 1 kg 风干日粮中碘的含量 0.1 mg。

蛋用及肉用种鸡每 1 kg 日粮中碘含量(mg):0～14 周龄 0.35,15 周龄 0.35,产蛋鸡 0.3,种母鸡 0.3。

硒

畜牧饲料工业生产和兽医临床常使用的制剂是亚硒酸钠。动物性饲料中含硒量较高,以 87%干物质平均含硒量计:鱼粉为 3.28 mg/kg,酵母粉 1～1.5 mg/kg,肉骨粉 0.15～0.5 mg/kg。白三叶草 0.1 mg/kg,苜蓿粉 0.50 mg/kg,燕麦 0.15～0.5 mg/kg,小麦、小麦胚粉 0.5～1 mg/kg,饼粕、糠麸、谷实类、豆类和薯类含硒量较低,平均含量为蚕豆 0.06 mg/kg,豌豆 0.03 mg/kg,黑豆 0.06 mg/kg,糠粕 0.09 mg/kg,糠饼 0.09 mg/kg,米糠 0.01 mg/kg,麸皮 0.16 mg/kg,大麦 0.05 mg/kg,玉米 0.02 mg/kg。

【作用与用途】硒是动物的必需微量元素。维生素 E、硒化物具有保护肝脏的作用,其中硒化物的效果最好。硒对雏鸡渗出性素质和犊牛、羔羊的肌营养不良有较好的防治效果。硒也是人的必需微量元素。硒对克山病有预防作用。

在防治某些营养缺乏性代谢病方面维生素 E 和硒不能相互替代,维生素 E 可治疗雏鸡脑质软化症,硒的作用很小。对幼畜禽的白肌病、鸡胚胎死亡、雏鸡渗出性素质和猪的肝坏死、繁殖机能障碍,两者单独使用均有效。当日粮中维生素 E 和硒均不足时,动物很快表现出缺硒症状。当日粮中维生素 E 充足而缺硒时,缺硒症状不明显。硒对脂溶性维生素的吸收有促进作用。硒可促进抗体的生成,增加机体的免疫力。硒具有降低汞、铅、镉、银、铊等金属对机体的毒性作用。硒与多种矿物元素有相互作用。硒可提高铜、钴、锰和镍在鸡蛋蛋白中的沉积量。锰可促进硒的排泄。

硒-维生素 E 缺乏综合征是世界范围内广泛发生的一种动物病,发病动物包括牛、绵羊、山羊、猪、马、骡、驴、鸡、火鸡、鸭、鹿、兔、水貂、大鼠、豚鼠、仓鼠、犬、猴等。家禽缺硒时,主要表现为渗出性素质、肌肉营养性病变和胰脏营养性萎缩。渗出性素质主要发生在 3.6 周龄的家禽,皮下尤其是胸膜皮下水肿明显,生长抑制,同时还表现贫血症状。发生肌营养性病变的鸡,主要表现为横纹肌变性、色淡、外观苍白,故又称为“白肌病”。发生胰脏营养性萎缩的家禽,胰脏萎缩、硬化,并出现纤维性变性,胰脏功能减弱或丧失,生长抑制,严重时引起动物死亡。

猪发生硒-维生素E缺乏综合征时，主要表现为白肌病，肝肿大呈青白色。反刍动物尤其是牛、羊发生硒-维生素E缺乏综合征，主要表现为繁殖机能紊乱、乳房炎、胎衣不下、生长抑制，怀孕母牛长途运输后，起立困难，甚至不能站立。病牛步态僵直、弓背、全身麻痹、运动障碍，横纹肌上出现白色条纹，心脏肿大。

【用法与用量】预防羔羊、驹、犊和仔猪的白肌病：可在怀孕后期和哺乳期母畜的饲料中添加亚硒酸钠，混饲，每1 kg日粮中添加0.1 mg亚硒酸钠。

防治小鸡渗出性素质：混饮，每1 L饮水加入0.1%亚硒酸钠1～2 mL，自由饮用。

防止产蛋鸡缺硒性贫血和产蛋率下降：混饲，每1 kg饲料加硒0.05 mg(即亚硒酸钠0.1～0.2 mg)。

对患缺硒病的鸡，每1 L饮水中添加亚硒酸钠3～5 mg，自由饮用，每天8 h，连续3 d，停药3 d，再使用3 d，可起到治疗控制作用。预防剂量，每1 kg日粮中加入亚硒酸钠2～3 mg。

猪的饲料中含硒量低于0.05 mg/kg时，可引起猪发生缺硒症状。防治猪的缺硒病可使用亚硒酸钠维生素E复合粉剂(100 g含维生素E 100 IU，亚硒酸钠40 mg)：混饲，每1000 kg饲料预防用添加500～1000 g，治疗用添加5000 g。

硒制剂可用于缺硒地区缺硒日粮中硒水平的平衡，以满足动物对硒的生理需要。

中华人民共和国国家标准：仔猪每头每天对硒需要量(mg)：1～5 kg体重0.03，5～10 kg体重0.08，10～20 kg体重0.13。仔猪每1 kg日粮中硒的含量(mg)：1～5 kg体重0.15，5～10 kg体重0.17，10～20 kg体重0.14。

生长育肥猪每头每天对硒的需要量(mg)：20～35 kg体重0.23，35～60 kg体重0.33，60～90 kg体重0.28。生长育肥猪每1 kg日粮中硒的含量(mg)：20～35 kg体重0.15，35～60 kg体重0.15，60～90 kg体重0.1。

后备母猪每头每天对硒的需要量(mg)：小型10～20 kg体重0.14，20～35 kg体重0.18，35～60 kg体重0.26。大型20～35 kg体重0.19，35～60 kg体重0.27，60～90 kg体重0.29。后备母猪每1 kg日粮中的含硒量0.15 mg。

母猪每头每天对硒的需要量(mg)：妊娠前期< 90 kg体重0.19，90～120 kg体重0.21，120～150 kg体重0.23，>150 kg体重0.25；妊娠后期<90 kg体重0.25，9～120 kg体重0.28，120～150 kg体重0.30，>150 kg体重0.32；哺乳期<120 kg体重0.42，120～150 kg体重0.44。150～180 kg体重0.45，>180 kg体重0.46。母猪每1 kg日粮中硒的含量(mg)：妊娠前期0.13，妊娠后期0.13，哺乳期0.09。

种公猪每头每天对硒的需要量(mg)：<90 kg体重0.19，90～150 kg体重0.26，>150体重0.3，种公猪每1 kg风干日粮中硒的含量为0.1 mg。

各种蛋鸡、肉鸡、种鸡每1 kg日粮中硒的含量0.1 mg。

【考核评价】

某养鸡场饲养的鸡群出现了以下两种情况。

①笼养产蛋母鸡产出薄壳蛋和软壳蛋，并且产出数量明显增加，随后产蛋量明显下降。产蛋率和蛋壳强度因产蛋周期而变化。在产蛋率和蛋壳强度降低的数个周期中，每个周期后都随之出现一个产蛋率和蛋壳强度相对正常的时期。个别母鸡出现暂时性不能站立的症状，但通常在产下一个无壳蛋后得以恢复。严重时，腿极度无力，母鸡表现为“企鹅蹲坐型”

的特征性姿势。其后，喙、爪和龙骨变得很软且易弯曲。胸骨通常弯曲，肋骨失去其正常的硬度，并在与胸骨和脊椎骨相接处向内弯曲，从而使肋骨沿着胸廓面形成一个特征性内弧圈。在2～3周龄时，病鸡的喙和爪变得柔软，易弯曲，行走明显吃力，不稳的走几步后便蹲伏在跗关节上，以此支撑着身体，同时身体轻微左右晃动，羽毛发育不良。

②鸡逐渐消瘦，体质变弱且羽毛蓬乱；产蛋鸡产蛋率急剧下降；连产期的间隔延长，孵化率下降；鼻孔和眼睛可见有水样分泌物，眼睑常被粘连在一起。眼睛中则有乳白色于酪状物聚积，这种白色渗出物充满于眼睛，导致大多数病侧中鸡出现失明。口咽和食道的上皮细胞受损，但生长不受抑制。肠道上皮细胞角质化，杯状细胞减少，碱性磷酸酶活性下降，刷状缘的酶活性表达降低，肠绒毛萎缩。生长率降低并且继发消化不良。蛋内血斑的发生率和严重程度增加。部分鸡群胚胎发育异常。同时还出现生长停滞、倦怠、虚弱、运动失调、消瘦和羽毛蓬乱、共济失调、眼眶水肿、出现流泪且眼睑下可见干酪样物。小公鸡出现睾丸重量增加，精子发生和鸡冠发育增强。成年公鸡出现精子数量减少，精子活力降低和畸形率增高。

请问这是什么病症？怎么治疗和预防？

【知识拓展】

维生素A过多症；维生素D过多症；铜过量；锌过量；硒过量

二维码　维生素A过多症；维生素D过多症；铜过量；锌过量；硒过量

【知识链接】

1. GB/T 13079—2006《饲料中总砷的测定》
2. GB/T 13080—2004《饲料中铅的测定方法》
3. GB/T 13081—2006《饲料中汞的测定方法》
4. GB/T 13082—1991《饲料中镉的测定方法》
5. GB/T 16764—2006《配合饲料企业卫生规范》

模块六　酶制剂

项目一　概述

项目二　消化碳水化合物的酶

项目三　蛋白酶

项目四　脂肪酶

项目五　植酸酶

项目六　复合酶

学习目标

熟悉常用酶制剂用法、用量及使用过程中的注意事项；掌握常用酶制剂的用途；了解酶制剂化学性状、体内过程及作用机理。

Project 1

概　述

任务一　酶及使用酶的目的

酶是蛋白质催化剂，更确切地讲是由活细胞产生的生物催化剂，能启动或控制细胞代谢过程中的特定生化反应，将底物转化成第二种物质。酶在饲料中起作用的发现是偶然的，20世纪50年代早期发现饲喂部分发芽的大麦、黑麦可以提高其营养价值，面粉加工厂的副产品——小麦混合粉，在水中浸泡24 h后干燥，再喂给家禽可显著提高代谢。微生物来源的植酸酶能有效地改善家禽对植酸磷的利用。但是，酶在动物生产和饲料中的潜在价值只在近期有所认识，随着生物科技的不断发展，酶的潜在作用越来越突出。

酶有很广泛的用途，如食品工业、医药、造纸、纺织、酿造等领域。但在动物饲料中添加酶的目的是转化或钝化饲料中固有的抗营养因子，提高总的消化率，增加某一营养物质的生物学价值，减少畜禽排泄物对环境的污染。因此，酶在饲料工业和动物养殖业中的应用逐渐加强。现代生物技术、生理生化、营养学、饲料学以及酶工程和发酵工程的巨大进展，更进一步促进了酶的工业应用。其次，养殖业的发展，饲料资源的日趋短缺和环境污染的加剧，迫使生产者利用现代技术来降低成本，提高竞争力。

任务二　酶的作用原理及功能

一、作用原理

酶是自然存在的生物催化剂，包括动物、植物和微生物所有活的有机体都能分泌酶。酶是一种蛋白质，与其他蛋白质一样，在消化道内经正常蛋白酶的消化作用后，丧失其生物学功能。因此，饲料中添加的酶，在动物产品中检测不出有任何残留物，而且不需要休药期。酶作为催化剂可明显提高化学反应速度，也不会因催化的反应而受到破坏，酶有高度的专一性，一种酶只能催化一种特定的反应。

鉴于酶的特性，酶起作用时首先与底物或基质分子形成复合物，复合物的结构如同锁和“钥匙”的关系。底物就像“锁”，酶就是“钥匙”。只有正确的酶(钥匙)能适合于底物(锁)，才能切断基质分子。反应结束后，酶完整地释放出来，可以重复发挥作用，这与普通催化剂的作原理一样。

二、功能

(1)破坏植物细胞壁，提高养分消化率　畜禽日粮组成主要以植物性成分为主，植物细胞壁由大量的纤维素、半纤维素、木质素和果胶组成。依植物的成熟度，这些物质相互交联形成稳定而复杂的细胞壁。物理加工只能破坏部分细胞壁结构，相当部分完好无损，营养物质被包于其中，不能与消化酶接触而被降解和吸收。显然，细胞壁构成了非水溶性障碍性的抗营养因子。饲料中添加相应的降解细胞壁的酶,就能生物降解这些抗营养成分,一方面降解产物可被动物利用,另一方面破坏了细胞壁结构,释放出细胞内容物,为内源酶降解提供机会,使植物性饲料的利用率提高。

(2)降低消化道食糜黏性,减少疾病的发生　植物中的一些非淀粉多糖,如各种低聚糖、半纤维素、果胶溶于水后形成黏性物质,导致消化道内容物的黏度增加,阻碍了营养物质和消化酶的扩散与渗透,影响消化和养分的吸收。同时,黏稠的粪便给卫生管理带来不便。使用相应的酶可显著降低消化道内容物的黏稠度,提高养分的吸收率,改善动物的生长和生产性能。

(3)有效利用饲料中的特定养分,消除抗营养因子　有些饲料组分(如日粮纤维和植酸磷)是无法被动物内源酶消化的,同时这些不能被消化的养分还会产生抗营养作用。畜禽饲料中的抗营养因子及难于消化的成分较多,它们以不同方式和不同程度影响养分的消化吸收和畜禽的身体健康。添加外源性酶制剂可以部分或全部消除抗营养因子所造成的不良影响。消化和降解这些抗营养因子的外源酶包括:植酸酶、β-葡聚糖酶、木聚糖酶、果胶酶、α-半乳糖苷酶。如日粮中添加植酸酶可使植酸盐中的磷释放出来,供动物利用,显著减少无机磷的添加量,进而降低磷的环境污染。植酸酶还可提高动物对氨基酸、钙、锌和铁的利用率。

(4)补充内源酶的不足,激活内源酶的分泌　基于酶的催化特性,在底物充足时,酶促反应速度与酶浓度成正比。所以,提高消化道中的酶浓度,能大大加快底物(饲料)的降解率;另一方面,外源酶和内源酶对底物的专一性和作用位点不同,内外结合互补功能的不足,加快日粮中的淀粉、蛋白质、脂肪的降解和各种抗营养因子的失活,提高整个日粮的消化率。

这一作用对于幼龄动物尤其重要。幼龄动物的消化腺发育不完善,消化酶的分泌量有限,添加外源酶就可补充内源酶的不足,强化幼龄动物的消化功能,减少进入肠道内有效底物的发酵,从而降低幼龄时期的腹泻。外源酶对于改善应激状态下成年动物的消化也有一定的作用。

(5)调节动物机体的激素水平　有一些非直接的试验表明,某些酶有益于代谢水平的提高和免疫力的改善,饲料中加酶可提高肉仔鸡血液生长素、甲状腺素、胰岛素水平,有助于淋巴细胞的转化。

(6)改善副产品饲料原料的营养价值,开辟新的饲料资源　用酶处理饲料有助于开发理想蛋白饲料,提高某些副产品的利用价值,成为工业生产理想的蛋白原料。

任务三　酶的分类和来源

酶的分类和命名有完整的国际系统方法。但是,对于饲料酶的划分,目前还没有统一的标准,由于种类繁多,来源各异,习惯将饲料酶分为消化酶和非消化酶两大类。

一、消化酶类

对于畜禽而言,这类酶属于内源酶,由动物消化系统合成和分泌,但因某种原因需要补充和添加。

(1)淀粉酶类　作用于各种淀粉糖苷键的一类酶的总称。

α-淀粉酶:主要来自枯草杆菌、米曲霉、黑曲霉、根霉等。

β-淀粉酶:主要来自麦芽、麸皮、大豆、芽孢杆菌、链霉菌等。

糖化酶:主要来自曲霉、根霉和内孢霉等。

异淀粉酶:主要来自产气杆菌、芽孢杆菌及某些假单胞杆菌。

(2)蛋白酶类　这类酶主要作用于蛋白质的肽键,降解蛋白质成为肽或氨基酸。

动物蛋白酶:如胃蛋白酶,由动物的胃液中提取;胰蛋白酶和糜蛋白酶,从动物的胰液中提取。

植物蛋白酶:如木瓜蛋白酶和菠萝蛋白酶,属于中性蛋白酶。

微生物蛋白酶:包括碱性蛋白酶、中性蛋白酶和酸性蛋白酶。碱性蛋白酶来源于地衣芽孢杆菌、嗜碱性芽孢杆菌、链霉菌等。中性蛋白酶来源于芽孢杆菌、曲霉、灰色链霉菌和微白色链霉菌等。酸性蛋白酶来源于黑曲霉、根霉和青霉。

(3)脂肪酶　主要来源于动物的胰液提取物以及黑曲霉、根霉和酵母。

二、非消化酶类

这类酶不属于内源酶,动物体内不能合成与分泌,饲料中存在着这些酶的底物,而这些底物多数是抗营养因子,故为了提高饲料的利用率需要添加非消化酶。

纤维素酶系:指能分解纤维素β-1,4-糖苷键的酶,通常包括C_4酶、Cx酶和β-1,4-糖苷键酶等几种酶的混合物。这些酶主要来自黑曲霉、绿霉、色木霉、根霉、青霉的培养物以及反刍动物瘤胃培养物或从牛粪中筛选菌种产生。

半纤维素酶系:指水解半纤维素的一类酶的总称。主要有木聚糖酶、甘露聚糖酶、阿拉伯聚糖酶、聚半乳糖酶等。植物细胞壁中的纤维素同果胶、半纤维素共同存在。虽然纤维素是细胞壁的主要成分,但单独用纤维素酶很难将其降解,其中半纤维素酶起重要作用,植物细胞壁成分的降解需要多种非消化酶类的协同作用。

β-葡聚糖酶:β-葡聚糖酶是由β-葡萄糖以β-1,3-葡萄糖苷键与β-1,4-葡萄糖苷键联结而成的多糖,在大麦、燕麦等谷物中含量最高,构成其主要抗营养因子。其水解酶β-葡聚糖酶来自黑曲酶、枯草杆菌、地衣芽孢杆菌等。

果胶酶:此类酶种类多,也比较复杂,主要来自木质壳霉、黑曲霉。

植酸酶:系指降解植酸及其盐的酶,这类酶的主要来源是霉菌,如黑曲霉、无花果霉、工程菌等。

任务四　饲用酶的稳定性、有效性和安全性

饲用酶的稳定性是其活性的基础,经过饲料加工制颗粒过程和常温下贮存一定时间后,酶必须仍然保持高的活力。由于酶是具有一定结构的活性蛋白质,易受外界各种因素,如高温、高湿、pH 等的影响,干酶制剂比液状酶具有较高的稳定性,其在干燥过程中添加特定载体可进一步提高其稳定性。酶的活性部分(催化中心)将被基质粘住,因而能保护催化中心

免受外部环境的影响。稳定性差的酶制剂产品则不能耐受制粒高温。将酸性蛋白酶、糖化酶、果胶酶和纤维酶在pH为2.5、40℃恒温条件下，保温5 h，4种酶的相对活性均在90%以上，酸性蛋白酶、糖化酶相对活性95%，说明这些酶在胃内能保持活性和起到消化作用。

酶作为一种蛋白质，对动物一般是安全的。但在发酵过程中，如污染杂菌，就有可能对动物产生有害影响，引起动物不良反应，有报道指出添加蛋白酶可导致猪禽拉稀。

为了保证酶制剂的安全性和有效性，有些国家制订了相应的法规。对用于动物饲料的微生物制品，比如酶，各国的注册要求很不一致。美国和加拿大是酶的注册或授权方面要求最不严格的国家之一，在动物营养中使用酶实际上没有特别立法。1959年以来，在美国各种各样的酶得到了不同程度的利用，它们由于被列入GRAS(公认安全)名单而享有独特的地位。这种名单是由生产者和管理当局之间议定的。FDA计划拟定一个准许在动物饲料中使用的酶的名单，厂家必须提供酶的使用安全标准。在加拿大，酶制剂被认为是饲料的组成部分，在饲料法规中列入发酵产品类。1993年，此类产品有35种，都附有相应的叙述。和在美国一样，要求这些产品的标签中包括酶活性的保证值，还有最低粗蛋白质含量、来自非蛋白氮的最高粗蛋白质含量、最高粗纤维含量和最高水分含量的保证值。此外，酶制剂必须无抗菌性、无活菌。在注册未曾列入发酵产品类的新产品时，要求提供更为详细的材料。公司必须向当局详细提供产品配方、酶活性的保证值及配合饲料中酶制剂定量分析的适宜方法。另外，还要求提供从产品安全性及功效方面的资料。欧洲联盟通过了非常严格的在饲料中使用酶和微生物制剂的管理法规。在新的法规中，酶和微生物应符合70/524/EEC号指令中关于饲料添加剂的定义。这个定义如下：凡添加进饲料后可能对其特性或畜禽生产产生作用的物质或含有此物质的制剂称为添加剂。这些制剂必须以欧洲使用的任何其他饲料添加剂同样的方式办理注册手续，即必须向有关当局呈报该制剂的详细资料。这些注册材料的编写指南，详见另一个原欧洲经济共同体指令(87/153/EEC)，这个指令对于验证添加剂的质量、安全性和效力有很严格的要求。材料编好后要通过一个漫长的评估过程，先后经历国家部以上9道批准程序。除了对现有指令做出修改，使之可以包括酶和微生物之外，还采用了发放临时“鉴定书”的办法，以便在完整的材料编写出来之前，这些产品可在欧洲联盟成员国内销售使用，目的在于使目前正在使用的100种左右酶和微生物产品有可供依据的基本资料，以便保证产品的质量和动物与人类的安全健康。

此外，欧洲联盟将强制实施严格的标准制度，要求在酶添加剂标签上或含有此添加剂的预混料和饲料的标签上标明酶的活性，标明其在国际生物化学联盟中的鉴定号和活性单位(活性单位/g或活性单位/mL)。此外，包含微生物的产品必须注明其菌株、菌株的储存号及菌落单位(cfu/g)。

Project 2

消化碳水化合物的酶

21 世纪动物生产面临的严峻挑战是饲料资源缺乏。随着人口的增长，矛盾会更加突出。据估计，到 2030 年，全球的人口将达到 80 亿，人口的年增长率大约为 4%。然而，基于过去 20 年的数据，食物产量的年增长率仅 2%。为了满足人口增长对食物的需求，就必须广泛采用生物技术及其相应的产品来最大限度地提高原材料的利用率和开发新的饲料原料资源。来源于谷物的碳水化合物是动物日粮的重要组成成分，按照化学组成和性质，碳水化合物可划分为单糖、低聚糖和多糖。单糖的含量极少，常见的有葡萄糖和果糖。其次是低聚糖，主要有戊聚糖(如木聚糖、阿拉伯聚糖)和己聚糖(如低聚果糖)。分布最广的是多糖碳水化合物，主要有淀粉、纤维素及半纤维素，尤其纤维素几乎是地球上取之不尽用之不竭的资源。

植物性能量饲料中的碳水化合物含量通常在 60%以上。饲料中的碳水化合物是一组化学组成、物理特性和生理活性差异特别大的化合物，有易消化的淀粉，也有难消化的非淀粉多糖。因此，这类酶包括淀粉酶和非淀粉多糖酶。淀粉酶又包括 α-和 β-淀粉酶、糖化酶以及支链淀粉酶和异淀粉酶；非淀粉多糖酶又包括纤维素酶(包括 C_1 酶、C_X 酶和 β-葡聚糖酶)、半纤维素酶(包括木聚糖酶、甘露聚糖酶、阿拉伯聚糖酶和半乳聚糖酶)和果胶酶。

α-淀粉酶

【作用与用途】α-淀粉酶是内切酶，水解淀粉分子内部 1，4-糖苷键。因此以 α-淀粉酶处理淀粉可导致淀粉分子部分解聚。这种解聚过程通常称为液化作用，可大幅度降低淀粉浆的黏度。α-淀粉酶不能水解支链淀粉中的 α-1，6-糖苷键。在以直链淀粉为底物时，反应分两步进行，α-淀粉酶任意切开 α-1，4-键，使直链淀粉迅速水解成麦芽糖、麦芽三糖和较大分子的寡糖，然后再进一步水解成麦芽糖和葡萄糖。当作用支链淀粉时，α-淀粉酶不能切开分支点的 α-1，6-键，也不能水解分支点附近的 α-1，4-键，但能越过 α-1，6-键，因此水解产物中除麦芽糖、葡萄糖，还含有一系列的 α-极限糊精。

α-淀粉酶主要在小肠内起作用，一般与其他酶复合使用。

β-淀粉酶

【作用与用途】β-淀粉酶代表了另一类淀粉酶。它是外切酶类。β-淀粉酶从淀粉分子的非还原端开始，间隔催化 α-1，4-糖苷键的水解，生成麦芽糖。与此同时，将 C_1 的构型由 α-型转变成 β-型。β-淀粉酶不能催化支链淀粉中 α-1，6-糖苷键的水解，也不能跨过分支点 α-1，6-键而切开内部的 α-1，4-键，故水解分支淀粉是不完全的。β-淀粉酶主要用于生产含大量麦芽糖的特殊糖浆。饲料中添加多用 β-淀粉酶，使用时应加少量的碳酸氢钠或碳酸钠以中和胃酸，以利于淀粉酶的活化，防止该酶在胃肠道失活。

葡萄糖苷酶

【作用与用途】葡萄糖淀粉酶又称为淀粉葡糖苷酶，广泛应用于淀粉加工业。在用淀粉生产葡萄糖糖浆的过程中，一般是在用 α-淀粉酶液化后再使用葡萄糖淀粉酶。这一过程称为糖化作用。葡萄糖淀粉酶是一种外切酶，催化淀粉非还原端葡萄糖残基按顺序脱落，与 α-淀粉酶不同，葡萄糖淀粉酶不但能催化 α-1，4-糖苷键的水解，还能以较低速率催化 α-1，6-苷键的水解。从理论上讲，糖化酶可将淀粉 100%水解成葡萄糖。但事实上依酶的来源不同，其水解能力也不同，根霉糖化酶可将 α-极限糊精完全水解，而黑曲霉糖化酶只能水解 40%。

糖化过程中除了葡萄糖淀粉酶外还常用脱枝酶。脱枝酶是内切酶，能催化支链淀粉分支点 α-1,6-糖苷键的水解。这一作用可加快糖化过程。

葡萄糖淀粉酶主要在小肠内起作用，一般与其他酶复合使用。

纤维素酶

【作用与用途】纤维素酶是具有纤维素降解能力的酶的总称，它们协同作用分解纤维素。纤维素酶包括 C_1 酶、C_X 酶和 β-葡聚糖酶。其中，C_1 酶将结晶纤维素分解为活性纤维素，降低结晶度，然后经 C_X 酶的作用，将活性纤维素分解为纤维二糖和纤维寡聚糖，再经 β-1,4-葡聚糖酶的作用生成动物机体可利用的葡萄糖。纤维素酶可破坏富含纤维素的细胞壁，一方面使其包围淀粉、蛋白质、矿物质等内含物释放并消化利用，另一方面将纤维素部分降解为可消化吸收的还原糖，从而提高动物对饲料干物质、粗纤维、淀粉等的消化率。

【用法与用量】纤维素酶对动物没有选择性，对底物有选择性。酶制剂的用量视酶的活性大小而定，难以像其他添加物用百分比表示。不同的厂家生产的酶活性(酶的活性是指在一定的条件下，1 min 分解有关物质的能力)不同，所以，添加量应以实际情况而定。在实际生产中，单纯的纤维素酶产品较少，都是与其他酶制剂包括蛋白酶和淀粉酶等复合在一起使用。

【注意事项】贮藏在 2～10℃环境中，酶活性可持续 18 个月。低于 0℃以下时对酶的活性保持有不利影响。避免阳光直射。

β-葡聚糖酶

【作用与用途】β-葡聚糖酶用于以大麦为主的家禽日粮，是饲料酶用于生产实际最为成功的例子。从理论上讲，在 β-葡聚糖酶的作用下，β-葡聚糖可完全被水解成葡萄糖，可以增加大麦和燕麦的代谢能，但事实上添加 β-葡聚糖酶对家禽日粮代谢能的改善主要归于消化物黏度的降低。β-葡聚糖酶能降低麦类日粮中 β-葡聚糖的抗营养作用，降低消化道黏度，提高消化物在消化道内的扩散和渗透。对于鸡，在大麦日粮中添加 β-葡聚糖可有效地提高家禽的生长速度和饲料效率。猪对添加 β-葡聚糖酶的反应程度低且无规律。有的研究表明，β-葡聚糖对猪的抗营养作用不如鸡强烈。但是，对于仔猪，在大麦日粮中添加 β-葡聚糖酶，增重和饲料效率分别提高 11%和 10%。有试验证明，随着猪年龄的增加，猪回肠对 β-葡聚糖的消化率增高。但猪对 β-葡聚糖的消化率受 β-葡聚糖来源的影响。

【用法与用量】与其他酶复合使用，广泛应用于饲料中，具体添加量与酶的活性及生产厂家相关。

木聚糖酶

【作用与用途】木聚糖酶和 β-葡聚糖酶一样，是酶制剂应用于饲料工业最成功的例子之一，同时也是研究最多的酶之一。在畜禽日粮中添加木聚糖酶能降低消化物的黏性，提高饲料效率。小麦、黑麦和小黑麦含有较多的木聚糖，少量的葡聚糖。米糠中 60%以上的非淀粉多糖是阿拉伯木聚糖，这些木聚糖的化学结构与小麦中的相似，即由 β-1,4 -*D*-木聚糖主链组成，其 O_2 和 O_3 处被 β-*L*-阿拉伯糖残基取代。在以小麦为主的蛋鸡或肉鸡日粮中添加木聚糖酶是有益的。在猪的日粮中添加木聚糖酶和 β-葡聚糖酶混合酶制剂可使消化率提高。

【用法与用量】与其他酶复合使用，广泛应用于饲料中，具体添加量视酶的活性及生产厂家的要求处理。

果胶酶

【作用与用途】这些酶广泛应用于果汁的提取和澄清，还用于澄清发泡果汁制品，如苹果和葡萄汁。初步处理后，大多数果汁含有大量的可溶性果胶。果胶使得果汁黏稠混浊，添加果胶酶制剂促使果胶质水解，降低果汁黏度，澄清混浊。作为饲料酶制剂添加于饲料中可消除果胶的抗营养作用。

【用法与用量】与其他酶复合使用，广泛应用于饲料中，具体添加量视酶的活性及生产厂家的要求处理。

Project 3

蛋白酶

蛋白酶类或蛋白质水解酶，是作用于蛋白质或多肽、催化肽键水解的酶。某些蛋白酶根据反应条件，也可催化合成作用、酯及酰胺键的水解、转移反应和氧交换反应。

蛋白酶的研究是从发现胃中消化食物的胃蛋白酶和从胰脏分泌的胰蛋白酶、糜蛋白酶开始的。以后发现一切组织及细胞中都存在各种特有的蛋白酶。植物组织和微生物中蛋白酶的分布也很广泛，特别是微生物蛋白酶，随着近来酶精制技术的进步，其应用有了迅速发展。蛋白酶催化的反应很多，但根据酶催化的反应的最适 pH，可分为酸性蛋白酶、中性蛋白酶和碱性蛋白酶。根据酶作用于肽的位置，可分为内肽酶、外肽酶、羧基肽酶和氨基肽酶。蛋白酶的主要来源有动物内脏、植物和微生物。微生物来源的蛋白酶已成为一种工业来源，并在生产上得到了广泛的应用。

胃蛋白酶

【作用与用途】胃蛋白酶优先水解苯丙氨酸、亮氨酸或谷氨酸残基侧的肽键。胃蛋白酶分解白蛋白、球蛋白、麸质、弹性硬蛋白、骨胶朊、组蛋白及角蛋白，不能水解卵类黏蛋白、黏蛋白、精蛋白以及毛的角蛋白。能使凝固的蛋白质分解成胨，但不能消化成氨基酸。胃蛋白酶在中性、碱性和强酸性环境中，蛋白质的降解力下降，在含有 0.2%～0.4%盐酸的酸性环境中活性最强。常用于胃液分泌不足所引起的消化不良和幼畜消化不良等。当胃液分泌不足时，胃蛋白酶原和盐酸都相应减少，因此，补充胃蛋白酶时，必须同时补充稀盐酸，以确保胃蛋白酶充分发挥作用。

【用法与用量】内服量，马、牛 5～10 g/次，幼龄动物 2～5 g/次，猪 1～2 g/次，水貂 0.2～0.3 g/次。

胰蛋白酶

【作用与用途】胰蛋白酶水解肽、酰胺、酯类的精氨酸或赖氨酸的羧基侧的肽键。用胰蛋白酶可生产蛋白质水解物。用胰蛋白酶制剂可弥补内源消化酶分泌的不足，或治疗消化不良。

【用法与用量】在饲料中添加量，依需要的酶活性和产品的要求而定。一般来讲，在猪、鸡混合饲料中的添加量为 400 mg/kg。内服治疗用量，猪 0.5～1 g/次，犬 0.2～0.5 g/次，猫 0.1～0.2 g/次。

糜蛋白酶

糜蛋白酶或胰凝乳蛋白酶，与胰蛋白酶一样，是胰脏所产生的蛋白酶之一。1913 年由 Vemon 发现，1933 年由 Kunitz 结晶成功。胰脏分泌无活性的胰凝乳蛋白酶原，在小肠中由胰蛋白酶活化而成为胰凝乳蛋白酶。肠激酶及凝乳蛋白酶不能使之活化。在糜蛋白酶活化反应过程中，游离两个双肽，即丝氨酰精氨酸和苏氨酰门冬氨酸。糜蛋白酶由 26 个氨基酸组成，最适 pH 为 8 左右，等电点为 8.1～8.6，在 pH 为 3～3.5 稳定，pH 高于 3.5 就非常不稳定。添加 Ca^{2+} 可激活。重金属离子、豆科植物中的天然蛋白酶抑制因子、马铃薯中的抑制剂、有机磷化合物等能抑制激活。

糜蛋白酶优先水解酪氨酸、色氨酸、苯丙氨酸残基侧的肽键，也能水解各种酯类。

菠萝蛋白酶

早在1891年已由Marcano确认新鲜的菠萝汁含有强有力的蛋白酶，从菠萝中分离出的所有蛋白酶统称为菠萝蛋白酶。该酶属于巯基蛋白酶，其活化和失活的机制与木瓜蛋白酶相似。茎梗菠萝蛋白酶对酪蛋白、血红蛋白的最适pH是6～8，对明胶pH为5.0。菠萝蛋白酶优先水解碱性氨基酸（如精氨酸）和芳香族氨基酸（如苯丙氨酸、酪氨酸）的羧基侧的肽键。

无花果蛋白酶

无花果蛋白酶存在于无花果的乳胶中，通常使用其干燥的粉末，此粗酶是多种蛋白酶的混合物。无花果蛋白酶和木瓜蛋白酶为类似的巯基蛋白酶，作用类似。平均10～15 g青无花果中含有的酶量与100～150 mg商品无花果蛋白酶等量。日晒干燥后的无花果约含生无花果蛋白酶活性的12%。无花果蛋白酶在许多方面类似于木瓜蛋白酶，能用半胱氨酸及BAL激活，但受重金属及氧化剂的抑制。无花果蛋白酶在pH为3.5～9稳定，最适pH是6～8，最适pH因底物不同而有差异。对酪蛋白的最适pH有二，即pH为6.7和pH为9.5，对明胶液化的最适pH是7.5。无花果蛋白酶较耐高温。

无花果蛋白酶可作为驱蛔虫的杀虫剂。

微生物蛋白酶

工业上应用的微生物蛋白酶都是胞外酶，能工业化大规模生产，通常应用霉菌、细菌、放线菌等微生物进行生产。微生物蛋白酶具有多样性，通常一种细菌只分泌一种淀粉酶，但却能分泌2～3种蛋白酶，霉菌能分泌3～4种蛋白酶。

霉菌产生蛋白酶早已知晓，豆酱和酱油就是应用霉菌蛋白酶酿造而成的。曲霉和青霉属一般分泌2～3种蛋白酶，根霉属主要分泌酸性蛋白酶。这种酶的专一性比较窄，凝乳活性强，与毛霉属的蛋白酶一样，类似于小牛胃的凝乳酶。

酸性蛋白酶主要由黑曲霉属产生，米曲霉、青霉、根霉等也产生类似的蛋白酶。酸性蛋白酶在pH为2～3时稳定，在pH为2.5～6几乎不失活，pH高于6就失活，底物存在时较稳定，温度在50℃时稳定，在55℃处理10 min就失活。对肽键的裂解度约为胃蛋白酶的6倍。对蛋白质进行消化，用于消化不良，消化能力减退。增加酶量，消化量也增大。根霉蛋白酶可用于肉类的嫩化，或用于处理酵母和大豆粉使其溶化。酸性蛋白酶在饲料中的添加量未确定。

碱性蛋白酶主要由米曲霉产生。最适pH为8～10，等电点pH为5.1，在pH为5～8.5范围内稳定。中性蛋白酶的最适pH为6～7，等电点为4.1，pH稳定范围4.5～10.5。主要用于酱油和豆酱的酿造生产，主要作用是消化蛋白质，产生可溶性的多肽。在饲料中的应用还处于研究中。中性与碱性蛋白酶作为饲料添加剂的用量尚未确定。

在细菌蛋白酶中，研究最多的是枯草菌蛋白酶。现已发现的细菌蛋白酶很多，有中性蛋白酶、微碱性蛋白酶、碱性和酸性蛋白酶。在食品工业中利用细菌蛋白酶的历史很悠久，如酿造等。细菌蛋白酶的作用是降解蛋白质，目前已用于饲料中，但具体用量仍未确定。

Project 4

脂肪酶

脂肪酶

脂肪酶是分解由高级脂肪酸和丙三醇形成的甘油三酯键的酶，称为真正的脂肪酶。来源有动物、植物和微生物。

【作用与用途】脂肪酶在工业上的主要用途是分解油脂生产脂肪酸和甘油，制革工业用脂肪酶去除皮革上的油脂。脂肪酶的其他用途还包括在洗涤剂、清洁剂、化妆品中添加。饲料中添加脂肪酶来提高脂肪的消化率。

脂肪酶在消化道内起作用，无残留。饲料中的广泛应用有待深入开发研究。

Project 5

植酸酶

植酸酶

植酸即肌醇六磷酸酯，为淡黄色或淡褐色黏稠液体，易溶于水、95%乙醇、丙酮，几乎不溶于苯、氯仿和己烷。植酸具有强酸性，作为磷的贮备形式存在于植物中，尤其在各类豆类和油料作物籽粒中含量丰富。它是饲料中一种重要的抗营养因子，使植酸中的磷，即植酸磷极难被非反刍动物利用。

植酸盐几乎都是以单盐或复盐的形式存在，称为植酸盐。其中较为常见的又以钙、镁的复盐形式，即植酸钙、镁或称菲丁的形式存在。在植物性饲料中以植酸盐的形式存在的有机磷酸化合物，通常被称为植酸磷。植酸及其盐对金属离子有较强的络合性能，与钙、镁、铜、铁、锰、钴等金属离子能生成稳定的络合物，可与蛋白质形成蛋白质植酸盐化合物。

植酸酶是活细胞所产生的一种具有催化性质的蛋白质，可催化动植物和微生物体内所有的代谢过程。植酸酶是指水解植酸盐的酶类，属于磷酸单质水解酶，是磷酶的一种特殊类型。植酸酶存在于微生物、植物（尤其是种子）和某些动物的细胞中，但多数单胃动物肠道中存在的植酸酶的活性极其微弱，且易于被食物组分如钙等抑制。

【作用与用途】饲料中添加植酸酶的作用是提高植酸和植酸盐中磷的利用率，这对于单胃动物猪、鸡尤其重要，同时也能提高具有阳离子钙、锌、铁、镁、铜以及蛋白质的利用性。添加植酸酶可以使植酸降解，金属阳离子变得游离而易被吸收利用。

使用植酸酶可减少高价无机磷源的添加量，从而在降低配方成本的同时增加饲料的调整余地，吸引饲料工业、养殖业进一步合理有效地开发利用植酸性饲料资源。添加植酸酶可使蛋鸡粪便中磷的排出量减少20%～25%。这种环保型的微生物酶制剂将对改良土壤、防止污染、保持生态良性循环产生积极影响。

使用植酸酶可避免随无机磷添加带来的氟、汞、镉、砷、铅等有害元素进入饲料，同时，植酸酶的添加可避免磷矿的过度开采。

【用法与用量】现在市场上出现了几种植酸酶商品，有 BASF 的酶他富 5000，诺和诺得植酸酶，罗氏公司的乐多仙植酸酶，以及国产的商品。不同厂家的产品其酶的活性不同，实际使用时须按照说明添加。一般在蛋鸡日粮中的用量为 300～400FYT/kg，肉鸡粮 500～600FYT/kg，猪料 500～600FYT/kg。

Project 6

复合酶

组成畜禽日粮的主要成分是植物性原料，它们主要由植物细胞组成，每种植物细胞都由细胞内容物和细胞壁构成，前者包括淀粉、蛋白质、油脂和可溶性的糖类，这些养分一般易于消化吸收；后者的组成成分是纤维素、半纤维素、果胶以及化学性质上不属于碳水化合物的木质素。细胞壁成分不仅本身难于被降解，而且干扰其他养分的消化吸收。所以，日粮中的抗营养成分和需要降解的养分往往不是一种，而是几种同时存在。实际上在酶制剂的应用中发现，单一酶制剂的效果不如复合酶制剂好，故酶制剂的使用趋于复合型。所谓复合酶制剂，就是由一种或几种单一酶制剂为主体，加上其他单一酶制剂混合而成，或由一种或几种微生物发酵获得。复合酶制剂可以同时降解饲料中的多种抗营养成分，可最大限度地提高饲料的营养价值。

复合酶制剂的配制原则依日粮的组成成分、动物的种类、生理阶段以及消化道特点而定，配制的合理性决定了使用效果。动物的日粮组成很复杂，所用的原料有很大差异，以麦类为主的日粮，可溶性多糖主要是葡聚糖，以玉米为主的日粮则含有较多戊聚糖，故复合的酶种也应有主次之分。其次，还要考虑单一酶的活性，来自不同厂家的产品酶的实际活性有相当大的差异。

目前绝大部分饲料酶制剂以饲料为载体在动物消化道内发挥作用，所以，在配制和使用复合酶时必须考虑动物消化道内环境和消化生理的不同。猪的消化道温度一般为38～40℃，胃的pH为1.5～3.0，小肠的pH为5～7，大肠为6.5～7。胃能降解一些蛋白质，小肠主要消化吸收蛋白质、淀粉和脂肪，未消化的养分和纤维成分在大肠内发酵。对于猪，胃和小肠是饲料养分的主要消化场所，使用酶制剂就必须考虑胃和小肠的生理环境。对于家禽，饲料进入胃和小肠之前先在嗉囊和肌胃中停留一段时间，这些器官的温度为39～41℃，pH接近中性稍偏酸，饲料在嗉囊和肌胃中被湿润、磨碎和部分发酵。进入小肠开始消化，但鸡的小肠相对较短，食糜停留时间短，所以，禽类饲料用酶制剂的活性水平或添加量要高于猪。对于反刍动物，饲料在前胃停留时间长，并被发酵降解，反刍动物日粮用的酶制剂主要考虑瘤胃环境是否适合饲用酶发挥作用的最适条件。一般情况下，幼龄动物的消化酶分泌系统发育不完善，消化酶的分泌量不足，通过添加饲用酶制剂弥补这一不足。

溢多利复合酶制剂

【作用与用途】复合酶制剂包括消化酶类和非消化酶类。蛋白酶和淀粉酶弥补体内酶分泌的不足，提高蛋白质和淀粉的消化率。对于非消化酶类，β-葡聚糖酶、木聚糖酶和果胶酶消除日粮中的可溶性多糖的抗营养作用。纤维素酶有助于破坏细胞壁，释放出细胞内容物。根据日粮特点和动物的生理阶段正确选用溢多酶对动物生产性能和饲料利用率的改善具有一定作用。

【用法与用量】溢多酶的推荐用量为每1000 kg日粮中添加0.7～1.0 kg。使用方法是先将酶制剂与少量饲料预混合后再投入大批饲料中搅拌混匀。

保康生

【作用与用途】制造优质青贮的必要条件是尽快使青贮窖或塔内呈厌氧状态，尽快使pH下降，充分供给易发酵的糖分，促使同质性发酵，选择适当的乳酸菌和促进乳酸菌活性的物质。青贮原料中主要成分是细胞壁成分，其中纤维素占20%～40%。

【用法与用量】该酶制剂是液体，主要用来提高以玉米为主的青贮饲料的营养价值。每1000 kg干物质含量为20%～30%的新鲜玉米秸秆添加保康生200 mL，一桶包装20 L的酶液可处理100 t新鲜玉米秸秆。使用时将酶制剂用水稀释，酶制剂与水的稀释比例为1:4、1:9或1:19，但不要超过1:20，然后均匀地洒在玉米秸秆上，稀释液应在24 h内用完。对于肉牛可改善增重23%，饲料效率改善达12%。

爱维生

【作用与用途】爱维生酶制剂适用于以玉米豆饼为主的家禽日粮，主要作用是与蛋白酶协同改善玉米、高粱和豆饼的营养价值。肉鸡使用爱维生可以提高4%饲料效率，使肉鸡生长一致，减少弱小个体的比例，降低粪便的黏滞性，减少粪便的处理费用。

【用法与用量】每1000 kg饲料用1 kg爱维生，直接加入饲料或通过预混剂使用。爱维生在85℃下15 min或90℃下1～2 min仍然有效。

酵母培养物

【作用与用途】酵母培养物可用于奶牛、肉牛、绵羊、山羊、马、猪和鸡等，但使用效果受畜禽种类、日粮类型和酵母培养物种类的影响。酵母培养物的作用包括刺激免疫力，促进消化道微生物群的生长，调控瘤胃微生物的区系，改变瘤胃的发酵方式。使用酵母培养物使反刍动物的采食量增加，产奶量提高。使猪鸡的日粮消化率提高，减少胃肠道疾病。

【用法与用量】目前饲料中添加的主要酵母培养物来自啤酒酵母。酵母在日粮中的用量一般为2～3 kg/t，也可视具体情况增加或减少。

【考核评价】

通过学习能够在动物饲养过程中科学、灵活的应用酶制剂，以补充幼小动物或老龄动物消化酶分泌的不足，提高饲料特定成分的消化率；分解和破坏饲料中一些阻碍饲料消化的物质或动物自身不能消化的物质，提高饲料有效成分的消化率；加快饲料在胃肠道的消化速度，提高动物采食量。

【案例分析】

某牛场有一头牛发病，初期表现食欲降低，仅采食精料或新鲜干草，反刍缓慢无力；口腔干燥，唾液黏稠，呼出气体难闻。经1～2 d后，食欲废绝，停止反刍；瘤胃蠕动极弱，触诊上部松软；粪便干硬，表面有黏液或粪稀如水且恶臭。

根据案例中发病牛的临床症状和发病情况，可初步确诊为前胃迟缓。治疗以健胃消食为主要原则，可以选用健胃消食的中药山楂、麦芽、神曲，加上纤维酶制剂、酵母粉等配合治疗，可以收到良好的治疗效果。

【知识拓展】

酶制剂检测标准

二维码　酶制剂检测标准

【知识链接】

1. GB 25594—2010《食品安全国家标准食品工业用酶制剂》
2. NY/T 722—2003《中华人民共和国农业行业标准——饲料用酶制剂通则》
3. QB 1805.2—1993《中华人民共和国轻工行业标准——工业用糖化酶制剂》
4. GBT 20370—2006《生物催化剂酶制剂分类导则》
5. NY/T 722—2003《饲料用酶制剂通则》
6. NY/T 911—2004《饲料添加剂 β-葡聚糖酶活力的测定 分光光度法》
7. NY/T 912—2004《饲料添加剂 纤维素酶活力的测定 分光光度法》
8. SN/T 0800.4—1999《进出口粮食、饲料尿素酶活性测定方法》
9. GB 20713—2006《食品添加剂 α-乙酰乳酸脱羧酶制剂》

模块七　饲料保藏剂

项目一　防霉剂

项目二　抗氧化剂

学习目标

熟悉防霉剂、抗氧化剂用法与用量及使用过程中的注意事项，掌握防霉剂、抗氧化剂的作用与用途，了解常用防霉剂、抗氧化剂的化学性状与体内过程及作用机理。

Project 1

防霉剂

防霉剂是一类具有抑制细菌、霉菌和酵母菌等微生物生长的有机酸化合物，它主要是通过破坏微生物的细胞壁和细胞膜，或破坏细胞内的代谢酶，对细菌、霉菌和酵母菌产生抑制作用。其作用效果与未解离的酸分子有关，大多在酸性环境中才具有作用，能降低饲料中微生物的数量，抑制毒素产生。由于这类药物主要是防止饲料霉变，故称为饲料防霉剂。

防腐剂也称防霉剂，是一种能抑制霉菌繁殖、消灭真菌、防止饲料发霉变质的饲料添加剂。

饲料在贮藏期间会有微生物繁殖，尤其是在高温、高湿和饲料含水量高的条件下，引起饲料的发霉、变质。饲料一旦被霉菌污染，霉菌的生长繁殖就会消耗饲料中可被利用的营养物质，导致饲料营养价值降低和饲料利用效率下降，霉菌产生的毒素还会造成畜禽中毒，危及健康，严重者可导致动物死亡。因此，夏季生产的饲料或需要在夏季贮藏的饲料以及贮存时间较长的饲料，为了保证饲料的品质，防止饲料中霉菌生长，都需要在饲料中添加适量的饲料防霉剂。饲料中存在霉菌和微生物生长的外表迹象有以下几方面：饲料结块、畜禽拒食、饲料有轻度异味、饲料和谷物发热以及饲料和谷物色泽变暗。其中饲料结块是判断饲料霉变最简单、最实用的方法之一。

存在于饲料中的霉菌种类很多，目前常见的产毒霉菌多为曲霉、青霉和镰刀霉。霉菌毒素是指存在于饲料中能直接引起动物病理变化或生理变态的霉菌代谢产物，其中以黄曲霉毒素、赭曲霉毒素、玉米赤霉烯酮、单端孢霉烯族化合物较常见。畜禽饲料中繁殖的霉菌有以下几个方面的有害作用：产生有毒的代谢产物、改变饲料的养分组成、改变动物对养分的利用以及引起霉菌病。

饲料霉变对畜牧业生产的危害和损失是严重的，轻者畜禽出现厌食或拒食，重者出现霉菌毒素的中毒或死亡，给生产者带来巨大的经济损失。因此，防止饲料霉变是畜牧业生产和饲料工业发展的重要任务之一。

从作物到饲料要经过田间生长、收获、加工、运输和贮藏等环节，每一环节都存在霉菌污染的可能。为了防止饲料受到霉菌和霉菌毒素的污染，应在以下几个方面加以考虑：培育抗性品种的饲料作物；选择适当的种植(轮作)技术和收获方法；严格控制饲料原料和饲料成品的水分；改善饲料原料和饲料产品的贮藏条件，改善仓储结构和卫生状况，降低水分、温度和氧浓度等；尽量缩短饲料的贮藏期限，加快饲料的周转；在饲料中添加适量抑菌效果好的防霉剂。其中在饲料中添加适量的防霉剂是一种行之有效的方法。

添加防霉剂的作用主要在于：抑制饲料中微生物的代谢和生长；阻止饲料中霉菌毒素的产生；避免饲料中养分受到损失；减少饲料中微生物的数量，抑制霉菌的代谢和生长，延长饲料的贮藏期。其作用机制是破坏霉菌的细胞壁，使细胞内的酶蛋白变性失活，不能参与催化作用，从而抑制霉菌的代谢活动，以免饲料中营养物质受到损失。

使用饲料防霉剂必须注意以下几方面的问题：①饲料防霉剂的防霉效果与饲料环境密切相关，改善饲料环境才能有利于防霉剂防霉效果的提高。有机酸类防霉剂在饲料环境偏酸时，防霉效果增强。水是一切生命活动所必需的，降低饲料的含水量，有利于增强防霉剂的效果。保证饲料受霉菌污染的程度越小，添加防霉剂的效果就越好。②防霉剂的应用应在有效剂量的前提下，不能导致动物发生急性、慢性中毒和超限量体内残留或向动物产品中的转移，间接危害人类的健康。防霉剂应无致癌、致畸、致突变作用。③添加防霉剂不能影响饲料的适口性。④防霉剂必须在饲料中均匀分散，才能抑制细菌和微生物的生长，否则不能达到预期的防霉效果。易溶于水的防霉剂可先将其溶于水，再喷到饲料中充分混合均匀；

难溶于水的防霉剂，可先用乙醇等有机溶剂配成溶液，然后再加入饲料中充分混合均匀。⑤各种防霉剂都有各自的使用范围，在某些情况下，两种或两种以上的防霉剂并用时，往往可以起到协同的效果，比单独使用其中某一种更有效。⑥防霉剂应选择抑菌谱广、效果好、经济实用的品种。

近年来，饲料防霉剂的研究和应用趋势一方面从单一型转向复合型；另一方面通过不断拓宽抑菌谱，以提高防霉效果。单一型的防霉剂在早期研究和应用较多，饲料中常用的防霉剂有丙酸、丙酸钠、丙酸钙、山梨酸、山梨酸钠、苯甲酸钠、富马酸、富马酸二甲酯、脱氢乙酸、对羟基苯甲酸酯类、甲酸、甲酸钠、柠檬酸、柠檬酸钠、乳酸、乳酸钠、乳酸钙、乳酸亚铁等。复合型是由两种或两种以上的单一防霉剂加上其他成分混合均匀后得到的，其防霉效果往往很好。

丙酸钙

【作用与用途】本品是一种抑菌谱广的饲料专用防霉剂，对饲料中镰孢霉、青霉、酵母菌及 G^+ 细菌均有效。在水和酸性较强的条件下，丙酸钙分子可以形成游离的羧基而具有良好的抑菌作用，对腐败变质微生物的抑制作用很强，可防止饲料发霉，延长饲料的贮藏期。丙酸钙还具有营养性功能，可以补充饲料中部分能量和提供一定量的钙。

【用法与用量】丙酸钙粉剂，使用时可以直接喷洒在饲料表面，也可以和载体预混合后再加入饲料中，应充分混合均匀，或与其他防霉剂混合使用。丙酸钙在饲料中的添加量应根据贮藏时间和饲料中含水量而定，当饲料含水量为 12%、12%～13%、13%～14%、15%～18%时，每 1000 kg 饲料添加量分别为 2 kg、3 kg、4 kg、5～7 kg。

德国产“露保细盐”，浓度 98%。适用于各种畜禽配合饲料，每 1000 kg 饲料添加量为 1～2 kg。

比利时产 Shield(Dry Feed Grade)，浓度 94%。每 1000 kg 饲料的添加量视含水量而定。

丙酸钠

【作用与用途】本品属于酸性防霉剂，也是抗真菌剂。可防止饲料发霉，抑制微生物繁殖，具有较广的抑菌性，对饲料中的酵母菌、G^+ 细菌及霉菌均有效。丙酸钠的杀菌性低于丙酸，但在有水和低 pH 的酸性条件下，分子可以形成游离的羧基而使丙酸钠具有良好的抑菌作用。本品是一种很好的饲料防霉剂，防霉效果持续时间长，且可看作饲料的正常成分之一。本品还可为饲料提供一定量的钠，有利于动物机体内钾、钠、氯的平衡，改善禽蛋的蛋壳品质。对于谷物和配合饲料来说，由于没有充足的水分和足够低的 pH 环境，本品并非是理想的饲料防霉剂。

【用法与用量】丙酸钠粉剂，适用于各种畜禽和水产配合饲料。用法与用量同丙酸钙。

丙酸

【作用与用途】本品属于酸性饲料防霉剂，也是抗真菌剂。丙酸分子中含有游离羧基，具有很强的抑菌和杀菌作用，可以防止饲料发霉，抑制微生物繁殖。本品具有较广的抑菌谱，对饲料中酵母菌、G^+ 细菌及霉菌均有效。对于腐败变质微生物的抑制作用很强，能有效降低饲料中霉菌的数量，阻止微生物产生毒素，延长饲料的贮藏期。丙酸本身含有一定的能量，可作为饲料的部分能量来源为畜禽所利用。本品是一种很好的饲料防霉剂，适用于各类畜禽饲料和水产饲料及各种饲料原料。

【用法与用量】丙酸粉剂，浓度一般为50%和60%，适用于各类畜禽饲料。使用时于混合前加入，应充分混合均匀，用量一般低于0.3%(以丙酸计)。

丙酸液剂，美国产“E-Zkeep”液剂，浓度99%。使用时直接加入混合机或输送糖蜜的管道中，饲料中的添加量为450～1800 g/t。

【注意事项】本品应避光，保存于阴凉、干燥处。本品溶液剂未经稀释具有强烈的刺激性，避免与皮肤和眼睛接触。

丙酸铵

【作用与用途】本品是一种酸性防霉剂，防腐效果与丙酸相当，且克服了丙酸对人皮肤的刺激性以及对容器的腐蚀性。抑制霉菌作用的持续时间长，可以防止饲料发霉变质，抑制微生物生长繁殖，降低饲料中霉菌的数量，阻止微生物产生毒素，延长饲料的贮藏期。此外，本品还具有一定的营养性功能，作为反刍动物饲料的防霉剂时，还可提供部分非蛋白氮。

【用法与用量】丙酸铵粉剂，德国的“露保细 NC”，浓度63%。使用时于混合前加入，应充分混合均匀，饲料中的添加量为1～5 kg/t。本品适用于反刍动物饲料，一般不用于猪、禽饲料。

苯甲酸(安息香酸)及苯甲酸钠

【作用与用途】苯甲酸和苯甲酸钠防霉的作用机理是能非选择性抑制广范围的微生物细胞呼吸酶的活性，特别是具有很强的阻碍乙酰辅酶A缩合反应的作用，使微生物体内的三羧循环受阻，物质代谢受障碍。此外，本品还可阻碍细胞膜的通透性，从而抑制微生物的物质交换与新陈代谢。

苯甲酸主要抵抗酵母菌和霉菌以及有些产黄曲霉毒素的微生物，只有部分细菌受到抑制，对乳酸菌和梭状芽孢杆菌的作用很小。其主要是通过干扰细菌细胞中酶的结构而起作用。苯甲酸溶解度低，使用不便，在饲料中使用的主要是苯甲酸钠。苯甲酸钠是一种酸性防腐剂，杀菌性比苯甲酸弱。在低pH条件下，对大多数微生物都有抑制作用，但对产酸菌作用弱。苯甲酸最适作用pH范围为2.5～4.0。在pH为5.5以上时，对很多霉菌无杀菌效果。当pH为3.5时，0.05%的浓度即能完全抑制酵母菌的增殖。本品一般适用于猪、鸡、牛、羊和鱼类的饲料。

【用法与用量】苯甲酸和苯甲酸钠可用于各类畜禽饲料和水产饲料，使用时于混合前加入，应充分混合均匀。配合饲料中的添加量不宜超过1000 g/t。

山梨酸(清凉茶酸)及其盐类

【作用与用途】山梨酸具有抑菌作用，其抑菌能力随酸性的增加而增强，可有效抑制酵母菌和霉菌的生长。山梨酸优于苯甲酸之处在于它可在pH为5～6及以下的范围内使用。其作用机理是利用本身的双键与微生物酶系统中的巯基相结合形成共价键，使其失活，从而破坏微生物体内的许多酶系统，抑制微生物的代谢和细胞生长。本品是猪、鸭、鸡、牛和羊饲料及食品中常用的防腐防霉剂。

山梨酸盐能抑制霉菌、酵母菌和多种细菌的生长繁殖，但对乳酸菌无作用，还可抑制动物性饲料中葡萄球菌属菌体的生长。饲料环境的 pH 在 4～4.5 范围时，对饲料的天然风味影响较小，故山梨酸适用于各种食品和猪、鸡、鸭、牛、鱼类配合饲料，对畜禽正常生长无不良影响。

【用法与用量】山梨酸及其盐粉剂，浓度 98.5%以上，用于各种畜禽配合饲料，使用时于混合前加入饲料中，应充分混合均匀。饲料中添加量为 500～1500 g/t。山梨酸钾的添加量为 500～3000 g/t(以原粉计)。

富马酸(延胡索酸)及其酯类

【作用与用途】本品味酸，具有调味的作用，是一种酸性防腐剂，适宜作用的 pH 范围为 3～8。用于饲料中可提高饲料的酸性，降低饲料环境 pH，抑菌谱广，毒性小。本品对霉菌尤其是产毒菌(如黄曲霉)有明显的抑菌效果，可改善饲料的味道，提高仔猪的采食量，激活肠道消化酶，改善饲料营养成分的消化吸收。还可减少肠道中的细菌数量及其对营养物质的竞争消耗，提高饲料利用率，适用于猪、鸡、鱼类等配合饲料和各种饲料原料。

【用法与用量】富马酸粉剂，浓度 99%，使用前经稀释后于混合前加入饲料或喷洒在饲料的表面，应充分混合均匀。乳猪、鸡、鸭、牛、马、羊饲料中的用量一般为 0.05%～0.08%。

富马酸二甲酯粉剂，可直接加入饲料中，应充分混合均匀。其添加量视饲料含水量而定。当水分在 14%以下时，添加量为 0.025%～0.05%；水分在 15%以上时，添加量为 0.05%～0.08%。

对羟基苯甲酸酯类

【作用与用途】本品是一种酸性防霉剂，能提高饲料的酸性，降低饲料环境 pH。抑菌谱广，其抗菌作用比苯甲酸和山梨酸强，对霉菌、酵母菌的作用较强，对细菌尤其是 G^+ 菌和乳酸菌的作用较差。对羟基苯甲酸丙酯的抗菌作用大于对羟基苯甲酸乙酯，对羟基苯甲酸丁酯的抗菌作用大于对羟基苯甲酸丙酯和对羟基苯甲酸乙酯，对羟基苯甲酸丁酯抗菌作用的适宜 pH 为 4～8。

本品的抗菌作用机理是，抑制微生物细胞的呼吸酶系和电子传递酶系的活性，破坏微生物的细胞膜结构，从而达到抑菌效果。本品适用于猪、鸡、鸭、牛、鱼类等配合饲料和各种饲料原料。

【用法与用量】本品作为饲料防霉剂常与丙酸配合使用，使用时于混合前加入饲料中，应充分混合均匀。各种畜禽配合饲料的添加量一般低于 0.3%。

甲酸(蚁酸)及其盐类

【作用与用途】甲酸的抑菌作用是通过抑制微生物体内的过氧化氢酶、脱羧酶和氧化血红素酶活性而达到的，对酵母菌和许多细菌均有良好的抑制作用，对乳酸菌和霉菌也有良好的抑制作用。甲酸的这种抗菌效应是基于它能降低饲料环境 pH 而起的作用。甲酸适用于青贮饲料的贮存，加入后可提高饲料中水溶性碳水化合物的含量，有效防止蛋白质水解，提高饲料的营养价值和青贮料的品质。

甲酸盐本身没有抗菌作用，只有释放出酸时才能起作用，其作用机理同甲酸。甲酸盐还具有一定的营养性功能，能促进畜禽生长和提高增重及饲料转化效率，抑制幼小动物腹泻。本品适用于各种畜禽配合饲料，尤其是仔猪饲料等。

【用法与用量】甲酸溶液剂，浓度95%，使用时直接喷洒于青贮料表面，在青贮料中添加量为2.8 kg/t；浓度为85%～95%时，青贮料中添加量为2.8～3.5 kg/t。

甲酸盐粉剂，主要用于仔猪和其他畜禽配合饲料，使用时于混合前加入饲料中，添加量为0.1%～0.3%。

柠檬酸（枸橼酸）及其钠盐

【作用与用途】本品作为饲料添加剂，在所有有机酸中酸味最缓和且可口，应用范围广。多用作猪尤其是仔猪饲料中，可以增强饲料的适口性，刺激口腔中的味蕾细胞，使唾液分泌增多，增强食欲，提高仔猪的采食量。能降低胃肠道pH，激活消化酶，提高蛋白酶的活性，改善饲料营养成分的消化吸收。与微量元素螯合成非常稳定的、生物学效价较高的配位化合物，促进微量元素的吸收。还可减少肠道中的细菌数量及其对营养物质的竞争消耗，提高饲料的利用效率。本品还可作为饲料防腐剂和抗氧化剂的增效剂。用于雏鸡饲料中可促进其生长，减少脂肪肝的发病率，增强家禽抵御疾病的能力并提高家禽抗热应激的能力，提高蛋禽的产蛋量和蛋重。适用于各种畜禽配合饲料和饲料添加剂原料。

【用法与用量】柠檬酸粉剂，浓度98%以上，适用于各种畜禽配合饲料，使用时应于混合前加入饲料中，添加量为500～5000 g/t（以纯品计）。仔猪饲料添加量为1%～3%，应充分混合均匀。家禽饲料中用量为1%～1.5%。

乳酸（丙醇酸）及其盐类

【作用与用途】乳酸是应用最早的防霉剂，其抗菌作用较弱。当浓度达到0.5%时才显示出防腐效果。对厌氧菌抑菌效果明显，主要通过调节饲料环境pH来达到抑制微生物生长、繁殖的目的。由于乳酸是许多酵母菌和霉菌代谢过程中的中间产物，通常与其他防腐剂，如食盐、苯甲酸、山梨酸结合使用。本品适用于各种畜禽配合饲料和青贮饲料。

【用法与用量】乳酸溶液剂，浓度85%～92%，经稀释剂吸附后使用，用于各类畜禽配合饲料。应于混合前加入，充分混合均匀。本品在饲料中添加量一般为0.1%～0.15%。

乳酸亚铁制剂，纯品浓度95%以上，用于猪、鸡、鸭、牛和鱼配合饲料，应充分混合均匀。饲料中的添加量一般为3～4 kg/t。

双乙酸钠（维他可乐波）

【作用与用途】本品是一种高效防腐、防霉、保鲜和增加营养价值的饲料添加剂，适用于所有粮食作物、饲料原料、各种畜禽饲料的防腐、防霉和保鲜。其抑菌机制主要是通过调节饲料环境pH，破坏微生物体内的酶系统，抑制饲料中霉菌和细菌的生长。本品抑菌效果优于丙酸及其盐类、富马酸二甲酯等。

【用法与用量】双乙酸钠粉剂，浓度96%，用于各种畜禽配合饲料。本品使用时直接添加于饲料，应充分混合均匀，添加量为0.4%～0.6%。

Project 2

抗氧化剂

抗氧化剂是指添加于饲料中能够阻止或延迟饲料中某些营养物质的氧化，提高饲料稳定性和延长饲料贮存期的微量物质。

饲料保藏不当会发生变质，使营养价值降低。氧化是导致饲料品质变劣的重要因素之一。全价配合饲料或单一饲料原料中含有较多的脂类成分，如鱼粉中的脂肪、添加的油脂、饲料中固有的或添加的外源性维生素A、维生素D和维生素E等脂溶性维生素、饲料中的过氧化物以及不饱和脂肪酸等。这些物质在贮存或运输过程中易与空气中的氧发生反应，或自动氧化，或由于物理化学因素的作用而被氧化分解。产生的氧化物进一步变成醛或酮等物质，从而降低饲料的营养价值，影响饲料的适口性，降低动物的采食量。动物采食了这一类氧化物后，将危及健康、生长和发育。为防止饲料中营养成分的氧化酸败和变质，一方面应从饲料原料加工、贮藏等环节上，采取相应的避光、降温、干燥、排气、充氮、密封等措施；另一方面应同时在饲料中添加适量安全性高、效果好的抗氧化剂。

抗氧化剂分脂溶性抗氧化剂和水溶性抗氧化剂两种。脂溶性抗氧化剂能均匀地分布在饲料油脂中，可防止饲料中脂肪或脂溶性维生素的氧化。脂溶性抗氧化剂又有人工合成和天然物质之分。人工合成抗氧化剂主要是酚的衍生物、芳香族酰胺类，一般具有挥发性，加热时与水蒸气一起挥发，如乙氧基喹啉、二丁基羟基甲苯、丁基羟基茴香醚等。天然抗氧化剂包括愈疮树脂、芝麻精、生育酚混合浓缩物等。水溶性抗氧化剂是指能溶解于水的一类抗氧化物质，多用于防止饲料的氧化变质和防止因氧化产生的饲料适口性降低，如抗坏血酸及其盐类、异抗坏血酸类、二氧化硫及其盐类。天然抗氧化剂使用安全，无副作用，但价格昂贵，目前常用的抗氧化剂主要是由化学法合成的。

乙氧基喹啉(乙氧喹，山道喹)

【作用与用途】本品是目前在饲料中常用的抗氧化剂，抗氧化能力强，通过与自动氧化链中自由基R·或ROO·结合而阻止氧化反应，能有效地防止饲料中油脂和蛋白质的氧化，并能防止维生素A、胡萝卜素、维生素E等脂溶性维生素的氧化变质。本品常作为维生素A的稳定剂，可促进肝脏对维生素A的储备，同时可防止肝脏和肾脏脂肪中蓄积的维生素A被硝酸盐破坏。作为抗氧化剂，本品具有代替部分维生素E的功能，从而达到提高饲料利用率，促进生长，提高产蛋率、受精率和孵化率的目的，同时还有助于改进畜禽肉品质和蛋黄颜色。奶牛日粮中添加本品后，乳和乳脂的抗氧化能力有所提高。此外，本品尚有防霉作用。本品主要用作人类食品和猪、鸡、鸭、奶牛、肉牛、鱼等饲料及饲料原料的抗氧化剂。幼雏内服本品每千克体重8～10 g，可引起50%死亡。饲料中添加0.075%，对鸡的生长、产蛋及孵化均无不良影响。对肝脏、肾脏、脾脏、输卵管、卵巢及甲状腺等组织均无不良反应。

【用法与用量】乙氧基喹啉粉剂。美国山道喹，浓度66.6%，国内产品浓度(主要由上海长征第二化工厂和湖北制药厂生产)一般为25%。在猪、禽饲料中添加量为125～150 g/t(以原药计)，苜蓿草粉中添加量为200 g/t。

乙氧基喹啉液剂。德国产Loxidan TL-400，在饲料中添加量为200～400 g/t。新加坡妙鲜(Rendox)液剂，浓度15%，在饲料用脂肪或油脂中添加量为250～1000 g/t；用于脂肪提取物中时，添加量为250～500 g/t。

二丁基羟基甲苯(丁羟甲苯)

【作用与用途】二丁基羟基甲苯具有防止饲料中多烯不饱和脂肪酸酸败的作用，可保护饲料中的维生素 A、维生素 D、维生素 E 等脂溶性维生素和部分 B 族维生素不被氧化，提高饲料利用率，有利于蛋黄和胴体的色素沉着、家禽体脂碘价的提高以及猪肉香味的保持等。二丁基羟基甲苯被广泛应用于各种动物饲料中，包括猪、鸡、鸭、反刍动物以及鱼类饲料。

雏鸡日粮中添加本品能保护饲料中的维生素，防止脂肪和蛋白质等的氧化。猪日粮中添加则有助于猪肉香味的保持和胴体色素的沉着。在奶牛日粮中添加不仅可防止饲料营养物质氧化变质，还可提高奶和乳脂的抗氧化能力。鱼饲料中添加本品可防止因饲料氧化酸败对鱼类的危害，防止饲料的氧化分解，保证配合饲料的质量。

【用法与用量】二丁基羟基甲苯制剂，浓度为 95%～98%。用于各种畜禽配合饲料，在饲料中添加量为 125～150 g/t，应充分混合均匀。美国 FDA 规定，二丁基羟基甲苯用量不得超过饲料中脂肪含量的 0.02%，鱼粉和油脂中的用量为 100～1000 g/t。我国国家标准中规定配合饲料中的用量为 150 g/t(以 88%干品计)。

二丁基羟基甲苯粉剂，德国产 Antioxidant Bayer，浓度为 100%。饲料中添加量为 150 g/t，鱼粉中的用量为 400 g/t，肉骨粉为 200 g/t，脂肪和脂肪混合物为 500 g/t。

丁基羟基茴香醚(丁羟甲醚)

【作用与用途】本品通常是两种异构体的混合物，二者均有较强的抗氧化能力，但 3-叔丁基-4-羟基茴香醚的抗氧化能力比 2-叔丁基-4-羟基茴香醚高 1.5～2.0 倍，适用于作为油脂和含脂高的食品以及饲料的抗氧化剂。本品作为饲料的抗氧化剂，主要用于含脂溶性维生素的饲料、鱼粉和其他动物性饲料、含脂率高的谷物粉碎饲料、压榨法制油后的粕类饲料以及各类畜禽配合饲料、颗粒饲料、牧草粉等。本品还有较强的抗菌能力，0.025%丁基羟基茴香醚可完全抑制黄曲霉的生长及黄曲霉毒素的产生，亦可完全抑制食品及饲料中生长的其他菌类(如青霉、黑曲霉等)孢子的生长。

【用法与用量】丁基羟基茴香醚粉剂。该品在畜禽配合饲料中的用量为 0.01%～0.02%，混合均匀后饲喂。作为脂肪的抗氧化剂，最大用量为 0.02%。本品以适量的乙醇和丙二醇作溶剂，能显著提高抗氧化能力。若与抗坏血酸、二丁基羟基甲苯、没食子酸丙酯等混合使用，抗氧化效果将显著提高。

美国产抗氧安(Dry Polyanox 6913)粉剂，其有效成分为丁基羟基茴香醚、二丁基羟基甲苯、促长啉氨茴酸甲酯等。饲料中添加量为 250～500 g/t。

美国产 Oxy-Chek Dry(粉剂)，其有效成分为丁基羟基茴香醚、山道喹、没食子酸丙酯。饲料中添加量为 200～500 g/t，混合均匀后饲喂畜禽。

恩多科斯是美国研制的一种较好的抗氧化剂，其主要成分为丁基羟基茴香醚，辅助成分为螯合剂乙二胺四乙酸、磷酸、表面活性剂、甘油一酯、甘油二酯、硅酸钙。本品可以抑制其自身氧化，防止饲料营养成分受氧化而破坏，从而保护饲料中氨基酸、脂肪、油类、糖类、维生素以及其他化合物不被氧化破坏。

没食子酸(五倍子酸)

【作用与用途】本品是最强的抗氧化剂，在空气中特别是在碱性条件下很快被氧化。由于其在脂肪中溶解性差，仅能用于脂肪含量低的食品和配合饲料中。用作抗氧化剂时，经常使用易溶于脂肪的没食子酸丙酯、没食子酸辛酯、没食子酸十二酯。

【用法与用量】本品的粉剂用于动物性脂肪或油脂，添加量应不超过0.01%。用于畜禽配合饲料时，应充分混合均匀。饲料中添加量不超过200 g/t。

没食子酸丙酯(五倍子酸丙酯)

【作用与用途】本品作为抗氧化剂，毒性较小，可有效地抑制脂肪氧化，适用于各种畜禽配合饲料、含脂率高的饲料原料、动物性饲料及油脂等。对于含脂高的饲料，其抗氧化作用不如二丁基羟基甲苯、丁基羟基茴香醚。本品与二丁基羟基甲苯、丁基羟基茴香醚并用，并配合使用有机酸增效剂(如柠檬酸)，其抗氧化的效果显著增强。本品主要用于各种畜禽配合饲料。

【用法与用量】本品为粉剂，用于动物性脂肪或油脂，其添加量不应超过0.01%。用于畜禽配合饲料时混合前加入，应充分混合均匀，饲料中的添加量不超过200 g/t。

没食子酸异戊酯(五倍子酸异戊酯)

【作用与用途】本品作为抗氧化剂，毒性较小，可有效地抑制脂肪氧化，适用于各种畜禽饲料、含脂率高的饲料原料、动物性饲料及油脂等。对于含脂高的饲料，其抗氧化作用不如二丁基羟基甲苯、丁基羟基茴香醚。本品与二丁基羟基甲苯、丁基羟基茴香醚并用，并配合使用有机酸增效剂(如柠檬酸)，其抗氧化的效果显著增强。

【用法与用量】本品商品制剂为粉剂，用于各种畜禽配合饲料和动物性脂肪或油脂，其添加量应不超过饲料中脂肪含量的0.02%。

异抗坏血酸(异抗坏血酸钠)

【作用与用途】本品有一定的抗氧化能力，适用于各种畜禽配合饲料、动物性饲料和固体食品的品质保护，如加工鱼粉的鱼和杂骨肉、植物性饲料的绿色牧草及青菜等；腌制蔬菜时常用来保护其中的色素和天然香味。

【用法与用量】本品商品制剂为粉剂，作为饲料的抗氧化剂，在饲料中的添加量没有具体的限制，按产品说明书使用。

愈疮树脂与去甲二氢愈疮木脂酸

【作用与用途】本品具有很高的抗氧化性，适用于油脂和含脂率高的饲料中。本品能有效防止饲料和油脂中脂肪被氧化破坏，但价格高，目前仅用于高档食品或军用食品中，很少用于畜禽配合饲料中。

【用法与用量】本品商品制剂为粉剂，用于动物性脂肪中，其有效剂量为0.01%。用于畜禽配合饲料，应充分混合均匀。每1000 kg饲料的添加量为其含脂率的0.02%。

L-半胱氨酸盐酸盐

本品化学名称为*β*-巯基丙氨酸盐酸盐，系无色或白色结晶，易溶于水、乙醇、丙酮、冰乙酸和氨水中。在中性或碱性环境中，由于其分子中含有不稳定的巯基，*L*-半胱氨酸盐的还原性比维生素C高，氧化电位也比维生素C高。*L*-半胱氨酸盐首先被氧化成*L*-胱氨酸，从而降低维生素C的氧化分解，生成的*L*-胱氨酸是一种营养素。因此，本品是食品和饲料添加剂中理想的抗氧化剂,可用于保护维生素C或其他易被氧化的物质。目前有将氨基酸与生育酚联合使用以延缓油脂氧化的诱导期的研究报道。

植酸(肌醇六磷酸酯)

本品是存在于米糠、麸皮及很多植物性种子中B族维生素的一种肌醇六磷酸酯,系淡黄色或淡褐色黏稠液体,易溶于水、乙醇和丙酮,难溶于乙醚、苯、三氯甲烷。对热稳定,熔点高。具有较强的金属螯合作用和很好的抗氧化能力。此外,本品有调节饲料环境pH及缓冲作用,以及去除金属等作用。本品是一种新型的天然抗氧化剂,但是在畜禽配合饲料中使用时,势必造成矿物元素Cu、Mg、Fe等利用效率的降低,应当引起足够重视。

叔丁基对苯二酚

本品是一种较新的人工合成抗氧化剂,其最大的特点是在铁离子存在的情况下不着色。添加于任何油脂或含脂率高的食品及配合饲料中均无异味或异臭。本品脂溶性良好。可单独使用或与丁基羟基茴香醚或二丁基羟基甲苯混合使用,添加量约为饲料或食品中脂肪含量的0.02%,其抗氧化效果较丁基羟基茴香醚或二丁基羟基甲苯都好。

谷物种子芽的提取物

小麦、稻谷、大麦、黑麦等谷物种子用水浸后,自然发芽,然后分离出绿芽及小根,洗净,干燥后粉碎,再用有机溶剂提取,除去溶剂后得到谷物种子根和胚芽提取物。本品对油脂有很好的抗氧化效果,添加量为5%。

红茶提取物

该物是一种从茶叶中提取的以植物多酚为原料的天然抗氧化剂。与其他抗氧化剂相比,本品使用范围广,可用于各类动植物性食品、调味剂、饮料、食用油、水产品、各种畜禽配合饲料及宠物饲料,且用量无具体限制,抗氧化效果好。本品商品制剂有水溶性液剂、散剂、亲油性油剂、水产品用液剂4种。

二氢吡啶(2,6-二甲基-3,5-二羧乙氧基-1,4-二氢吡啶)

本品系浅绿黄色结晶性粉末,有微弱的特殊气味。不溶于水,难溶于乙醇,易溶于植物油。相对分子质量:254。本品系中性物质,在浓酸中缓慢分解,在氧化剂(亚硝酸、铬酸酐等)作用下转化为相应吡啶的衍生物。本品是在所有应用于畜牧业中毒性最小的抗氧化剂。该品的商品制剂粉剂,主要用于各种畜禽配合饲料和添加剂预混料。用于稳定草粉中胡萝卜素的添加量为每吨125～200 g/t;肉用仔鸡饲料添加量为400 g/t;仔猪饲料200 g/t;母猪饲料250 g/t;6月龄前犊牛精饲料400 g/t;肥育牛精饲料350 g/t;泌乳牛精饲料600 g/t。屠宰前72 h停药。

【考核评价】

四川某饲料厂主要生产猪饲料,为防止生产的饲料被氧化和发生变质腐败,以保证生产饲料的质量,需添加合适的饲料保藏剂,请为该饲料厂选择最佳的饲料保藏剂。

【案例分析】

一饲料厂因各种原因导致生产的饲料滞销，两个月后发现库存饲料散发异味，打开包装发现有一部分饲料已出现变质发霉现象，请结合案例分析饲料发生变质的主要原因。饲料霉变的原因主要有：①饲料未晒干，含水量过大，保存时间过长。②保存过程受潮，特别梅雨季节，外界湿度过大，加上适宜的温度，霉菌生长繁殖快。③保存不善，购进或加工好的饲料要保持干燥，经常进行日晒。添加药物添加剂或其他成分时，要现喂现配或少量添加，使饲料保持规定的含水量。长期贮存的饲料应添加防霉剂。

【知识拓展】

中草药饲料保藏剂

二维码　中草药饲料保藏剂

【知识链接】

DB34/T 404—2004《饲料中抗氧化剂、防腐防霉剂使用规则》

模块八　饲料中违禁药物的检验

学习目标

熟悉饲料中违禁药物检测的操作步骤，掌握饲料中盐酸克仑特罗、己烯雌酚、金霉素、喹乙醇的检测方法，了解各检测方法的原理。

Project 1

概　述

任务一　饲料中违禁药物

为了确保动物和人类的安全和健康，在 1999 年 5 月我国颁布的《饲料和饲料添加剂管理条例》第十一条中明确规定，企业生产饲料、饲料添加剂，不得直接添加兽药和其他禁用药品，允许添加的兽药必须制成动物添加剂后方可添加，生产药物饲料添加剂不得添加激素类药品。

目前，通常意义上所谓的违禁药物是指不允许往饲料、饲料添加剂中添加的激素类添加剂（性激素、生长激素和类激素物质）、β-兴奋剂（盐酸克仑特罗等）和某些药物添加剂如某些抗生素、人工合成抗菌药物和镇静剂等。目前，农业部、卫生部、国家药品监督管理局发布了《禁止在动物饲料和饮水中使用的药物的目录》(176 号公告)，共 5 类 32 项（表 8-1-1）。

表 8-1-1　禁止在动物饲料和饮用水中使用的药物品种

类别	种类
肾上腺素受体激动剂	盐酸克仑特罗(clenbuterol hydrochloride)，沙丁胺醇(salbutamol)，硫酸沙丁胺醇(salbutamol sulfate)，莱克多巴胺(ractopamine)，盐酸多巴胺(dopamine hydrochloride)，西马特罗(cimaterol)，硫酸特布他林(terbutaline sulfate)
性激素	己烯雌酚(diethylstibestrol)，雌二醇(estradiol)，戊酸雌二醇(estradiol)，苯甲酸雌二醇(estradiol benzoate)，氯烯雌醚(chlorotrianisene)，炔诺醇(ethinylestradiol)，炔诺醚(quinestrol)，醋酸氯地孕酮(chlormadtnone acetate)，左炔诺孕酮(levonorgestrel)，炔诺酮(norethisterone)，绒毛膜促性腺激素(绒促性素)(chorionic gonadotrophin)，促卵泡生长激素(尿促性素主要含卵泡刺激 FSHT 和黄体生成素 LH)(menotropins)
蛋白同化激素	碘化酪蛋白(iodinated casein)，苯丙酸诺龙及苯丙酸诺龙注射酸(nandrolone phenylpropionate)
镇静剂	(盐酸)氯丙嗪(chlorpromazine hydrochloride)，盐酸异丙嗪(promethazine hydrochloride)，安定(地西泮)(diazepam)，安眠酮，苯巴比妥(phenobarbital)，苯巴比妥钠，巴比妥(barbital)，异戊巴比妥(amobarbital)，异戊巴比妥钠(amobarbital sodium)，利血平(reserpine)
各种抗生素滤渣	抗生素滤渣

来源：卫生部、农业部和国家药品监督管理局 176 号公告。

β-肾上腺素受体激动剂（简称 β-兴奋剂）

β-肾上腺素受体激动剂，简称 β-兴奋剂，是 20 世纪 80 年代以来研究开发的一类作用于肾上腺能受体的类激素添加剂物质，属儿茶酚胺类化合物，在动物体内具有类似肾上腺素的生理作用。

大量的研究已完全表明，尽管 β-兴奋剂添加于饲料中可改善牛、猪、禽等的屠宰率，胴体质量、胴体瘦肉率和降低胴体脂肪含量，但使用这类添加剂后，猪屠体的肌糖原水平下降，最后肌肉的 pH 提高，产生 DFD 肉(深色、坚韧、干燥肉)。此外，其易在动物产品中残留，尤其是肝脏和肺脏等内脏器官，从而对人类的健康产生严重危害，可引起心跳加快，血压下降等现象。

β-兴奋剂的种类很多，有十几种。目前研究比较多的兴奋剂化合物有西马特罗(息喘宁，cimaterol)，克仑特罗(克喘素，clenbuterol)，莱克多巴胺(ractopamine)，沙丁胺醇(舒喘宁，salbutamol)等。

性激素

性激素是通过调节机体代谢，尤其是蛋白质和脂肪的合成与分解代谢而起到促进生长发育，增加胴体蛋白质含量，降低脂肪含量，提高饲料转化效率。用于生长促进剂的性激素主要包括雌激素、孕激素和雄激素及其类似物。该类激素属甾醇类化合物，即使通过消化道，也不能被消化液所降解，因此可通过饲料投给，也可通过埋植方式投给。目前，国外多通过埋植方式用于肉牛和养羊生产。

此类激素及其类似物曾是应用最为广泛、效果显著的一类生长促进剂。20 世纪 60—70 年代，美国肥育牛 80%～90%应用了此类制剂。直到今天，除了已烯雌酚(DES)等人工合成类雌激素化合物于 1980 年华沙国际学术讨论会和同年的联合国粮农组织与世界卫生组织联席会议决定完全禁用外，其他性激素类仍在美国等国家和地区使用。欧洲经济共同体已于 1988 年 1 月 1 日开始完全禁止在动物生产中使用甾醇类激素。目前我国亦禁止使用。

使用性激素及其类似物，可导致其在动物产品中的残留，进而通过食物链对人的健康产生危害，如普遍反映怀疑儿童的早熟与食用了含性激素的鸡肉等动物产品有关。这将扰乱人的正常生长繁育周期。

蛋白同化激素

目前我国禁用的该类药物主要有碘化酪蛋白和苯丙酸诺龙。动物甲状腺分泌的甲状腺素是维持动物正常生长发育的重要激素，全面调控机体代谢。适当增加甲状腺素水平，可提高动物基础代谢，使动物保持较高的生产水平。碘化酪蛋白属合成甲状腺素前驱物，在动物体内能起到类似甲状腺素的作用。我国禁用。

镇静剂

镇静剂又称作运动抑制剂，其作用是抑制动物的中枢神经，使动物处于安静、睡眠或半睡眠状态。由于活动量减少，能量的消耗降低至最少程度，以达到催肥，节约饲料的目的。

常用的镇静剂如利血平(人用降压药)、盐酸氯丙嗪、水合氯醛、盐酸异丙嗪等均系目前人医临床上普遍用镇静剂药物。该类药物在动物产品中的残留将影响人的健康，并可导致临床用药效果下降。我国目前未批准镇静剂作为饲料添加剂使用。

各种抗生素滤渣

该类物质是抗生素类产品生产过程中产生的工业三废，因含有微量的抗生素成分，在饲料和饲养过程中使用后对动物有一定的促生长作用，但对养殖业的危害很大，一是容易引起耐药性，二是由于其未做安全试验存在各种安全隐患。

任务二　饲料中其他药物

目前，用作饲料添加剂的其他药物主要包括抗生素和人工合成的抗菌药物。在多数国家和地区，目前抗生素类仅仅某些品种被禁用，如欧洲禁止使用泰乐菌素。有些个别国家地区完全禁用抗生素如瑞典。多数抗生素作为添加剂使用时，限制了其使用对象和使用时间，并对停药期有明确的严格规定。

人工合成的具有抑菌促生长作用的抗菌药物，目前用作抑菌促生长使用的主要有磺胺类、呋喃类和喹噁啉类。这类药物尽管有抑菌促生长作用，但多数有副作用，特别是对肾脏毒性大，有的甚至有致癌作用。

磺胺类药物主要用于短期预防和治疗某些细菌性疾病和驱虫。仅少数几种如磺胺二甲基嘧啶、磺胺噻唑等毒性小的与其他抗生素如金霉素等合用。目前磺胺类抗菌剂长期低剂量用于饲料，一般不单独使用。呋喃类也由于毒性大，目前已不作为促生长剂使用。喹噁啉类由于抗菌谱广，同时对氮的滞留作用和蛋白质同化作用较强，故对改善饲料转化效率和促进生长有有益效果，但有的因致癌作用，如卡巴氧等已被许多国家禁止使用。

任务三　饲料中药物检测方法标准制定的现状及特点

饲料中违禁药物的分析一般分三步进行：快速定性或半定量分析、准确定量分析和确认检验。首先用酶联免疫试剂盒对待检试样进行初选，对于阳性试样需要带回实验室，借助先进的大型分析仪器如高效液相色谱仪（HPLC）或气相色谱仪（GC）进行准确定量分析，借助气相色谱-质谱仪（GC-MS）和液相色谱-质谱仪（LC-MS）进行确认性检验。饲料中其他药物的检验一般借助于 HPLC 或 GC 即可。

本章主要以饲料中盐酸克仑特罗、己烯雌酚、金霉素、喹乙醇为代表，介绍饲料中药物的检测方法。其他药物的检测方法请参考新颁布的国家和行业标准或国际权威机构，如 AOAC 或权威学术刊物公布的方法。

Project 2

饲料中盐酸克仑特罗的检验

配合饲料、浓缩饲料和预混饲料中盐酸克仑特罗的测定与确证可分别采用 HPLC 法和 GC-MS 法。HPLC 法的最低检测限为 0.5 ng(取试样 5 g 时,最低检测浓度为 0.05 mg/kg)。GC-MS 法最低检测限为 0.025 ng (取试样 5 g 时,最低检测浓度为 0.01 mg/kg)。其中 GC-MS 法为仲裁法。

任务一 高效液相色谱法(HPLC 法)

一、方法原理

用加有甲醇的稀酸溶液将试样中的克仑特罗盐酸盐溶出,溶液碱化,经液液萃取和固相萃取柱净化后,在 HPLC 仪上分离、测定。

二、试剂和材料

以下所用的试剂和水,除特别注明外均为分析纯试剂,水为符合 GB/T 6682 中规定的三级水。

(1)甲醇。色谱纯,过 0.45 μm 滤膜。

(2)乙腈。色谱纯,过 0.45 μm 滤膜。

(3)提取液。5 g/L 偏磷酸溶液(14.29 g 偏磷酸溶解于水,并稀释至 1 L):甲醇=80:20 (V:V)。

(4)氢氧化钠溶液 $c(NaOH)$ 约 2 mol/L。20 g 氢氧化钠溶于 250 mL 水中。

(5)液液萃取用试剂。

①乙醚。

②无水硫酸钠。

(6)氮气。

(7)盐酸溶液 $c(HCl)$ 约 0.02 mol/L。1.67 mL 盐酸用于定容至 1 L。

(8)固相萃取(SPE)用试剂。

①30 mg/L Oasis HLB 固相萃取小柱(Waters Corperation,34 Maple Street Milford MA,USA)或同等效果净化柱。

②SPE 淋洗液。

淋洗液-1:含 2%氨水的 5%甲醇水溶液。

淋洗液-2:含 2%氨水的 30%甲醇水溶液。

(9)HPLC 专用试剂。

①HPLC 流动相:1 mL 1:1磷酸(优级纯)溶液(V:V)用实验室二级水稀释至 1 L,并按 100:12 的比例和乙腈混合(V:V),用前超声脱气 5 min。

②盐酸克仑特罗标准溶液。

a. 储备液,200 μg/mL:10.00 mg 盐酸克仑特罗(含 $C_{12}H_{18}Cl_{12}N_{20}$ · HCl 不少于 98.5%)

溶于 0.02 mol/L 盐酸溶液并定容至 50 mL，贮于冰箱中。有效期 1 个月。

b.工作液，2.00 μg/mL：用微量移液器移取储备液 500 μL 以 0.02 mol/L 盐酸溶液稀释至 50 mL，贮于冰箱中。

c.标准系列：用微量移液器移取工作液 25 μL，50 μL，100 μL，500 μL，1000 μL，以 0.02 mol/L盐酸溶液稀释至 2 mL，该标准系列中盐酸克仑特罗的相应浓度分别为：0.025 μg/mL，0.050 μg/mL，0.100 μg/mL，0.500 μg/mL，1.00 μg/mL，贮于冰箱中。

三、仪器、设备

(1)实验室常用仪器设备。

(2)分析天平。感量 0.001 g；感量 0.00001 g。

(3)超声水浴。

(4)离心机。能达 4000 r/min。

(5)分液漏斗。150 mL。

(6)电热块或沙浴。可控制温度至[(50～70)±5]℃。

(7)烘箱。温度可控制在(70±5)℃。

(8)高效液相色谱仪。具有 C_{18} 柱 4 μm(如 150 mm×3.9 mm ID)或类似的分析柱和 UV 检测器或二极管阵列检测器。

四、试样选取与制备

取具代表性的试样，用四分法缩减分取 200 g 左右，粉碎过 0.45 mm 孔径的筛，充分混匀，装入磨口瓶中备用。

五、分析步骤

(1)提取。称取适量试样(配合饲料 5 g，预混料、浓缩料 2 g)精确至 0.001 g，置于 100 mL 三角瓶中，准确加入提取液 50 mL，振摇使全部润湿，放在超声水浴中超声提取 15 min，每 5 min 取出用手振摇一次。超声结束后，手摇至少 10 s，并取上层液于离心机 4000 r/min 下离心 10 min。

(2)净化。准确吸取上清液 10.00 mL，置 150 mL 分液漏斗中滴加氢氧化钠溶液，充分振摇，将 pH 调至 11～12。该过程反应较慢，放置 3～5 min 后，检查 pH，若 pH 降低需再加碱调节。溶液用 30 mL，25 mL 乙醚萃取两次，乙醚层通过无水硫酸钠干燥，用少许乙醚淋洗分液漏斗和无水硫酸钠，并用乙醚定容至 50 mL。准确吸取 25.00 mL 于 50 mL 烧杯中，置通风橱内。50℃加热块或沙浴上蒸干，残渣溶于 2.00 mL 盐酸溶液，取 1.00 mL 置于预先已分别用 1 mL 甲醇和 1 mL 去离子水处理过的 SPE 小柱上，用注射器稍试加压，使其过柱速度不超过 1 mL/min，再先后分别用 1 mL SPE 淋洗液-1 和淋洗液-2 淋洗，最后用甲醇洗脱，洗脱液置(70±5)℃加热块或沙浴上，用氮气吹干。

(3)测定。

①于净化、吹干的样品残渣中准确加入1.00～2.00 mL 0.02 mol/L盐酸溶液，充分振摇、超声，使残渣溶解，必要时过0.45 μm的滤膜，上清液上机测定，用盐酸克仑特罗标准系列进行单点或多点校准。

②HPLC测定参数设定。

色谱柱：C_{18}，柱长150 mm×3.9 mm ID，粒度4 μm或类似的分析柱。

柱温：室温。

流动相：0.05%磷酸水溶液∶乙腈＝100∶12（V∶V），流速：1.0 mL/min。

检测器：二极管阵列或UV检测器。

检测波长：210 nm或243 nm。

进样量：20～50 μL。

③定性定量方法。

定性方法：除了用保留时间定性外，还可用二极管阵列测定盐酸克仑特罗紫外光区的特征光谱，即在210 nm、243 nm、296 nm有3个峰值依次变低的吸收峰。

定量方法：积分得到峰面积，而后用单点或多点校准法定量。

六、分析结果的表述

(1)试样中盐酸克仑特罗的质量分数按以下公式计算。

$$w(\text{盐酸克仑特罗})=\frac{m_1}{m}\times D\times 10^{-6}$$

式中，m_1为HPLC色谱峰的面积对应的盐酸克仑特罗的质量，μg；D为稀释倍数，m为试样质量，g。结果表示至小数点后一位。

(2)允许差。取平行测定结果的算术平均值为测定结果，两个平行测定的相对偏差不大于10%。

任务二　气相色谱-质谱法GC-MS法（仲裁法）

一、方法原理

用加有甲醇的稀酸溶液将饲料中的克仑特罗盐酸盐溶出，溶液碱化，经液液萃取和固相萃取柱净化后，在GC-MS联用仪上分离、测定。

二、试剂和材料

以下所用的试剂和水，除特别注明者外均为分析纯试剂，水为符合GB/T 6682—2008

中规定的三级水。

(1)提取净化用试剂。同 HPLC 法。

(2)衍生剂。*N*,*O*-双三甲基甲硅烷三氟乙酰胺(BSTFA)。

(3)甲苯。

(4)盐酸克仑特罗标准溶液。

①储备液,200 μg/mL:10.00 mg 盐酸克仑特罗(含 $C_{12}H_{18}C_{12}N_{20}\cdot HCl$ 不少于 98.5%)溶于甲醇并定容至 50 mL,贮于冰箱中。有效期 3 个月。

②工作液,2.00 μg/mL:用微量移液器移取储备液 500 μL 以甲醇稀释至 50 mL,贮于冰箱中。

③标准系列:用微量移液器移取工作液 25 μL,50 μL,100 μL,500 μL,1000 μL,以甲醇稀释至 2 mL,该标准系列中盐酸克仑特罗的相应浓度为:0.025 μg/mL,0.050 μg/mL,0.100 μg/mL,0.500 μg/mL,1.00 μg/mL,贮于冰箱中。

三、仪器、设备

(1)试样前处理设备同 HPLC 法。

(2)GC-MS 联用仪。装有弱极性或非极性的毛细管柱的气相色谱仪和电子轰击离子源和检测器。

四、试样选取与制备

同 HPLC 法。

五、分析步骤

(1)提取同 HPLC 法。

(2)净化同 HPLC 法。

(3)测定。

①衍生:于净化、吹干的试样残渣中加入衍生剂 BSTFA 50 μL,充分涡旋混合后,置(70±5)℃烘箱中,衍生反应 30 min。用氮气吹干,加甲苯 100 μL,混匀,上 GC-MS 联用仪测定。同时用盐酸克仑特罗标准系列做同步衍生。

②GC-MS 测定参数设定。

色谱柱:DB-5MS,30 m×0.25 mm ID,0.25 μm。

载气:氦气,柱头压:50 Pa。

进样口温度:260℃。

进样量:1 μL ,不分流。

柱温程序:70℃保持 1 min,以 25℃/min 速度升至 200℃保持 6 min,再以 25℃/min 的速度升至 280℃并保持 2 min。

EI 源电子轰击能:70 eV。

检测器温度:200℃。

接口温度:250℃。

质量扫描范围:60～400 AMU。

溶剂延迟:7 min。

检测用克仑特罗三甲基硅烷衍生物的特征质谱峰:m/z=86,187,243,262。

③定性定量方法。

定性方法:试样与标准品保留时间的相对偏差不大于0.5%。特征离子基峰百分数与标准品相差不大于20%。

定量方法:选择离子监测(SIM)法计算峰面积,单点或多点校准法定量。

六、分析结果的表述

(1)试样中盐酸克仑特罗的质量分数按以下公式计算。

$$w(\text{盐酸克仑特罗})=\frac{m_2}{m}\times D\times 10^{-6}$$

式中,m_2为GC-MS色谱峰的面积对应的盐酸克仑特罗的质量,μg;D为稀释倍数;m为试样质量,g。结果表示至小数点后一位。

(2)允许差。取平行测定结果的算术平均值为测定结果,两个平行测定的相对偏差不大于20%。

Project 3

饲料中己烯雌酚的检验

配合饲料、浓缩饲料和预混饲料中己烯雌酚的测定可采用 HPLC 法和 LC-MS 法。HPLC 法的最低检测限为 4 ng(取样 10 g 时，最低检测浓度为 0.1 mg/kg)，LC-MS 法的最低检测限为 0.5 ng(取样 10 g 时，最低检测浓度为 0.025 mg/kg)。其中 LC-MS 法为仲裁法。

任务一　高效液相色谱法(HPLC 法)

试样中的己烯雌酚用乙酸乙酯提取，减压蒸干后，经不同 pH 的液液分配净化，再于 HPLC 仪器上分离、测定。

一、试剂和材料

除特殊注明外，本法所用的试剂均为分析纯，水为去离子水，符合二级用水的规定。

①抗坏血酸。

②乙酸乙酯。

③三氯甲烷。

④甲醇。

⑤氢氧化钠溶液：$c(NaOH)=1$ mol/L。

⑥碳酸氢钠溶液：$c(NaHCO_3)=1$ mol/L。

⑦无水硫酸钠。

⑧己烯雌酚(DES)标准溶液。

a. DES 标准储备液：准确称取 DES 标准品(含量>99%)0.01000 g，置于 10 mL 容量瓶中，用甲醇溶解，并稀释至刻度，摇匀，其浓度为 1 mg/mL，贮于 0℃冰箱中，有效期 1 个月。

b. DES 标准工作液：分别准确吸取标准储备液 1.00 mL，0.500 mL，0.10 mL，置于 10 mL 容量瓶中，用甲醇稀释、定容。其对应的浓度为 100 μg/mL，50 μg/mL，10 μg/mL，再以此稀释液配制 2 μg/mL，0.5 μg/mL，0.25 μg/mL，0.1 μg/mL 的标准工作液。

⑨HPLC 流动相：0.5 mL 1∶1磷酸(优级纯)溶液(V∶V)用实验室二级用水稀释至 1 L，并按 40∶60(V∶V)的比例和甲醇混合。用前超声或做其他脱气处理。

二、仪器、设备

①实验室常用仪器、设备。

②分析天平：感量为 0.0001，0.00001 g 的各一台。

③超声水浴。

④离心机：能达 4000～5000r/min。

⑤旋转蒸发器。

⑥分液漏斗：150 mL。

⑦高效液相色谱仪：具有 C_{18} 柱(如 150 mm×3.9 mm ID，粒度 4 μm)和紫外(UV)或二极管阵列检测器。

三、试样选取和制备

采取有代表性的样品，四分法缩减至 200 g，粉碎，使全部通过 0.45 mm 孔径的筛，充分混匀，贮于磨口瓶中备用。

四、分析步骤

①提取。称取配合饲料 10 g(准确至 0.001 g)和抗坏血酸 2 g，置于 50 mL 离心管中，加乙酸乙酯 60 mL，盖好管盖，充分振摇约 1 min，再置超声水浴中超声提取 2 min，其间用手回旋摇动两次。取出后于离心机上，4000～5000 r/min 离心 10 min，倒出上清液，再分别用 50 mL，40 mL 乙酸乙酯重复提取两次，汇集上清液，置旋转蒸发器上，68～72℃减压蒸发至干。

浓缩饲料和添加剂预混合饲料提取过程相同，只是浓缩饲料需称取 3～4 g，添加剂预混合饲料 2 g(称量准确至 0.0001 g)，提取用的乙酸乙酯量也相应减至 40 mL，30 mL，20 mL。

②净化。将蒸干的乙酸乙酯提取物用三氯甲烷溶解，分 3 次定量转移至 150 mL 的分液漏斗中(共用三氯甲烷约 60 mL)，加少许抗坏血酸(0.3～0.5 g)，用氢氧化钠溶液 10 mL，将 DES 萃取至水相(回旋振摇 30 s)，并用三氯甲烷洗涤水相 2～3 次，每次 20 mL，回旋振摇 10s。然后用碳酸氢钠溶液 12～15 mL 将 pH 调至 10.3～10.6，用 30 mL，30 mL，20 mL 三氯甲烷萃取 3 次，将 DES 回提至三氯甲烷中，并令三氯甲烷层通过无水硫酸钠(30～35 g)干燥。将干燥过的三氯甲烷溶液置旋转蒸发器上，在 55～57℃下减压蒸发至干。以适量的甲醇溶解后，上机测定。

③测定。

a. HPLC 测定参数的设定：

色谱柱：C_{18}，柱长 150 mm×3.9 mm ID，粒度 4 μm 或性能类似的分析柱。

柱温：室温。

流动相：0.025%磷酸水溶液∶甲醇＝40∶60(V∶V)。流速：1.0 mL/min。

检测器：UV 或二极管阵列检测器。

检测波长：240 nm。

进样量：8～20 μL。

b. 定性、定量测定：按仪器说明书操作，取适量由获得的试样制备液和相应浓度的 DES 标准工作液进行测定。以保留时间和 DES 的紫外光区特征光谱定性(DES 在 240 nm 有一吸收峰，而后在约 280 nm 处有一肩峰)。以色谱峰面积积分值做单点或多点校准定量。

五、结果计算

①试样中己烯雌酚的质量分数按以下公式计算。

$$w(\text{己烯雌酚})=\frac{m_1}{m}\times D\times 10^{-6}$$

式中，m_1 为 HPLC 上试样色谱峰对应的己烯雌酚质量，μg；m 为试样质量，g；D 为稀释倍数。

测定结果用平行测定的算术平均值表示，保留至小数点后一位。

②允许差。两个平行测定的相对偏差个大于 7%。

任务二　液相色谱-质谱法（LC-MS 法）

一、方法原理

试样中的 DES 用乙酸乙酯提取，减压蒸干后，经不同 pH 下的液液分配净化，再于 LC-MS 仪器上分离、测定。

二、试剂和材料

(1)LC 流动相：甲醇∶水＝70∶30（V∶V）。

(2)其他同 HPLC 法。

三、仪器、设备

(1)LC-M5 联用仪。

(2)其他仪器设备同 HPLC 法。

四、试样制备

同 HPLC 法。

五、分析步骤

(1)提取：同 HPLC 法。

(2)净化：同 NPLC 法。

(3)测定。

LC 色谱柱：C_{18}，柱长 150 mm×2.1 mm ID，粒度 3.5～5 μm。

柱温：30℃。

流动相：甲醇∶水＝70∶30（V∶V）。

流动相流速：0.2 mL/min。

负离子电喷雾电离源（ESI）。

电离电压：3.0 kV。

取样锥孔电压：60 V。

二级锥孔电压：4～5 V。

源温度：103℃。

脱溶剂温度：180℃。

脱溶剂氮气：260 L/h。

锥孔反吹氮气：50 L/h。

(4)定性定量方法。

定性方法：以试样与标准品保留时间和特征质谱离子峰定性，DES 应有准分子离子峰 $m/z=267$ 和 251、237 两个离子碎片。

定量方法：以选择准分子离子峰($m/z=267$)计算色谱峰面积，单点或多点校准法定量。

六、结果计算

①试样中己烯雌酚的质量分数按以下公式计算。

$$w(\text{己烯雌酚})=\frac{m_2}{m}\times D\times 10^{-6}$$

式中，m_2 为 LC-MS 试样色谱峰对应的己烯雌酚质量，μg；m 为试样质量，g；D 为稀释倍数。

测定结果用平行测定的算术平均值表示，保留至小数点后一位。

②允许差。两个平行测定的相对偏差不大于 10%。

任务三　饲料中金霉素的测定

一、适用范围

本标准适用于配合饲料、浓缩饲料和预混合饲料中金霉素的测定，检测限为 1 mg，最低检出浓度为 4 mg/kg。

二、方法原理

使用盐酸-丙酮溶液提取饲料中的金霉素，调至 pH 为 1.0～1.2，振荡，过滤，注入反相柱分离，紫外检测器检测，外标法定量分析。

三、试剂和材料

本标准所用试剂，除特别注明外，均为分析纯。水为蒸馏水，色谱用水为去离子水，符合 GB/T 6682—2008 用水的规定。

(1)氢氧化钠溶液。400 g/L。

(2)乙二酸(草酸)溶液。$1/2c(H_2C_2O_4)=0.01$ mol/L。

(3)4 mol/L 盐酸溶液。

(4)提取液。丙酮∶4 mol/L 盐酸溶液∶水=13∶1∶6(V∶V∶V)。

(5)流动相。乙二酸溶液∶乙腈(色谱纯)∶甲醇(色谱纯)=10∶3∶2(V∶V∶V)。

(6)金霉素标准液。

①金霉素标准储备液:准确称取金霉素标准品 0.01290 g(含量大于 96.9%,贮存于硅胶干燥器中),精确至 0.1 mg,置于 50 mL 容量瓶中,用提取液溶解并定容至刻度,摇匀,其浓度为 250 g/L,贮于 4~6℃冰箱中,有效期为 1 周。

②金霉素标准工作液:准确移取 4 mL 金霉素标准储备液于 10 mL 容量瓶中,用超纯水稀释至刻度,摇匀,其浓度为 100 g/L,现用现配。

四、仪器、设备

(1)离心机:3000 r/min。

(2)pH 计:精度 0.01 mV。

(3)恒温振荡器:300 r/min。

(4)微孔滤膜(孔径 0.45 μm)。

(5)分析天平,感量 0.1 mg。

(6)分析天平:感量 0.01 mg。

(7)高效液相色谱仪。

五、试样的选取和制备

选取有代表性样品 200~500 g,用四分法缩至 100 g,粉碎通过 0.45 mm 孔径筛,充分混匀,贮于磨口瓶中备用。

六、分析步骤

①称取试样 1~10 g(金霉素含量≥40 mg/kg),准确至 0.1 mg,置于具塞锥形瓶中,加入 100 mL 提取液,手摇 2 min,再用盐酸溶液调 pH 至 1.0~1.2(记录盐酸溶液的消耗量,作为稀释倍数),具塞,恒温振荡器振荡速度 110 r/min,振荡 30 min。

②将提取液倒入离心管,3000 r/min 离心 15 min。

③取离心上清液用滤膜过滤,滤液作为样品液。

④HPLC 测定参数的设定。

分析柱 C_{18}:柱长 150 mm,内径 4.6 mm,粒度 5 μm(或类似分析柱)。

柱温:室温。

检测器:紫外检测器,检测波长 375 nm。

流动相速度:1.0 mL/min。

进样量:10~20 μL。

⑤定量测定:采用多点外标法,根据浓度与峰面积的线性回归方程计算金霉素的含量。

七、测定结果的计算

①试样中所含金霉素的质量分数按以下公式计算。

$$w(\text{金霉素})=\frac{m_1}{m}\times D\times 10^{-6}$$

式中，m_1 为 HPLC 试样色谱峰对应的金霉素质量，μg；m 为试样质量，g；D 为稀释倍数。

测定结果用平行样测定的算术平均值表示，保留至小数点后一位。

②允许差。两个平行测定的相对偏差不大于 7%。

任务四　饲料中喹乙醇的测定

一、适用范围

本方法适用于配合饲料、浓缩饲料和预混合饲料中喹乙醇的测定，检测限 0.65 g，最低检出浓度为 2 mg/kg。

二、方法原理

饲料样品中的喹乙醇以甲醇溶液提取，过滤后用反相液相色谱柱分离测定紫外检测器检测，外标法定量分析。

三、试剂和材料

本标准所用试剂，除特别注明外，均为分析纯。水为蒸馏水，色谱用水为去离子水，符合 GB/T 668—2008 用水的规定。

(1)乙酸。

(2)提取液。5%甲醇(色谱纯)溶液。

(3)碳酸钾。

(4)流动相。15%甲醇(色谱纯)溶液(用乙酸调 pH 为 2.2)。

(5)喹乙醇标准溶液。

①喹乙醇标准储备液：准确称取喹乙醇标准品 0.01255 g(含量≥99.6%，使用前于 105℃烘箱中干燥 2 h，贮存于硅胶干燥器中)，精确至 0.01 mg，置于 50 mL 棕色容量瓶中，用提取液在 60℃超声波水浴超声振荡 15 min 溶解并定容至刻度，摇匀，其溶液浓度为 250 g/L，贮于 4～6℃冰箱中，有效期为 1 周。

②喹乙醇标准工作液：准确移取 4 mL 喹乙醇标准储备液于 10 mL 棕色容量瓶中，用提取液稀释至刻度，摇匀，其浓度为 100 g/L，现用现配。

四、仪器、设备

(1)离心机。3000 r/min。

(2)超声波振荡器。

(3)微孔滤膜(孔径 0.45 μm)。

(4)pH 计。精度 0.01 mV。

(5)恒温振荡器。300 r/min。

(6)分析天平。感量 0.1 mg。

(7)分析天平。感量 0.01 mg。

(8)高效液相色谱仪。

五、试样的选取和制备

选取有代表性样品 200～500 g,用四分法缩至 100 g,粉碎通过 0.45 mm 孔径筛,充分混匀,贮于磨口瓶中备用。

六、分析步骤

①称取试样 1～5 g,准确至 0.1 mg(喹乙醇含量≥ mg/kg),置于具塞锥形瓶中,加入 0.5 g 碳酸钾和 50 mL 提取液,具塞置于摇床中,恒温振荡器振荡速度 110 r/min,振荡 30 min(避光操作)。

②将提取液倒入离心管,3000 r/min,离心 15 min。

③取离心上清液用滤膜过滤,滤液作为样品液。

④HPLC 测定参数的设定。

分析柱 C_{18}:柱长 250 mm,内径 4.6 mm,粒度 5 μm(或类似分析柱)。

柱温:室温。

检测器:紫外检测器,检测波长 260 nm。

流动相速度:0.9 mL/min。

进样量:5～10 μL。

⑤定量测定。采用多点外标法,根据浓度与峰面积的线性回归方程计算喹乙醇的含量。

七、测定结果的计算

①试样中所含喹乙醇的质量分数按以下公式计算。

$$w(\text{喹乙醇})=\frac{m_1}{m}\times D\times 10^{-6}$$

式中,m_1 为 HPLC 试样色谱峰对应的喹乙醇质量,μg;m 为试样质量,g;D 为稀释倍数。

测定结果用平行样测定的算术平均值表示,保留至小数点后一位。

②允许差。两个平行测定的相对偏差不大于 7%。

【考核评价】

现有某饲料厂生产的饲料样品，为了保证饲料的质量，饲养健康的动物，需对该饲料样品检测是否有违禁药品，请结合目前我国饲料药物添加剂的规定和当前饲料生产、畜牧养殖业的实际情况，对常见饲料违禁药物进行测定。

【案例分析】

2011 年 3 月 15 日中央电视台新闻频道播出了“瘦肉精”猪肉流入双汇集团的济源分公司的报道，受此消息影响，不仅中国的生猪产业受到重创，而且知名肉类加工企业双汇集团也遭受巨大的经济损失。“瘦肉精”主要是指盐酸克伦特罗和莱克多巴胺，能兴奋交感神经，使心跳加快，促进肌肉的生长，消耗多余脂肪。但是，长期摄入盐酸克伦特罗对心肌和心脏有害，使肌肉的运动耐力降低，肾上腺分泌功能过度，对机体免疫产生抑制作用。人类食用超过盐酸克伦特罗残留限量的肉及其制品后，会发生急性中毒，通常表现为面色潮红、头痛、头晕、乏力、胸闷、心悸，四肢、脸、颈部骨骼肌震颤，还可引起代谢紊乱。根据以上报道的情况，属于不按照我国饲料药物添加管理规定，在饲料中添加违禁药物的典型案例。对人类的健康造成了一定的危害，饲料厂和养殖场应该严格遵照我国饲料和饲料添加相关管理规定，监督管理部门应该加强管理，以保证生产健康安全的食品。

【知识拓展】

1.《饲料药物添加剂使用规范》

2. 违禁药物相关公告

二维码 《饲料药物添加剂使用规范》 违禁药物相关公告

【知识链接】

1. GB/T 8381—2008《饲料中黄曲霉素 B1 的测定　半定量薄层色谱法》

2. GB/T 8381.7—2009《饲料中喹乙醇的测定　高效液相色谱法》

3. GB/T 8381.9—2005《饲料中氯霉素的测定　气相色谱法》

4. NY/T 933—2005《尿液中盐酸克仑特罗的测定　胶体金免疫层析法》

模块九 饲料中有毒有害物质的检验

项目一 有毒有害元素的分析测定

项目二 天然有毒有害物质的分析测定

学习目标

熟悉各类有毒有害物质检测过程中的操作步骤及注意事项，掌握无机有毒有害物质（铅、砷、铬、镉、汞、氟）、天然有毒有害物质（亚硝酸盐、游离棉酚、异硫氰酸酯、噁唑烷硫酮）检测方法，了解各检测方法的原理。

Project 1

有毒有害元素的分析测定

已经发现，对动物危害性较大的无机元素类有毒有害物质主要包括铅、砷、铬、镉、汞、氟、钼和硒等。但值得注意的是，无机元素类有毒有害物质的划分是相对的，过去曾经认为对动物有毒有害的无机元素如硒、钼和铬，现已证明它们是动物的必需微量元素；而在动物营养上被认为是必需微量元素的铁、铜、锌等，如果摄入量过多，同样会对动物产生毒害作用。

饲料中无机元素类有毒有害物质的毒性特点主要有5个方面：一是无机元素本身不发生分解，某些元素还可在生物体内蓄积，且生物半衰期较长，从而通过生物链危害人类的健康；二是体内的生物转化通常不能减弱无机元素的毒性，有的反而转化为毒性更强的化合物；三是饲料中无机元素类有毒有害物质的含量与工业污染和农药污染密切相关，其毒性强弱与无机元素的存在形式有关；四是不同种类的动物对饲料中无机元素类有毒有害物质的敏感性不同；五是由饲料中无机元素类有毒有害物质引起的动物中毒多是慢性中毒，急性中毒很少见。因此，对各种饲料原料和配合饲料中的无机元素类有毒有害物质进行检测，以控制其在国家饲料卫生质量标准规定的允许范围内，这对促进我国饲料工业和动物养殖业的良性发展和保证人类健康具有重要的意义。

任务一　饲料中铅的测定(原子吸收分光光度法)

铅是对动物有毒害作用的无机类金属元素之一。其毒性作用主要表现在对神经系统、造血器官和肾脏的损害。铅也损害机体的免疫系统，使机体的免疫机能降低。铅还可导致动物畸变、突变和癌变。一般情况下，植物性饲料中的铅含量都较低，在0.2～3.0 mg/kg范围内，不会超出国家饲料卫生标准规定的允许量。但植物性饲料的含铅量变异很大，与土壤中铅的水平和工业污染有关。在富铅土壤上生长的饲料植物含铅量较高。工业污染是造成植物性饲料含铅量增加的重要原因。如正常牧草中的铅含量为3.0～7.0 mg/kg，而冶炼厂附近的牧草铅含量可高达325 mg/kg，而且多积累在叶片和叶片茂盛的叶菜类中，如甘蓝、莴笋等的铅含量可达45～1200 mg/kg。石粉、磷酸盐等矿物质饲料的铅含量因产地不同而变异很大，某些地区的矿物质饲料因含有铅杂质，致使铅含量较高。铅在动物体内主要沉积于骨骼，因此骨粉、肉骨粉和含鱼骨较多的鱼粉含铅量较高。据报道，骨粉中的铅含量高达61.7 mg/kg。工业污染严重的海水水域生产的鱼粉其铅含量也较高。因此，在饲料工业和动物养殖业中，严格检测饲料原料和配合饲料中的铅含量是非常必要的。

饲料中铅含量的测定可采用原子吸收分光光度法、双硫腙比色法和阳极溶出伏安法。双硫腙比色法是经典的方法，结果准确，但操作复杂，干扰因素多，要求严格。阳极溶出伏安法虽可实现铜、铅、锌、镉的同时测定，但操作烦琐，干扰因素多，灵敏度较低。原子吸收分光光度法快速、准确，干扰因素少，是测定饲料中铅含量的常用方法，也是国标规定的标准方法。

一、适用范围

本方法适用于饲料原料(磷酸盐、石粉、鱼粉等)、配合饲料(包括混合饲料)中铅的测定。

二、测定原理

样品经消解处理后，再经萃取分离，然后导入原子吸收分光光度计中，原子化后测量其在283.3 nm处的吸光度，与标准系列比较定量。

三、试剂和溶液

除特殊规定外，本方法所用试剂均为分析纯，水为去离子重蒸馏水或相应纯度的水。

①硝酸：优级纯。

②硫酸：优级纯。

③高氯酸：优级纯。

④盐酸：优级纯。

⑤甲基异丁酮[$CH_3COCH_2CH(CH_3)_2$]。

⑥6 mol/L硝酸溶液：量取38 mL硝酸，加水至100 mL。

⑦1 mol/L碘化钾溶液：称取166 g碘化钾，溶于1000 mL水中，贮存于棕色瓶中。

⑧1 mol/L盐酸溶液：量取84 mL盐酸，加水至1000 mL。

⑨50 g/L抗坏血酸溶液：称取5.0 g抗坏血酸溶于水中，稀释至100 mL，贮存于棕色瓶中。

⑩铅标准贮备液：精确称取0.15980 g硝酸铅，加6 mol/L硝酸溶液10 mL，全部溶解后，转入1000 mL容量瓶中，加水定容至刻度，该溶液每毫升含0.1 mg铅。

⑪铅标准工作液：精确吸取1 mL铅标准贮备液，加入100 mL容量瓶中，加水至刻度，此溶液每毫升含1 μg铅。

四、仪器设备

①消化设备：两平行样所在位置的温度差小于或等于5℃。

②马福炉。

③分析天平：感量0.0001 g。

④实验室用样品粉碎机。

⑤振荡器。

⑥原子吸收分光光度计。

⑦容量瓶：25 mL，50 mL，100 mL，1000 mL。

⑧吸液管：1 mL，2 mL，5 mL，10 mL，15 mL。

⑨消化管。

⑩瓷坩埚。

五、试样制备

采集具有代表性的饲料样品，至少 2 kg，四分法缩分至 250 g，磨碎，过 1 mm 孔筛，混匀，装入密闭容器中，低温保存备用。

六、测定步骤

(1)试样处理。

①配合饲料及鱼粉试样处理：称取 4 g 样品，精确到 0.001 g，置于瓷坩埚中缓慢加热至炭化，在 500℃高温下加热 18 h，直至试样呈灰白色。冷却，用少量水将炭化物湿润，加入 5 mL 硝酸、5 mL 高氯酸，将坩埚内的溶液无损地移入烧杯内，用表面皿盖住，在沙浴或加热装置上加热，待消解完全后，去掉表面皿，至近干涸。加 1 mol/L 盐酸溶液 10 mL，使盐类溶解，把溶液转入 50 mL 容量瓶中，用水冲洗烧杯多次，加水至刻度。用中速滤纸过滤，待用。

②磷酸盐、石粉试样处理：称取 5 g 试样，精确到 0.001 g，放入消化管中，加入 5 mL 水，使试样湿润，依次加入 20 mL 硝酸，5 mL 硫酸，放置 4 h 后加入 5 mL 高氯酸，放在消化装置上加热消化。在 150℃温度恒温消化 2 h，然后将温度缓缓升到 300℃，在 300℃下恒温消化，直至样品发白近干为止，取下消化管，放冷。加入 1 mol/L 盐酸溶液 10 mL，在 150℃温度下加热，使样品中盐类溶解后将溶液转入 50 mL 容量瓶中，用水冲洗消化管，将冲洗液并入容量瓶中，加水至刻度。用中速滤纸过滤，备作原子吸收用。

同时于相同条件下，做试剂空白溶液。

(2)标准曲线绘制。精确吸取 1 μg/mL 的铅标准工作液 0 mL，4 mL，8 mL，12 mL，16 mL，20 mL，分别加到 25 mL 容量瓶中，加水至 20 mL。准确加入 1 mol/mL 的碘化钾溶液 2 mL，振动摇匀；加入 1 mL 抗坏血酸溶液，振动摇匀；准确加入 2 mL 甲基异丁酮溶液，激烈振动 3 min，静置萃取后，将有机相导入原子吸收分光光度计。在 283.3 nm 波长处测定吸光度，以吸光度为纵坐标，浓度为横坐标绘制标准曲线。

(3)测定。精确吸取 5～10 mL 样品溶液和试剂空白液分别加入到 25 mL 容量瓶中，按绘制标准曲线的步骤进行测定，测出相应吸光度和标准曲线比较定量。

七、结果计算

试样中铅的质量分数按以下公式计算。

$$w(\mathrm{Pb})=V_1\times\frac{m_1-m_2}{m}\times V_2$$

式中，m 为试样质量，g；V_1 为试样消化液总体积，mL；V_2 为测定用试样消化液体积，mL；m_1 为测定用试样消化液铅质量，μg；m_2 为空白试液中铅质量，μg。

八、结果表示与重复性

每个试样取 2 个平行样进行测定，以其算术平均值为结果。结果表示到 0.01 mg/kg。

同一分析者对同一试样同时或快速连续地进行 2 次测定，所得结果之间的差值：铅含量≤5 mg/kg 时，不得超过平均值的 20％；铅含量为 5～15 mg/kg 时，不得超过平均值的 15％，铅含量为 15～30 mg/kg 时，不得超过平均值的 10％；铅含量≥30 mg/kg 时，不得超过平均值的 5％。

任务二　饲料中总砷的测定(银盐法和快速法)

砷是一种损害机体全身组织的毒物，砷与动物体组织中酶的巯基结合，使之灭活而产生毒性，尤其以消化道、肝、肾、脾、肺、皮肤以及神经组织更为敏感。一般自然界中的砷多为五价，环境污染的砷多为三价的无机化合物。其中，三价砷制剂的毒性大于五价砷；元素砷不溶于水，其毒性低；绝大部分砷的氧化物毒性很高；无机砷的毒性大于有机砷。砷可以长期蓄积在机体的表皮组织、毛发、蹄甲及骨骼组织中，并且从体内排出较缓慢。砷也可致使动物癌变、畸变和突变。

一般情况下，植物性饲料中的砷含量均很低，在 1.0 mg/kg 以下。一些主要饲料原料的砷含量分别为：玉米 0.07～0.83 mg/kg，大豆饼（粕）0.02～0.56 mg/kg，麦麸 0.08～1.50 mg/kg，棉籽饼（粕）0.40～0.80 mg/kg，菜籽饼（粕）0.80～1.00 mg/kg，干牧草 0.057～0.80 mg/kg。但植物性饲料中的砷含量主要受到土壤含砷量、农药污染和工业污染的影响。在砷污染的土壤中生长的饲料植物能吸收累积大量砷。高砷地区产的矿物类饲料中砷的含量也很高。水生生物尤其是海洋生物对砷具有很强的富集能力，某些生物的富集系数可高达 3300 倍。一般的鱼类含砷量为 1.0～2.0 mg/kg，而被砷污染的海水水域，其贝类的含砷量可高达 100 mg/kg，海藻为 17.5 mg/kg，海带为 56.7 mg/kg。据美国报道，被炼钢厂排放的含砷烟尘污染的牧草，其砷含量高达 50 mg/kg。因此，为了减少和避免砷的危害，严格检测饲料原料和配合饲料中的砷含量，具有重要意义。

砷的测定方法有二乙氨基二硫代氨基甲酸银法（银盐法）、硼氢化钠还原光度法（快速法）、砷斑法、示波极谱法和原子吸收分光光度法。目前最常用的方法是银盐法和快速法。砷斑法是半定量方法，可测定痕量砷。应用这些方法测出的是总砷含量，不能区分有机砷和无机砷。本书主要介绍银盐法和快速法。

一、二乙氨基二硫代氨基甲酸银法(银盐法)(方法一)

(1)适用范围。本方法适用于各种配（混）合饲料、浓缩饲料、预混合饲料及饲料原料中总砷的测定。

(2)测定原理。样品经酸消解或干灰化破坏有机物，使砷呈离子状态存在，经碘化钾、氯化亚锡将高价砷还原为三价砷，然后被锌粒和酸产生的新生态氢还原为砷化氢。在密闭装置中，被二乙氨基二硫代氨基甲酸银(Ag-DDTC)的三氯甲烷溶液吸收后，形成黄色或棕红色银溶胶，其颜色深浅与砷含量成正比，用分光光度计比色测定。形成胶体银的反应如下。

$$AsH_3+6Ag(DDTC)=6Ag+3H(DDTC)+As(DDTC)_3$$

(3)试剂和溶液。除特殊规定外，所用试剂均为分析纯，水系蒸馏水或相应纯度的水。

①硝酸。

②硫酸。

③高氯酸。

④盐酸。

⑤抗坏血酸。

⑥无砷锌粒：粒径(3.0±0.2) mm。

⑦混合酸溶液(A)：硝酸＋硫酸＋高氯酸＝23＋3＋4($V+V+V$)。

⑧200 g/L 氢氧化钠溶液：称取 20 g 氢氧化钠溶于水中，加水稀释至 100 mL。

⑨100 g/L 乙酸铅溶液：称取 10.00 g 乙酸铅[$Pb(CH_3COO)_2 \cdot 3H_2O$]，溶于 20 mL 6 mol/L 乙酸溶液中，加水至 100 mL。

⑩6 mol/L 乙酸溶液：量取 34.8 mL 冰乙酸，加水至加 100 mL。

⑪乙酸铅棉花：将医用脱脂棉在 100 g/L 乙酸铅溶液中浸泡约 1 h，压除多余溶液，自然晾干，或在 90～100℃烘干，保存于密闭瓶中。

⑫2.5 g/L 二乙氨基二硫代氨基甲酸银(Ag-DDTC)-三乙胺-三氯甲烷吸收液：称取 2.5 g(精确到 0.0002 g)Ag-DDTC 于一干燥的烧杯中，加适量三氯甲烷，待完全溶解后，转入 1000 mL 容量瓶中，加入 20 mL 三乙胺使之溶解，用三氯甲烷定容，于棕色瓶中存放在冷暗处。若有沉淀应过滤后使用。

⑬1.0 mg/mL 砷标准贮备溶液：精确称取 0.6600 g 三氧化二砷(110℃干燥 2 h)，加 200 g/L 的氢氧化钠溶液 5 mL 使之溶解，然后加入 25 mL 硫酸溶液(6%)中和，加水定容至 500 mL 容量瓶中。此溶液每毫升含 1.00 mg 砷，于塑料瓶中冷贮。

⑭1.0 μg/mL 砷标准工作溶液：精确吸取 5.0 mL 砷标准贮备液于 100 mL 容量瓶中，加水定容，此溶液每毫升相当于 1.0 μg 砷。

⑮6%硫酸溶液：吸取 6.0 mL 硫酸，缓慢加入约 80 mL 水中，冷却后用水稀释至 100 mL。

⑯1 mol/L 盐酸溶液：量取 84.0 mL 盐酸，倒入适量水中，用水稀释至 1 L。

⑰3 mol/L 盐酸溶液：将 1 体积盐酸与 3 体积水混合。

⑱150 g/L 硝酸镁溶液：称取 30 g 硝酸镁[$Mg(NO_3)_2 \cdot 6H_2O$]溶于水中，并稀释至 200 mL。

⑲150 g/L 碘化钾溶液：称取 75 g 碘化钾溶于水中，定容至 500 mL，贮存于棕色瓶中。

⑳400 g/L 酸性氯化亚锡溶液：称取 20 g 氯化亚锡($SnCl_2 \cdot 2H_2O$)溶于 50 mL 浓盐酸中，加入数颗锡粒，可用 1 周。

(4)仪器设备。

①砷化氢发生及吸收装置。

a. 砷化氢发生器：100 mL 带 30 mL，40 mL，50 mL 刻度线和侧管的锥形瓶。

b. 导气管：管径为 8.0～8.5 mm；尖端孔径为 2.5～3.0 mm。

c. 吸收瓶：下部带 5 mL 刻度线。

②分光光度计：波长范围 360～800 nm。

③分析天平：感量 0.0002 g。

④可调温电炉：六联和二联各 1 个。

⑤玻璃器皿：凯氏瓶，各种刻度吸液管，容量瓶和高型烧杯。

⑥瓷坩埚：30 mL。

⑦高温炉：温控 0～950℃。

(5)试样选取与制备。选择有代表性的饲料样品 1.0 kg，用四分法缩减至 250 g，磨碎，过 0.42 mm 孔筛，存于密封瓶中，待用。

(6)测定步骤。

①试样处理。

a. 混合酸消解法：对配合饲料及植物性单一饲料，宜采用硝酸-硫酸-高氯酸混合酸消解法。称取试样 3～4 g(精确至 0.001 g)，置于 250 mL 凯氏瓶中，加水少许湿润样品，加30 mL 混合酸(A)，放置 4 h 以上或过夜，置电炉上从室温开始消解。待棕色气体消失后，提高消解温度，至冒白烟(SO_3)数分钟(务必赶尽硝酸)。此时，溶液应清亮无色或淡黄色，瓶内溶液体积近似硫酸用量，残渣为白色。若瓶内溶液呈棕色，冷却后添加适量硝酸和高氯酸，直至消化完全。冷却，加 1 mol/L 盐酸溶液 10 mL 并煮沸，稍冷，转移到 50 mL 容量瓶中，洗涤凯氏瓶 3～5 次，洗液并入容量瓶中，然后定容，摇匀，待测。

试样消解液含砷小于 10 μg 时，可直接转移到砷化氢发生器中，补加 7.0 mL 盐酸，加水使瓶内溶液体积为 40 mL，从加碘化钾起，以下按(6)③操作步骤进行。

b. 盐酸溶样法：对磷酸盐、碳酸盐和微量元素添加剂试样，不宜加硫酸，应用盐酸溶液。称取试样 1～3 g(精确至 0.0002 g)于 100 mL 高型烧杯中，加水少许湿润试样，慢慢滴加 3 mol/L 盐酸溶液 10 mL，待激烈反应过后，再缓慢加入 3 mol/L 盐酸溶液 8 mL，用水稀释至约 30 mL 并煮沸。转移到 50 mL 容量瓶中，洗涤烧杯 3～4 次，洗液并入容量瓶中，定容，摇匀，待测。

试样消解液含砷小于 10 μg 时，可直接在砷化氢发生器中溶样，用水稀释至 40 mL 并煮沸，从加碘化钾起，以下按(6)②操作步骤进行。

另外，少数矿物质饲料富含硫，严重干扰砷的测定，可用盐酸溶解样品后(①b)，往高型烧杯中加入 100 g/L 乙酸铅溶液 5 mL 并煮沸，静置 20 min，形成的硫化铅沉淀过滤除之，滤液定容至 50 mL，以下按(6)③操作步骤进行。

c. 干灰化法：对预混料、浓缩饲料(配合饲料)样品，可选择干灰化法。称取试样 2～3 g(精确至 0.0002 g)于 30 mL 瓷坩埚，低温炭化至无烟后，加入 150 g/L 硝酸镁溶液 5 mL，混匀，于低温或沸水浴中蒸干，然后转入高温炉于 550℃恒温灰化 3.5～4.0 h。取出冷却、缓慢加入 3 mol/L 盐酸溶液 10 mL，待激烈反应过后，煮沸并转移到 50 mL 容量瓶中，洗涤坩埚 3～5 次，洗液并入容量瓶中，定容，摇匀，待测。

所称试样含砷小于 10 μg 时，煮沸后转移到砷化氢发生器中，补加 8.0 mL 盐酸，加水至 40 mL 左右，加入 1.0 g 抗坏血酸溶解后，按(6)③操作步骤进行。

同时，于相同条件下，做试剂空白试验。

②标准曲线绘制。精确吸取 1.0 μg/mL 砷标准工作液 0.00 mL,1.00 mL,2.00 mL,4.00 mL,6.00 mL,8.00 mL,10.00 mL 于发生瓶中,加 10 mL 盐酸,加水稀释至 40 mL。从加入碘化钾起,以下按(6)③规定步骤操作,测其吸光度,求出回归方程各参数或绘制出标准曲线。当更换锌粒批号或者新配制 Ag-DDTC 吸收液、碘化钾溶液和氯化亚锡溶液时,均应重新绘制标准曲线。

③还原反应与比色测定。从(6)①a,b 和 c 处理好的待测液中,准确吸取适量溶液(含砷量应≥1.0 μg)于砷化氢发生器中,补加盐酸至总量为 10 mL,并用水稀释至 40 mL,使溶液中盐酸浓度为 3.0 mol/L,然后,向试样溶液、试剂空白溶液、标准系列溶液各发生器中,加入 2.0 mL 碘化钾溶液,摇匀,加入 1.0 mL 氯化亚锡溶液,摇匀,静置 15 min。

准确吸取 5.00 mL Ag-DDTC 吸收液于吸收瓶中,连接好砷化氢发生吸收装置(勿漏气,导管塞有蓬松的乙酸铅棉花),使导管尖端插入盛有银盐溶液的刻度试管中的液面下。从发生器侧管迅速加入 4.0 g 无砷锌粒,反应 45 min,使发生的砷化氢气流通入吸收液中。当室温低于 15℃时,反应延长至 1 h。反应中轻摇发生瓶 2 次,反应结束后,取下吸收瓶,用三氯甲烷定容至 5 mL,摇匀(避光时溶液颜色稳定 2 h)。将溶液倒入 1 cm 比色杯中,以试剂空白为参比,于波长 520 nm 处测吸光度,和标准曲线比较,以确定样品中砷的含量。

注:Ag-DDTC 吸收液系有机溶剂,凡与之接触的器皿务必干燥。

(7)结果计算。试样中砷的质量分数按以下公式计算。

$$w(\mathrm{As})=V_1\times\frac{m_1-m_0}{m}\times V_2$$

式中,m 为试样质量,g;V_1 为试样消解液总体积,mL;V_2 为测定用试样消解液体积,mL;m_1 为测定用试样消解液中的砷质量,μg;m_0 为试剂空白液中砷的质量,μg。

若样品中砷含量很高,需进行稀释。

(8)结果表示与允许误差。每个试样取 2 个平行进行测定,以其算术平均值为分析结果,结果表示至小数点后两位。当试样中含砷量≤1.0 μg/kg,结果保留 3 位有效数字。

分析结果的相对偏差为:砷含量≤1.0 mg/kg 时,允许相对偏差≤20%;砷含量为 1.00～5.00 mg/kg 时,允许相对偏差≤10%;砷含量为 5～10 mg/kg 时,允许相对偏差≤5%;砷含量≥10 mg/kg 时,允许相对偏差≤3%。

(9)注意事项。

①新玻璃器皿中常含有不同的砷,对所使用的新玻璃器皿,需经消解处理几次后再用,以减少空白。

②吸取消化液的量根据样品含砷量而定,一般要求砷含量在 1～5.0 μg。

③无砷锌粒不可用锌粉替代,否则反应太快,吸收不完全,结果偏低。

④在导气之前每加一种试剂均需摇匀,导气管每次用完后需用三氯甲烷洗净,并保持干燥。

⑤室温过高或过低,影响反应速度,必要时可将反应瓶置于水浴中,以控制反应温度。

二、硼氢化物还原光度法(快速法)(方法二)

(1)适用范围。本方法适用于各种配(混)合饲料、浓缩饲料、预混合饲料及饲料原料中总砷的测定。

(2)测定原理。样品经消解或干灰化破坏有机物后，使砷呈离子状态，在酒石酸环境中，硼氢化钾离子还原成砷化氢(AsH_3)气体。在密闭装置中，被 Ag-DDTC 三氯甲烷溶液吸收，形成黄色或棕红色银溶胶，其颜色深浅与砷含量成正比，用分光光度计比色测定。

(3)试剂和溶液。除下列试剂外，其他试剂同银盐法。

①混合酸溶液(B)：硝酸＋硫酸＋高氯酸＝20＋2＋3($V+V+V$)。

②1 g/L 甲基橙水溶液：pH 3.0(红)～4.4(橙)。

③1＋1 氨水溶液($V+V$)。

④200 g/L 酒石酸溶液：称取 100 g 酒石酸，加水适量，稍加热溶解，冷却后定容至 500 mL。

⑤硼氢化钾片：将硼氢化钾(KBH_4)和氯化钠按质量 1∶5 比例混匀，于 90～100℃ 干燥 2 h，压力为 2 kPa 条件下，压制成直径 10 mm，厚 5 mm，每片质量为(1.0±0.1) g。压制及贮存中应防潮湿。

(4)仪器设备。同银盐法。

(5)样品制备。同银盐法。

(6)测定步骤。

①试样处理。

a. 混合酸消解法：对配合饲料、浓缩饲料及植物性单一饲料，宜采用硝酸-硫酸-高氯酸混合酸消解法。称取试样 2.0～3.0 g(精确至 0.0002 g)，置于 250 mL 凯氏瓶中，加水少许湿润样品，加 25 mL 混合酸(B)，置电炉上从室温开始消解，待样液煮沸后，关闭电炉 10～15 min，继续加热消解，直至冒白烟(SO_3)数分钟(务必赶尽硝酸，否则结果偏低)，此时，溶液应清亮无色或淡黄色，瓶内溶液体积近似硫酸用量，残渣为白色。稍冷，转移到 100 mL 砷化氢发生器中，洗涤凯氏瓶 3～4 次，洗液并入发生器中，使瓶内溶液体积为 30 mL 左右。以下按(6)③和④操作步骤进行。

b. 盐酸溶样法：对磷酸盐、碳酸盐和微量元素添加剂试样，不宜加硫酸，应用盐酸溶样法。称取试样 0.5～2.0 g(精确至 0.0002 g)于发生器中，漫漫滴加 3 mol/L 盐酸溶液 5 mL，待激烈反应过后，再缓慢加入 3 mol/L 盐酸溶液 3～4 mL，用水稀释至约 30 mL 并煮沸。试样溶解后，以下按(6)③和④操作步骤进行。

c. 干灰化法：对预混合料、浓缩饲料和配合饲料样品，可选择干灰化法。称取试样 1.0～2.0 g(精确至 0.0002 g)于 30 mL 瓷坩埚中，低温炭化完全后，于高温炉中 550℃ 恒温灰化 3 h。取出冷却，缓慢加入 3 mol/L 盐酸溶液 10 mL，待激烈反应过后，煮沸并转移到砷化氢发生器中，加水至 30 mL 左右，加入 1 g 抗坏血酸溶解后，以下按(6)③和④操作步骤进行。

同时于相同条件下，做试剂空白试验。

②标准曲线绘制：准确吸取 1.0 μg/mL 砷标准工作液 0.00 mL，1.00 mL，2.00 mL，4.00 mL，6.00 mL，8.00 mL 于发生器中，加水稀释至 40 mL，加入 200 g/L 酒石酸溶液 6.0 mL，以下按(6)④规定步骤操作，测其吸光度，求出回归方程各参数或绘制出标准曲线。当新配制 Ag-DDTC 吸收液和氯化亚锡溶液时，应重新绘制标准曲线。

③氨水(1＋1)调溶液 pH：发生器中加入 2 滴甲基橙指示剂，用 1＋1 氨水溶液($V+V$)调 pH 至橙黄色，再滴加 1 mol/L 盐酸溶液至刚好变红色。加入 200 g/L 酒石酸溶液 6.0 mL，用水稀释至 50 mL。

④还原反应与比色测定：准确吸取5.00 mL Ag-DDTC吸收液于吸收瓶中，连接好砷化氢发生吸收装置（勿漏气，导管塞有蓬松的乙酸铅棉花），使导管尖端插入盛有银盐溶液的刻度试管中的液面下。从发生器侧管迅速加入硼氢化钾1片，立即盖紧塞子，反应完毕后再加第2片。反应时轻轻摇动发生器2～3次，待反应结束后，取下吸收瓶，以试剂空白为参比，于波长520 nm处用1 cm比色池测定吸光度，和标准曲线比较，以确定样品中砷的含量。

(7)计算和结果表示。计算公式、结果表示及允许误差均同银盐法。

任务三　饲料中汞的测定(冷原子吸收法)

汞在自然界主要以元素汞和汞化合物两种状态存在，汞化合物又分为无机汞和有机汞两类。汞对动物的毒性很大，它是一种蓄积性毒物，因此可通过食物链危害人体健康。甲基汞除能蓄积于肝和肾外，更重要的是它可通过血脑屏障蓄积于脑内，引起严重的神经系统症状，而且，甲基汞从体内的排出要比无机汞慢得多，因此其蓄积性和毒性更大。

正常情况下，植物类饲料中汞的含量都很低，在0.1 mg/kg以下，不会导致动物的汞中毒。但植物性饲料中汞的含量与农药污染和工业污染密切相关。用含汞的工业废水浇灌农田或农作物施用含汞的农药，均会导致饲料的汞含量异常增高，而且，被汞污染的饲料通过各种加工均不能清除所含的汞。水体的汞含量一般很低，但水体生物可富集汞，因此鱼、虾等体内的汞含量较高，尤其在汞污染严重的水域中，水生生物的汞含量更高。如我国渤海湾某海域所产鱼类的汞含量达1.5 mg/kg，蟹类的汞含量达12.5 mg/kg；而正常情况下，鱼粉的平均汞含量为0.18 mg/kg。日本水俣市的一家工厂，因将含有甲基汞的工业废水排放到海湾，使其鱼体汞含量剧增，由其制得的鱼粉汞含量比正常鱼粉高4倍以上。值得注意的是，水体中的无机汞在微生物作用下，可转化成毒性更强的有机汞。鱼体小仅可通过食物链蓄积有机汞，还能利用无机汞合成有机汞，因此鱼体内所含的汞大部分是毒性更强的有机汞。自然界的岩石及矿石含汞量为5～1400 μg/kg，变化幅度特别大，因此利用汞含量高的岩石及矿石生产的矿物质饲料如石粉和磷酸盐中汞含量较高。因此，严格检测某些饲料原料和配合饲料中的汞含量，把好饲料卫生质量关具有重要的意义。

饲料中汞的测定方法有冷原子吸收法和双硫腙比色法。双硫腙比色法是经典方法，干扰因素多，需分离或掩蔽干扰离子，操作烦琐，要求严格，适合于汞含量大于1 mg/kg的饲料样品测定。冷原子吸收法灵敏度较高、干扰少、应用简便，对汞含量低于1 mg/kg的饲料样品也可进行测定，因而应用较广，是目前规定的国家标准方法。

一、适用范围

本方法适用于各类饲料中汞的测定。

二、测定原理

在原子吸收光谱中，汞原子对波长253.7 nm的共振线有强烈的吸收作用。试样经硝酸-硫酸消化，使汞转为离子状态。在强酸中，氯化亚锡将汞离子还原成元素汞，以干燥清洁的空气为载体吹出，进行冷原子吸收，与标准系列比较定量。

三、试剂和溶液

除特殊规定外，本方法所用试剂均为分析纯，水为重蒸馏水或相应纯度的水。

①硝酸。

②硫酸。

③300 g/L 氯化亚锡溶液：称取 30 g 氯化亚锡，加少量水，再加 2 mL 浓硫酸使之溶解后，加水稀释至 100 mL。放置冰箱备用。

④混合酸液：依次量取 10 mL 浓硫酸，10 mL 浓硝酸，慢慢倒入 50 mL 水中，冷却后加水稀释至 100 mL。

⑤汞标准贮备液：准确称取干燥器内干燥过的二氯化汞 0.1354 g，用混合酸液溶解后，加入 100 mL 容量瓶中，稀释至刻度，混匀。此溶液每毫升相当于 1 mg 汞，冷藏备用。

⑥汞标准工作液：吸取 1.0 mL 汞标准贮备液，置于 100 mL 容量瓶中，加混合酸液稀释至刻度，此溶液每毫升相当于 10 μg 汞。再吸取此液 1.0 mL，置于 100 mL 容量瓶中，加混合酸液稀释至刻度，此溶液每毫升相当于 0.1 μg 汞，临用时现配。

四、仪器设备

①分析天平：感量 0.0001 g。

②实验室用样品粉碎机或研钵。

③消化装置。

④测汞仪。

⑤三角烧瓶：250 mL。

⑥容量瓶：100 mL。

⑦还原瓶：50 mL(测汞仪附件)。

五、试样的选取与制备

采集具有代表性的饲料原料样品，至少 2 kg，四分法缩分至 250 g，磨碎，过 1 mm 孔筛，混匀，装入密闭容器，低温保存备用。

六、测定步骤

①试样处理：称取 1～5 g 试样，精确到 0.001 g，置于 250 mL 的三角烧瓶中。加玻璃珠数粒，加入 25 mL 浓硝酸和 5 mL 浓硫酸，并转动三角烧瓶防止局部炭化。装上冷凝管，小火加热，待开始发泡即停止加热；发泡停止后，再加热回流 2 h。放冷后从冷凝管上端小心加 20 mL 水，继续加热回流 10 min；放冷，用适量水冲洗冷凝管，洗液并入消化液。消化液经玻

璃棉或滤纸滤于 100 mL 容量瓶内，用少量水洗三角烧瓶和滤器，洗液并入容量瓶内，加水定容至刻度，混匀。取与消化试样用量相同的硝酸、硫酸，同法做试剂空白试验。

若为石粉，称取约 1 g 试样，精确到 0.001 g，置于 250 mL 三角烧瓶中。加玻璃珠数粒，装上冷凝管后，从冷凝管上端加入 15 mL 浓硝酸。用小火加热 15 min，放冷，用适量水冲洗冷凝管，移入 100 mL 容量瓶内，加水定容至刻度，混匀。

②标准曲线绘制：分别吸取汞标准工作液 0.00 mL，0.10 mL，0.20 mL，0.30 mL，0.40 mL，0.50 mL（相当于 0.00 μg，0.10 μg，0.20 μg，0.30 μg，0.40 μg，0.50 μg 的汞），置于 50 mL 还原瓶内，各加入 10 mL 混合酸液和 2 mL 氯化亚锡溶液后，立即盖紧还原瓶 2 min，记录测汞仪读数指示器最大吸光度。以吸光度为纵坐标，汞浓度为横坐标，绘制标准曲线。

③试样测定：准确吸取 10 mL 试样消化液于 50 mL 还原瓶内，加入 2 mL 氯化亚锡溶液后，立即盖紧还原瓶 2 min，记录测汞仪读数指示器最大吸光度。

七、结果计算

试样中汞的质量分数按以下公式计算。

$$w(\mathrm{Hg})=V_1\times\frac{m_1-m_0}{m}\times V_2$$

式中，m 为试样质量，g；V_1 为试样消解液总体积，mL；V_2 为测定用试样消解液体积，mL；m_1 为测定用试样消解液中的汞质量，μg；m_0 为试剂空白液中汞质量，μg。

八、结果表示与重复性

每个试样平行进行测定 2 次，以其算数平均值为分析结果，结果表示到 0.001 mg/kg。

同一分析者对同一试样同时或快速连续地进行 2 次测定，所得结果之间的差值：汞含量 ≤0.020 mg/kg 时，不得超过平均值的 100%；汞含量为 0.020～0.100 mg/kg 时，不得超过平均值的 50%；汞含量≥0.100 mg/kg 时，不得超过平均值的 20%。

九、注意事项

①玻璃对汞吸附较强，因此在配制汞标准溶液时，最好先在容量瓶中加入部分混合酸，再加入汞标准液。

②玻璃对汞有吸附作用，因此锥形瓶、反应瓶、容量瓶等玻璃器皿每次使用后都需用 10% 硝酸浸泡，随后用水洗净备用。

任务四　饲料中镉的测定(碘化钾-甲基异丁酮法)

镉对动物生长有明显的毒害作用。镉被动物吸收后主要与金属硫蛋白结合贮存于肝、肾和骨骼中。镉的生物半衰期长达10年以上，而且体内的镉排泄很慢，因此镉在动物体内有明显的蓄积性。长期摄入低浓度的镉或被镉污染的饲草和饮水，就会引起慢性镉中毒。同时，镉还可在动物产品中残留和富集，并通过食物链危及人类的健康。

一般情况下，饲料中的镉含量低于1.0 mg/kg，平均0.5 mg/kg，不会对动物造成危害。如正常地区的牧草镉含量为0.1～0.8 mg/kg，稻草为0.1～0.3 mg/kg，稻谷、玉米和小麦分别为0.03～0.11 mg/kg，0.1 mg/kg和0.5 mg/kg。但是，镉在工农业中用途广泛，环境污染较为普遍，而且镉在外界环境中非常稳定，因此，工业污染是造成饲料镉污染的主要途径。污染的土壤中镉含量为40 mg/kg，比正常土壤0.06 mg/kg高约800倍，因而在镉污染的土壤上生长的牧草或饲料镉含量明显增加。如稻谷为0.36～4.17 mg/kg，平均1.41 mg/kg；稻草为0.7～3.6 mg/kg。污染的水体中镉的含量为0.2～3.0 mg/kg，比正常水体的镉含量0.1～10 μg/kg高1000～2000倍；水体镉可被水生生物藻类富集11～20倍，鱼类富集10^3～10^5倍，贝类富集10^5～10^6倍。如非污染水域中的贝类和鱼粉镉含量分别为0.05 mg/kg和1.2 mg/kg；而在污染区高达420 mg/kg和25 mg/kg。因此，在饲料工业和动物养殖业，严格检测饲料中的镉含量，合理调配饲料资源，使其镉含量控制在国家饲料卫生标准规定的范围内是非常必要的。

目前，镉的测定方法主要有原子吸收法和比色法。比色法主要是利用镉离子与镉试剂生成红色络合物，其颜色深浅与镉含量成正比来测定。原子吸收法快速准确，是最常用的方法。根据使用的萃取剂不同，又分为碘化钾-甲基异丁酮法和双硫腙-乙酸乙酯法，前者为国家规定的标准方法。

一、适用范围

本方法适用于饲料中镉的测定。

二、测定原理

以干灰化法分解样品，在酸性条件下，有碘化钾存在时，镉离子与碘离子形成络合物，用甲基异丁酮萃取分离，将有机相喷入空气-乙炔火焰，使镉原子化，测定其对特征共振线228.8 nm处的吸光度，与标准系列比较求得镉的含量。

三、试剂和溶液

除特殊规定外，本方法所用试剂均为分析纯，水为重蒸馏水。

①硝酸：优级纯。

②盐酸：优级纯。

③2 mol/L碘化钾溶液：称取322 g碘化钾，溶于水，加水稀释至1000 mL。

④50 g/L抗坏血酸溶液：称取5 g抗坏血酸，溶于水，加水稀释至100 mL(临用时配制)。

⑤1 mol/L盐酸溶液：量取10 mL盐酸，加入110 mL水，摇匀。

⑥甲基异丁酮[$CH_3COCH_2CH(CH_3)_2$]。

⑦镉标准贮备液：称取高纯金属镉(Cd,99.99%)0.1000 g于250 mL三角烧瓶中，加入(1+1)硝酸溶液(V+V)10 mL，在电热板上加热溶解完全后，蒸干。取下冷却，加入(1+1)盐酸溶液(V+V)20 mL及20 mL水，继续加热溶解，取下冷却后，移入1000 mL容量瓶中，用水稀释至刻度，摇匀，此溶液每毫升相当于100 μg镉。

⑧镉标准中间液：吸取10 mL镉标准贮备液于100 mL容量瓶中，以1 mol/L盐酸溶液稀释至刻度，摇匀，此溶液每毫升相当于10 μg镉。

⑨镉标准工作液：吸取10 mL镉标准中间液于100 mL容量瓶中，以1 mol/L盐酸溶液稀释至刻度，摇匀，此溶液每毫升相当于1 μg镉。

四、仪器设备

①分析天平：感量0.0001 g。

②马福炉。

③原子吸收分光光度计。

④硬质烧杯：100 mL。

⑤容量瓶：50 mL。

⑥具塞比色管：25 mL。

⑦吸量管：1 mL，2 mL，5 mL，10 mL。

⑧移液管：5 mL，10 mL，15 mL，20 mL。

五、试样制备

采集具有代表性的饲料样品，至少2 kg，四分法缩分至约250 g，磨碎，过1 mm筛，混匀，装入密闭广口试样瓶中，防止试样变质，低温保存备用。

六、测定步骤

①试样处理：准确称取5～10 g试样于100 mL硬质烧杯中，置于马福炉内，微开炉门，由低温开始，先升至200℃保持1 h，再升至300℃保持1 h，最后升温至500℃灼烧16 h，直至试样成白色或灰白色，无炭粒为止。取出冷却，加水润湿，加10 mL浓硝酸，在电热板或沙浴上加热分解试样至近干，冷却后加1 mol/L盐酸溶液10 mL，将盐类加热溶解，内容物移入50 mL容量瓶中，再以1 mol/ L盐酸溶液反复洗涤烧杯，洗液并入容量瓶中，以1 mol/L盐酸溶液稀释至刻度，摇匀备用。

若为石粉、磷酸盐等矿物试样，可不用干灰化法。称样后加10～15 mL浓硝酸或盐酸，在电热板或沙浴上加热分解试样至近干，其余步骤同上。

同时，于相同条件下做试剂空白溶液。

②标准曲线绘制：精确吸取镉标准工作液0.00 mL，1.25 mL，2.50 mL，5.00 mL，7.50 mL，10.00 mL，分别置于25 mL具塞比色管中，以1 mol/L盐酸溶液稀释至15 mL，依次加入2 mL碘化钾溶液摇匀，加抗坏血酸溶液1 mL，摇匀，准确加入甲基异丁酮5 mL。振

动萃取 3～5 min，静置分层后，有机相导入原子吸收分光光度计，在波长 228.8 nm 处测其吸光度；以吸光度为纵坐标，浓度为横坐标，绘制标准曲线。

③试样测定：精确吸取 15～20 mL 待测试样溶液及等量试剂空白溶液于 25 mL 具塞比色管中，依次加入 2 mL 碘化钾溶液，以下步骤同标准曲线绘制。

七、结果计算

试样中镉的质量分数按以下公式计算。

$$w(\mathrm{Cd})=V_1\times\frac{m_1-m_2}{m}\times V_2$$

式中，m 为试样质量，g；V_1 为试样消化液总体积，mL；V_2 为测定用试样消化液体积，mL；m_1 为测定用试样消化液中的镉质量，μg；m_2 为试剂空白液中镉质量，μg。

八、结果表示与重复性

每个试样平行进行测定 2 次，以其算数平均值为测定结果，结果表示到 0.01 mg/kg。

同一分析者对同一试样同时或快速连续地进行 2 次测定，所得结果之间的差值：镉含量≤5 mg/kg 时，不得超过平均值的 50%；镉含量为 0.5～1.0 mg/kg 时，不得超过平均值的 30%，镉含量≥1.0 mg/kg 时，不得超过平均值的 20%。

九、注意事项

①干灰化法处理试样时，要防止高温下镉与器皿之间的黏滞损失，尤其当试样成分呈碱性时，黏滞损失加剧。蔬菜类含有较多的碱金属阳离子，而磷酸根离子较少，谷物及肉类则正好相反，因此在干灰化蔬菜类试样时，加少量磷酸，可减少黏滞损失。在 500℃ 灰化试样，要达到完全灰化往往是困难的，提高灰化温度固然可达到完全灰化的目的，但镉的损失加剧，若灰化不彻底又会造成镉的吸附和被包被，为此，对灰分再加入少量混合酸消解，以弥补此缺陷。

②一般试样溶解的镉浓度往往很低，要用灵敏度扩张装置提高其灵敏度 2～5 倍进行测定。

任务五　饲料中铬的测定(比色法)

铬是动物的必需微量元素，但当饲料中铬含量过高时，就会引起动物铬中毒。一般动物体内存在的铬主要是三价铬，它可与六价铬进行转换，六价铬对动物的危害性较大，而且动物对六价铬的吸收率高于三价铬。铬被动物吸收后主要分布于肝、肾、脾和骨骼组织中。

通常，饲料中的天然铬含量很低，不会引起动物中毒，如牧草为 0.10～0.55 mg/kg，陆生植物为 0.50 mg/kg，谷类籽实为 0.017～0.50 mg/kg，叶菜类为 0.035～0.182 mg/kg，根茎类为 0.022～0.277 mg/kg，水生植物为 0.02～0.50 mg/kg。铬及其化合物在工业中的用途极为广泛，因此，工业污染是造成饲料铬含量增加的重要原因。研究发现，在用含铬废水浇灌的农田上生长的胡萝卜和甘蓝，其铬含量分别比正常情况下高 3 倍和 10 倍。

动物组织对铬有富集作用，因此动物性饲料的铬含量一般高于植物性饲料，尤其是利用铬污染区域的水生生物生产的动物性饲料，其铬含量明显增加。如国家饲料监督检验中心测定的某批西班牙进口鱼粉中铬的含量高达 1000 mg/kg。皮革粉未经脱铬处理，含有很高的铬，必须经脱铬处理后，使其铬含量控制在 50 mg/kg 以下方可用作饲料。因此，为了减少铬的危害，对各种饲料中的铬含量进行严格检测具有重要的意义。

饲料中铬的含量一般甚微，因此分析取样量少，灵敏度达不到；分析取样量多，给前处理带来困难，并产生严重的干扰，所以，饲料样品的消解和处理是影响分析结果的主要因素。目前，测定铬的常用方法有比色法和原子吸收法。比色法常采用二苯卡巴肼作显色剂，该法反应灵敏，专一性较强，是国家规定的标准方法，但易受一些因素的干扰，超过一定量时，需分离或萃取后测定。原子吸收法简便、快速，具有较高的灵敏度，也广泛使用。

一、适用范围

本方法适用于饲料用水解皮革粉和配合饲料中铬的测定。

二、测定原理

以干灰化法分解样品，在碱性条件下用高锰酸钾将灰分溶液中的铬离子氧化为六价铬离子，再将溶液调至酸性，使六价铬离子与二苯卡巴肼生成玫瑰红色铬合物，其颜色深浅与铬的含量成正比，通过比色测定，求得铬的含量。

三、试剂和溶液

本方法所用试剂均为分析纯，水为蒸馏水或相应纯度的水。

①0.5 mol/L 硫酸溶液：量取 28 mL 浓硫酸，徐徐加入水中，再加水稀释至 1000 mL。

②1+6 硫酸溶液（V+V）：量取 100 mL 浓硫酸，徐徐加入 600 mL 水中，并加入 1 滴 20 g/L 高锰酸钾溶液，使溶液呈粉红色。

③4 mol/L 氢氧化钠溶液：称取 32 g 氢氧化钠，溶于水中，加水稀释至 200 mL

④20 g/L 高锰酸钾溶液：称取 2 g 高锰酸钾，溶于水中，加水稀释至 100 mL。

⑤二苯卡巴肼溶液：称取 0.58 g 二苯卡巴肼[$(C_6H_5)_2 \cdot (NH)_4 \cdot CO$]，溶解于 100 mL 丙酮中。

⑥95%乙醇。

⑦铬标准贮备液：称取 0.2830 g 经 100～110℃烘至恒重的重铬酸钾，用水溶解，移入 1000 mL 容量瓶中，稀释至刻度，此溶液每毫升相当于 0.10 mg 铬。

⑧铬标准溶液：吸取 1.00 mL 铬标准贮备液于 50 mL 容量瓶中，加水稀释至刻度。此溶

液每毫升相当于 2 μg 铬。

四、仪器设备

①分析天平：感量 0.0001 g。
②高温电炉。
③实验用样品粉碎机或研钵。
④电炉：600 W。
⑤容量瓶：50 mL，100 mL，1000 mL。
⑥吸量管：1 mL，5 mL，10 mL。
⑦移液管：5 mL，10 mL，15 mL，20 mL，25 mL，30 mL。
⑧三角烧瓶：150 mL。
⑨短颈漏斗：直径 6 cm。
⑩瓷坩埚：60 mL。
⑪滤纸：11 cm，定性，快速。
⑫分光光度计：10 mm 比色皿，可在 540 nm 处测量吸光度。

五、试样制备

采集具有代表性的饲料用水解皮革粉或配合饲料样品，至少 2 kg，四分法缩至 250 g 左右，磨碎，过 1 mm 孔筛，混匀，装入密闭容器，防止试样变质，低温保存备用。

六、测定步骤

①试样处理。称取 1.0～1.5 g 样品，精确到 0.001 g，置于 60 mL 瓷坩埚中，在电炉上炭化完全后，置于马福炉内，由室温开始，徐徐升温，至 600℃灼烧 5 h，直至样品呈白色或灰白色无炭粒为止。取出冷却，加入 0.5 mol/L 硫酸溶液 5 mL，在电炉上微沸，内容物全部移入 150 mL 三角瓶中，并用热水反复洗涤坩埚 3～4 次，洗涤液并入三角瓶中，加入 4 mol/L 氢氧化钠溶液 1.5 mL，再加入 2 滴 20 g/L 高锰酸钾溶液，加水使瓶内溶液总体积为 60～70 mL，摇匀，溶液呈紫红色，在电炉上加热煮沸 20 min（在煮沸过程中，如紫红色消退，应及时补加高锰酸钾溶液，使溶液保持紫红色），然后沿壁加入 95%乙醇 3 mL，摇匀，趁热过滤，滤液置于 100 mL 容量瓶中，并用少量热水洗涤三角瓶和滤液 3～4 次，洗涤液并入容量瓶中，此滤液即为试样溶液，备用。

②标准曲线绘制。吸取铬标准溶液 0.00 mL，5.00 mL，10.00 mL，15.00 mL，20.00 mL，25.00 mL，30.00 mL，分别置于 100 mL 容量瓶中，加入适量水稀释，依次加入 1＋6硫酸溶液（$V+V$）4 mL，再加入 2.0 mL 二苯卡巴肼溶液，用水稀释至刻度，摇匀，静置 30 min，以空白溶液作为参比，用 10 mm 比色皿，在波长 540 nm 处用分光光度计测量其吸光度，以吸光度为纵坐标，铬标准溶液浓度为横坐标绘制标准曲线。

③试样测定。在装有试样溶液的 100 mL 容量瓶中，依次加入 1＋6 硫酸溶液（$V+V$）

4 mL 和 2.0 mL 二苯卡巴肼溶液，用水稀释至刻度，摇匀，静置 30 min，按步骤②测定其吸光度，求得试样溶液中铬的浓度。

七、结果计算

试样中铬的质量分数按以下公式计算。

$$w(\mathrm{Cr})=\rho\times V/m$$

式中，ρ 为测定用试样溶液中铬的质量体积浓度，μg/mL；V 为试样溶液的定容体积，mL；m 为试样质量，g。

八、结果表示与重复性

每个试样取 2 个平行样进行测定，以其算术平均值为分析结果。结果表示到 0.01 mg/kg。

同一分析者对同一试样同时或快速连续地进行 2 次测定，所得结果之间的差值：铬含量≤1 mg/kg 时，不得超过平均值的 50%；铬含量≥1 mg/kg 时，不得超过平均值的 20%。

九、注意事项

显色后，不宜静置过久，否则测定结果偏低。

任务六　饲料中氟的测定(离子选择性电极法)

氟是动物机体必需的微量元素之一，缺乏会引起动物缺乏症，但同时也是一种有毒元素，因此过量会导致动物氟中毒。一般在生产上常见的是长期由饲料或饮水摄入过量的氟引起的慢性氟中毒，主要表现为氟斑牙和氟骨症，而一次大剂量摄入过量的氟引起的氟中毒很少见，其临床症状多表现为胃肠炎，严重者几小时内死亡。

通常植物性饲料中含氟量较低，在 50 mg/kg 以下，而且除少数几种植物外，绝大多数植物一般不吸收大量的氟，即使是在含氟很高的土壤上生长的植物及其籽实中氟含量也增加极少。但在氟污染区生产的植物性饲料(主要是牧草)中氟含量较高，每千克可达几十至几百毫克，因为高的气氟浓度是牧草中氟含量较高(50～90 mg/kg)的主要原因，但植物籽实受气氟浓度的影响较小。

氟主要沉积于动物的骨骼组织和牙齿中，正常动物的骨骼中氟含量可达 129 mg/kg，高氟地区受氟危害的动物，其干燥脱脂的骨骼氟含量高于 400 mg/kg。工业污染严重的水域所生产的鱼粉，其氟含量也较高。1988 年，朱蓓蕾测定全国 43 个鱼粉样，平均含氟量 220.04 mg/kg，而在氟污染的水域生产的鱼粉氟含量高达 1000 mg/kg。氟在岩石中也自然存在，大多数磷酸石含氟较高，利用这些矿石生产的饲料级磷酸盐必须经过脱氟工艺，否则，含氟量很高，对动物的危害很大。因此，必须严格检测饲料原料和配合饲料的氟含量，并根据检测结果和动物种类合理利用饲料原料，以保证配合饲料的氟含量在国家饲料卫生标准规定的允许范围内。

氟的测定方法有比色法和离子选择性电极法。比色法又分为扩散-氟试剂比色法和灰化蒸馏-氟试剂比色法。比色法具有灵敏度高、色泽稳定、重现性好、结果准确等特点。离子选择性电极法测定范围宽，干扰小，简便，是国家规定的标准方法，适用于含量较高、变化范围较大和干扰大的饲料。当氟含量低时，会出现非线性关系，宜选用比色法测定。

一、适用范围

本方法适用于饲料原料（磷酸盐、石粉、鱼粉等）、配合饲料（包括混合饲料）中氟的测定。

二、测定原理

氟离子选择电极的氟化镧单晶膜对氟离子产生选择性的对数响应，氟电极和饱和甘汞电极在被测试液中，电位差可随溶液中氟离子的活度的变化而改变，电位变化规律符合能斯特方程式。

$$E=E^{\ominus}-2.303RT/F\times\lg c(F^{-})$$

E 与 $\lg c(F^{-})$ 呈线性关系。$2.303RT/F$ 为该直线的斜率（25℃时为 59.16）。与氟离子形成络合物的 Fe^{3+}、Al^{3+} 及 SiO_3^{2-} 等干扰测定，其他常见离子无影响。测量溶液的酸度为 pH 为 5～6，用总离子强度缓冲液消除干扰离子及酸度的影响。

三、试剂和溶液

本方法所用试剂均为分析纯，水均为不含氟的去离子水。全部溶液贮存于聚乙烯塑料瓶中。

(1)3 mol/L 乙酸钠溶液。称取 204 g 乙酸钠（$CH_3COONa\cdot 3H_2O$），溶于约 300 mL 水中，待溶液温度恢复到室温后，以 1 mol/L 乙酸溶液调 pH 7.0，移入 500 mL 容量瓶，加水至刻度。

(2)0.75 mol/L 柠檬酸钠溶液。称取 110 g 柠檬酸钠（$Na_3C_6H_5O_7\cdot 2H_2O$）溶于约 300 mL 水中，加高氯酸 14 mL，移入 500 mL 容量瓶，加水至刻度。

(3)总离子强度缓冲液。3 mol/L 乙酸钠溶液与 0.75 mol/L 柠檬酸钠溶液等体积混合，临用时配制。

(4)1 mol/L 盐酸溶液。量取 10 mL 浓盐酸，加水稀释至 120 mL。

(5)氟标准溶液。

①氟标准贮备液：称取经 100℃干燥 4 h 冷却的氟化钠 0.2210 g，溶于水，移入 100 mL 容量瓶中，加水至刻度，混匀，置冰箱内保存。此液氟的含量为 1.0 mg/mL。

②氟标准溶液：临用时准确吸取氟贮备液 10.0 mL 于 100 mL 容量瓶中，加水至刻度，混匀。此液氟含量为 100 μg/mL。

③氟标准稀溶液：准确吸取氟标准溶液 10.0 mL 于 100 mL 容量瓶中，加水至刻度，混匀。此液氟含量为 10 μg/mL 。

四、仪器设备

①氟离子选择电极：测量范围 $1\times10^{-1}\sim5\times10^{-7}$ mol/L，CSB-F-1 型或与之相当的电极。

②甘汞电极：232 型或与之相当的电极。

③磁力搅拌器。

④酸度计：测量范围 0～－1400 mV，PHS-2 型或与之相当的酸度计或电位计。

⑤分析天平：感量 0.0001 g。

⑥纳氏比色管：50 mL。

五、试样制备

采集具有代表性的饲料样品，至少 2 kg，以四分法缩分至约 250 g，磨碎，过 1 mm 孔筛，混匀，装入密闭容器，防止试样变质，低温保存备用。

六、测定步骤

(1)氟标准工作液的制备。吸取氟标准稀溶液 0.0 mL，1.0 mL，2.5 mL，5.0 mL 和 10.0 mL(相当于 0 μg，10 μg，25 μg，50 μg 和 100 μg 氟)，再吸取氟标准溶液 2.5 mL，5.0 mL，10.0 mL 和氟标准贮备液 2.5 mL(相当于 250 μg，500 μg，1000 μg 和 2500 μg 氟)，分别置于 50 mL 容量瓶中，于各容量瓶中分别加入 1 mol/L 盐酸溶液 10 mL，总离子强度缓冲液 25 mL，加水至刻度，混匀。上述 2 组标准工作液的浓度分别为每毫升相当于 0 μg，0.2 μg，0.5 μg，1.0 μg，2.0 μg，5.0 μg，10.0 μg，20.0 μg 和 50.0 μg 氟。

(2)试液制备。称取 0.5～1 g 试样，精确到 0.001 g，置 50 mL 容量瓶中，加入 1 mol/L 盐酸溶液 10 mL，密闭提取 1 h(不时轻轻摇动比色管)，应尽量避免样品粘于管壁上。提取后加总离子强度缓冲液 25 mL，加水至刻度混匀，以滤纸过滤，滤液供测定使用。

(3)测定。将氟电极和甘汞电极与测定仪器的负端和正端连接，将电极插入盛有水的 50 mL 聚乙烯塑料烧杯中，并预热仪器，在磁力搅拌器上以恒速搅拌，读取平衡电位值，更换 2～3 次水，待电位值平衡后，即可进行标准样品和试液的电位测定。

按质量浓度由低到高的顺序依次测定氟标准工作液的平衡电位。以电极电位作纵坐标，氟离子浓度作横坐标，在半对数坐标纸上绘制标准曲线。同法测定试液的平衡电位，从标准曲线上读取试液的含氟量。

七、结果计算

试样中氟的质量分数按以下公式计算。

$$w(F)=\rho\times 50\times\frac{100}{m}\times 1000=\rho\times 5/m$$

式中，ρ 为试液中氟的质量浓度，mg/mL；m 为试样质量，g；50 为试液总体积，mL。

八、结果表示与重复性

每个试样取 2 个平行样进行测定，以其算数平均值作为测定结果，结果表示到 0.1 mg/kg。

同一分析者对同一试样同时或快速连续地进行 2 次测定，所得结果之间的差值：氟含量≤50 mg/kg，不得超过平均值的 10%；氟含量≥50 mg/kg，不得超过平均值的 5%。

九、注意事项

①此法较快速，也可避免灰化过程引入的误差。但植物性饲料样品中，尚有微量有机氟，欲测定总氟量时，可将样品灰化后，使有机氟转化为无机氟，再进行测定。

②每次氟电极使用前，应在水中浸泡（活化）数小时，至电位为 340 mV 以上（不同生产厂家的氟电极，其要求不一致，请依据产品说明），然后泡在含低浓度氟（0.1 或 0.5 mg/kg）的 0.4 mol/L 柠檬酸钠溶液中适应 20 min，再洗至 320 mV 后进行测定。以后每次测定均应洗至 320 mV，再进行下一次测定。经常使用的氟电极应泡在去离子水中，若长期不用，则应干放保存。

③电极长期使用后，会发生迟钝现象，可用金相纸擦或牙膏擦，以活化表面。

④根据能斯特方程式可知，当浓度改变 10 倍，电位值只改变 59.16 mV（25℃），也即理论斜率为 59.16，据此可知氟电极的性能好坏。一般实际中，电极工作曲线斜率≥57 mV 时，即可认为电极性能良好，否则需查明原因。

⑤为了保持电位计的稳定性，最好使用电子交流稳压电源，如在夏、冬季或在室温波动大时，应在恒温室或空调室进行测量。

Project 2

天然有毒有害物质的分析测定

饲料中的天然有毒有害物质主要指饲料中天然存在的特征性的有害物质，其种类较多。本节主要介绍饲料中几种常见的、对动物危害性较大的天然有毒有害物质亚硝酸盐、游离棉酚、异硫氰酸酯、噁唑烷硫酮的测定方法。

任务一　饲料中亚硝酸盐的测定(盐酸萘乙二胺法)

饲料中的亚硝酸盐是一种较强的氧化剂，其毒性作用主要是使红细胞内正常的氧合血红蛋白中的二价铁氧化为三价铁，形成高铁血红蛋白，丧失了携氧功能，导致机体组织缺氧，造成全身组织特别是脑组织的急性损害，严重则引起窒息死亡。然而，在正常情况下，植物类饲料中的亚硝酸盐含量均很低，动物性饲料鱼粉中的亚硝酸盐含量虽然较高，但也在国家饲料卫生标准规定的允许范围内。如冯学勤对我国市场上 42 个鱼粉样品的亚硝酸盐含量进行了样品检测，其平均含量为 1.34 mg/kg。

通常青绿饲料如未成熟的绿燕麦、大麦、小麦、苏丹草、玉米秸秆和高粱秸秆等富含硝酸盐，用其制成的干草硝酸盐含量也高；树叶类和根茎类饲料也富含硝酸盐。萧学成测定了芹菜、白菜等 15 种蔬菜中的硝酸盐和亚硝酸盐含量，其中，硝酸盐含量平均为 1979.43 mg/kg，以白菜(3030.16 mg/kg)和包菜(3020.16 mg/kg)的含量最高；而亚硝酸盐含量极低，平均为 3.33 mg/kg。饲料中的硝酸盐本身对动物无毒害作用，只有转化为亚硝酸盐才有害，其转化方式有体内和体外转化 2 种。在正常的情况下，单胃动物从饲料中摄入的硝酸盐在体内很少转化成亚硝酸盐，反刍动物也不会在瘤胃内引起亚硝酸盐蓄积而中毒。因此，在实际生产中出现的动物亚硝酸盐中毒大多是由于富含硝酸盐的饲料贮存或处理方法不当导致亚硝酸盐含量剧增而引起的。所以，饲料工业和动物养殖业，必须严格检测和控制饲料中的亚硝酸盐含量。

饲料中亚硝酸盐含量的测定常采用重氮偶合比色法。根据使用的试剂不同又分为，α-萘胺法和盐酸萘乙二胺法，其中盐酸萘乙二胺法为国标法。

一、适用范围

本方法适用于饲料原料(鱼粉)、配合饲料(包括混合饲料)中亚硝酸盐的测定。

二、测定原理

样品在微碱性条件下除去蛋白质，在酸性条件下试样中的亚硝酸盐与对氨基苯磺酸反应，生成重氮化合物，再与 N-1-萘乙二胺盐酸盐偶合形成红色物质，进行比色测定。

三、试剂和溶液

本方法所用试剂均为分析纯，水为蒸馏水或相应纯度的水。

①四硼酸钠饱和溶液：称取 25 g 四硼酸钠($Na_2B_4O_7 \cdot 10H_2O$)，溶于 500 mL 温水中，冷

却后备用。

②106 g/L 亚铁氰化钾溶液:称取 53 g 亚铁氰化钾[$K_4Fe(CN)_6 \cdot 3H_2O$],溶于水,加水稀释至 500 mL。

③220 g/L 乙酸锌溶液:称取 110 g 乙酸锌[$Zn(CH_3COO)_2 \cdot 2H_2O$],溶于适量水和 15 mL 冰乙酸中,加水稀释至 500 mL。

④5 g/L 对氨基苯磺酸溶液:称取 0.5 g 对氨基苯磺酸($NH_2C_6H_4SO_3H \cdot H_2O$),溶于 10%盐酸溶液中,边加边搅,再加 10%盐酸溶液稀释至 100 mL,贮于暗棕色试剂瓶中,密闭保存,1 周内有效。

⑤1 g/L *N*-1-萘乙二胺盐酸盐溶液:称取 0.1 g *N*-1-萘乙二胺盐酸盐($C_{10}H_7NHCH_2NH_2 \cdot 2HCl$),用少量水研磨溶解,加水稀释至 100 mL,贮于暗棕色试剂瓶中密闭保存,1 周内有效。

⑥5 mol/L 盐酸溶液:量取 445 mL 浓盐酸,加水稀释至 1000 mL。

⑦亚硝酸钠标准贮备液:称取经(115±5)℃烘至恒重的亚硝酸钠 0.3000 g,用水溶解,移入 500 mL 容量瓶中,加水稀释至刻度,此溶液每毫升相当于 400 mg 亚硝酸根离子。

⑧亚硝酸钠标准工作液:吸取 5.00 mL 亚硝酸钠标准贮备液,置于 200 mL 容量瓶中,加水稀释至刻度,此溶液每毫升相当于 10 mg 亚硝酸根离子。

四、仪器设备

①分光光度计:10 mm 比色池,可在 538 nm 处测量吸光度。
②分析天平:感量 0.0001 g。
③恒温水浴锅。
④实验室用样品粉碎机或研钵。
⑤容量瓶:50(棕色),100 mL,150 mL,500 mL。
⑥烧杯:100 mL,200 mL,500 mL。
⑦量筒:100 mL,200 mL,1000 mL。
⑧长颈漏斗:直径 75~90 mm。
⑨吸量管:1 mL,2 mL,5 mL。
⑩移液管:5 mL,10 mL,15 mL,20 mL。

五、试样的选取与制备

采集具有代表性的饲料样品,至少 2 kg,四分法缩分至约 250 g,磨碎,过 1 mm 孔筛,混匀,装入密闭容器,防止试样变质,低温保存备用。

六、测定步骤

①试液制备。称取约 5 g 试样,精确到 0.001 g,置于 200 mL 烧杯中,加约 70 mL 温水(60±5)℃和 5 mL 四硼酸钠饱和溶液,在(85±5)℃水浴上加热 15 min,取出,稍凉,依次加

入亚铁氰化钾溶液 2 mL、乙酸锌溶液 2 mL,每一步须充分搅拌,将烧杯内溶液全部转移至 150 mL 容量瓶中,用水洗涤烧杯数次,并入容量瓶中,加水稀释至刻度,摇匀,静置澄清,用滤纸过滤,滤液为试液备用。

②标准曲线绘制。吸取 0 mL,0.25 mL,0.50 mL,1.00 mL,2.00 mL,3.00 mL 亚硝酸钠标准工作液,分别置于 50 mL 棕色容量瓶中,加水约 30 mL,依次加入对氨基苯磺酸溶液 2 mL、5.0 mol/L 盐酸溶液 2 mL,混匀,在避光处放置 3~5 min,加入 *N*-1-萘乙二胺盐酸盐溶液 2 mL,加水稀释至刻度,混匀,在避光处放置 15 min,以 0 mL 亚硝酸钠标准工作液为参比,用 10 mm 比色池,在波长 538 nm 处,用分光光度计测其他各溶液的吸光度,以吸光度为纵坐标,各溶液中所含亚硝酸根离子质量为横坐标,绘制标准曲线或计算回归方程。

③试样测定。准确吸取试液约 30 mL,置于 50 mL 棕色容量瓶中,从“依次加入对氨基苯磺酸溶液 2 mL、5.0 mol/L 盐酸溶液 2 mL”起,按②的方法显色并测量试液的吸光度。

七、结果计算

试样中亚硝酸钠的质量分数按以下公式计算。

$$w(\text{亚硝酸钠})=m_1\times\left(\frac{V}{V_1}\times m\right)\times 1.5$$

式中,V 为试样总体积,mL;V_1 为试样测定时吸取试液的体积,mL;m_1 为试液中所合亚硝酸根离子质量,μg(由标准曲线读得或由回归方程求出);m 为试样质量,g;1.5 为亚硝酸钠质量和亚硝酸根离子质量的比值。

八、结果表示与重复性

每个试样取 2 个平行样进行测定,以其算术平均值为分析结果。结果表示到 0.1 mg/kg。

同一分析者对同一试样同时或快速连续地进行 2 次测定,所得结果之间的差值:亚硝酸盐含量≤1 mg/kg 时,不得超过平均值的 50%;亚硝酸盐含量>1 mg/kg 时,不得超过平均值的 20%。

任务二　饲料中游离棉酚的测定(苯胺比色法和间苯三酚法)

棉籽饼(粕)是畜牧业生产中重要的蛋白质饲料,但由于其含有游离棉酚而限制了这一资源的充分利用。游离棉酚具有活性羟基和活性醛基,对动物毒性较强,而且在体内比较稳定,有明显的蓄积作用。对单胃动物,游离棉酚在体内大量蓄积,损害肝、心、骨骼肌和神经细胞;对成年反刍动物,由于瘤胃特殊的消化环境,游离棉酚可转化为结合棉酚,因而有较强的耐受性。动物在短时间内因大量采食棉籽饼(粕)引起的急性中毒极为罕见,生产上发生的多是由于长期采食棉籽饼(粕),致使游离棉酚在体内蓄积而产生的慢性中毒。

棉籽饼(粕)中游离棉酚的含量与棉籽的棉酚含量和棉籽的制油工艺有关。中国农业科学院畜牧研究所报道了不同工艺制得的棉籽饼(粕)中游离棉酚的含量,有许多超出了国家饲料卫生标准。如螺旋压榨法为0.030%～0.162%,土榨法为0.014%～0.523%,直接浸提法为0.065%,预压浸出法为0.011%～0.151%。因此,必须严格检测棉籽饼(粕)中的游离棉酚含量,根据检测结果合理控制棉籽饼(粕)的用量,以保证配合饲料中的游离棉酚含量在国家饲料卫生标准规定的范围内。

目前,测定棉酚的方法有比色法和高压液相色谱法,比色法又包括苯胺法、间苯三酚法、三氯化锑法和紫外分光光度法等。间苯三酚法快速、简便、灵敏度高,但精密度稍差,是目前常用的快速分析方法。苯胺法准确度高,精密度好,是目前常用的测定方法,也是国家标准方法。高压液相色谱法准确度高,干扰少,但设备昂贵。

一、苯胺比色法(方法一)

(1)适用范围。本方法适用于棉籽粉、棉籽饼(粕)和含有这些物质的配合饲料(包括混合饲料)中游离棉酚的测定。

(2)测定原理。在3-氨基-1-丙醇存在下,用异丙醇与正己烷的混合溶剂提取游离棉酚,用苯胺使棉酚转化为苯胺棉酚,在最大吸收波长440 nm处进行比色测定。

(3)试剂和溶液。除特殊规定外,本方法所用试剂均为分析纯,水位蒸馏水或相应纯度的水。

①异丙醇。

②正己烷。

③冰乙酸。

④苯胺($C_6H_5NH_2$):如果测定的空白试验吸收值超过0.022时,在苯胺中加入锌粉进行蒸馏,弃去开始和最后的10%蒸馏部分,放入棕色的玻璃瓶内贮存在(0～4℃)冰箱中,该试剂可稳定几个月。

⑤3-氨基-1-丙醇($H_2NCH_2CH_2CH_2OH$)。

⑥异丙醇-正己烷混合溶剂:6+4($V+V$)。

⑦溶剂A:量取约500 mL异丙醇-正己烷混合溶剂、2 mL 3-氨基-1-丙醇、8 mL冰乙酸和50 mL水于1000 mL的容量瓶中,再用异丙醇-正己烷混合试剂定容至刻度。

(4)仪器设备。

①分光光度计:10 mm比色池,可在440 nm处测量吸光度。

②振荡器:振荡频率120～130次/min(往复)。

③恒温水浴。

④具塞三角瓶:100 mL,250 mL。

⑤容量瓶:25 mL(棕色)。

⑥吸量管:1 mL,3 mL,10 mL。

⑦移液管:10 mL,50 mL。

⑧漏斗:直径50 mm。

⑨表面皿:直径60 mm。

(5)试样的选取与制备。采集具有代表性的棉籽饼(粕)样品至少2 kg,四分法缩分至约

250 g，磨碎，过 2.8 mm 孔筛，混匀，装入密闭容器，防止试样变质，低温保存备用。

(6)测定步骤。

①称取 1～2 g 试样(精确到 0.001 g)，置于 250 mL 具塞三角瓶中，加入 20 粒玻璃珠，用移液管准确加入 50 mL 溶剂 A，塞紧瓶塞，放入振荡器内振荡 1 h(每分钟 120 次左右)。用干燥的定量滤纸过滤，过滤时在漏斗上加盖一表面皿以减少溶剂挥发，弃去最初几滴滤液，收集滤液于 100 mL 三角瓶中。

②用吸量管吸取等量双份滤液 5～10 mL(每份含 50～100 μg 的棉酚)分别至 2 个25 mL 棕色容量瓶 a 和 b 中，如果需要，用溶剂 A 补充至 10 mL。

③用异丙醇-正己烷混合溶剂稀释 a 至刻度，摇匀，该溶液用作试样测定液的参比溶液。

④用移液管吸取 2 份 10 mL 的溶剂 A 分别至 2 个 25 mL 棕色容量瓶 a_0 和 b_0 中。

⑤用异丙醇-正己烷混合溶剂补充容量瓶 a_0 至刻度，摇匀，该溶液用作空白测定液的参比溶液。

⑥加 2.0 mL 苯胺于容量瓶 b 和 b_0 中，在沸水浴上加热 30 min 显色。

⑦冷却至室温，用异丙醇-正己烷混合溶剂定容，摇匀并静置 1 h。

⑧用 10 mm 比色池在波长 440 nm 处，用分光光度计以 a_0 为参比溶液测定空白测定液 b_0 的吸光度，以 a 为参比溶液测定试样测定液 b 的吸光度，从试样测定液的吸光度值中减去空白测定液的吸光度值，得到校正吸光度 A 。

(7)结果计算。试样中游离棉酚的质量分数按以下公式计算。

$$w=\left(A\times\frac{1.25}{a}\times m\times V\right)\times10^{6}$$

式中，A 为校正吸光度；m 为试样质量，g；V 为测定用滤液的体积，mL；a 为质量吸收系数，游离棉酚为 62.5 L/(cm·g)。

(8)结果表示与重复性。每个试样取 2 个平行样进行测定，以其算术平均值为结果。结果表示到 20 mg/kg。

同一分析者对同一试样同时或快速连续地进行 2 次测定，所得结果之间的差值：游离棉酚含量＜500 mg/kg 时，不得超过平均值的 15%；游离棉酚含量为 500～750 mg/kg 时，绝对值相差不得超过 75 mg/kg；游离棉酚含量＞750 mg/kg 时，不得超过平均值的 10%。

二、间苯三酚法(快速法)(方法二)

(1)测定原理。饲料中棉酚经 70%丙酮水溶液提取后，在酸性及乙醇介质中与间苯三酚显色，置分光光度计上于 550 nm 处测定其吸光度，参照标准曲线，计算样品棉酚的含量。棉酚含量在 0～140 μg/mL 范围内遵循朗伯-比尔定律。

(2)仪器设备。

①721 型分光光度计。

②容量瓶：1000 mL，50 mL

③三角瓶：150 mL。

④样品粉碎机。

⑤分析天平：感量 0.0001 g。

(3)试剂及配制。

①纯棉酚。

②间苯三酚。

③95%乙醇。

④丙酮。

⑤浓盐酸。

⑥混合试剂:用浓盐酸与间苯三酚乙醇溶液以5+1的比例($V+V$)混合,存于冰箱中备用。

(4)测定步骤。

①标准曲线的绘制:准确称取10 mg纯棉酚,用70%的丙酮水溶液定容至1000 mL,按表9-2-1顺序和数量配制标准系列。加完全部试剂后摇匀,在室温下放置25 min,用乙醇稀释至10 mL,于550 nm波长处,用1 cm比色皿,以试剂为空白测定吸光度。以吸光度为纵坐标,纯棉酚的质量(μg)为横坐标作图,得标准曲线。

表9-2-1 标准系列的制备

试剂	比色管编号					
	0	1	2	3	4	5
棉酚标准液	0.00	0.20	0.40	0.60	0.80	1.00
70%丙酮水溶液	1.00	0.80	0.60	0.40	0.20	0.00
混合试剂	2.00	2.00	2.00	2.00	2.00	2.00

②样品分析:将混合饲料,自然干燥后研碎,过20目筛,精确称取混合饲料3~5 g至一只空三角瓶中,加70%的丙酮水溶液约35 mL,置电磁搅拌器上,搅拌提取1 h,将提取液过滤到50 mL容量瓶中,用少量70%丙酮水溶液洗涤滤渣数次,定容至50 mL。

吸取滤液1.00 mL,放入10 mL的比色管中,加2.00 mL混合试剂,摇匀,放置25 min,用乙醇定容至10 mL,于550 nm波长处测定其吸光度。参照标准曲线相应吸光度的棉酚质量,计算样品的棉酚含量。

任务三 饲料中异硫氰酸酯的测定(气相色谱法和银盐法)

菜籽饼(粕)是动物生产中的重要蛋白质饲料,但由于含有硫葡萄糖苷及其降解产物等抗营养因子,因而限制了其充分利用。硫葡萄糖苷本身无毒性,但在饲料本身所含的硫葡萄糖苷酶(芥子酶)或胃肠道细菌酶的催化作用下,产生异硫氰酸酯(ITC)、噁唑烷硫酮(OZT)、硫氰酸酯(SCN)和腈(RCN)4种主要的有毒化合物。根据其毒性大小、含量及其特异性,目前我国及许多国家都以异硫氰酸酯和噁唑烷硫酮作为衡量菜籽饼(粕)含毒量的重要指标。菜籽饼(粕)中异硫氰酸酯的含量随油菜品种、产地及制油工艺不同而异。双高油菜品种(高芥酸、高硫葡萄糖苷)的菜籽饼(粕)中异硫氰酸酯含量高于双低品种。湿热压榨法、干热压榨法和冷热压榨法制得的双高品种菜籽饼(粕)中异硫氰酸酯含量均较高,分别为1.63%、1.63%和1.94%。长期或大量饲喂异硫氰酸酯含量高的菜籽饼(粕),就会对动物的皮肤、黏膜和消化道表面有破坏作用，并导致甲状腺肿大。因此，必须严格检测菜籽饼(粕)和配合饲料中的异硫氰酸酯含量，控制其含量在国家饲料卫生质量标准规定的允许范围内，以避免其毒害作用的发生。

饲料中异硫氰酸酯的测定方法主要有气相色谱法和银盐法。异硫氰酸酯在高温下易挥发，因此采用气相色谱法测定，准确度和精密度均较好。

一、气相色谱法(方法一)

(1)适用范围。本方法适用于配合饲料(包括混合饲料)和菜籽提取油后的饼粕中异硫氰酸酯的测定。

(2)测定原理。配合饲料或菜籽饼(粕)中存在的硫葡萄糖苷，在芥子酶作用下生成相应的异硫氰酸酯，用二氯甲烷提取后再用气相色谱进行测定。

(3)试剂和溶液。除特殊规定外，本方法所用试剂均为分析纯，水为蒸馏水或相应纯度的水。

①二氯甲烷或三氯甲烷。

②丙酮。

③pH 为 7 的缓冲液：市售或按下法配制。量取 0.1 mol/L(21.01 g/L)柠檬酸($C_6H_8O_7 \cdot H_2O$) 溶液 35.3 mL，于 200 mL 容量瓶中，用 0.2 mol/L 磷酸氢二钠($Na_2HPO_4 \cdot 12H_2O$)稀释至刻度，配制后检测 pH。

④无水硫酸钠。

⑤酶制剂：将白芥种子(72 h 内发芽率必须大于 85%，保存期不超过 2 年)粉碎后，称取 100 g，用 300 mL 丙酮分 10 次脱脂，滤纸过滤，真空干烘脱脂的白芥子粉，然后用 400 mL 水分 2 次提取脱脂粉中的芥子酶，离心，取上层混悬液体，合并，于合并混悬液中加入 400 mL 丙酮沉淀芥子酶，弃去上清液，用丙酮洗沉淀 5 次，离心，真空干燥下层沉淀物，研磨成粉状，装入密闭容器中，低温保存备用，此制剂应不含异硫氰酸酯。

⑥丁基异硫氰酸酯内标溶液：配制 0.100 mg/mL 丁基异硫氰酸酯二氯甲烷或三氯甲烷溶液，贮于 4℃，如试样中异硫氢酸酯含量较低，可将上述溶液稀释，使内标丁基异硫氰酸酯峰面积和试样中异硫氰酸酯峰面积相接近。

(4)仪器设备。

①气相色谱仪：具有氢焰检测器。

②氮气钢瓶：其中氮气纯度为 99.99%。

③微量注射器：5 μL。

④分析天平：感量 0.0001 g。

⑤实验室用样品粉碎机。

⑥振荡器：往复，200 次/min。

⑦具塞锥形瓶：25 mL。

⑧离心机。

⑨离心试管：10 mL。

(5)试样选取和制备。采集具有代表性的配合饲料样品，至少 2 kg，四分法缩分至约 250 g，磨碎，过 1 mm 孔筛，混匀，装入密闭容器，防止试样变质，低温保存备用。

(6)测定步骤。

①试样的酶解：称取约 2.2 g 试样于具塞锥形瓶中，精确到 0.001 g，加入 pH 为 7 缓冲液 5 mL，30 mg 酶制剂，10 mL 丁基异硫氰酸酯内标溶液，用振荡器振荡 2 h，将具塞锥形瓶中内容物转入离心试管中，离心机离心。用滴管吸取少量离心试管下层有机相溶液，通过铺有少量无水硫酸钠层和脱脂棉的漏斗过滤，得澄清滤液备用。

②色谱条件。

a. 色谱柱：玻璃，内径 3 mm，长 2 m。

b. 固定液：20%FFAP(或其他效果相同的固定液)。

c. 载体：Chromosorb w，HP，80～100 目(或其他效果相同的载体)。

d. 柱温：100℃。

e. 进样口及检测器温度：150℃。

f. 载气(氮气)流速：65 mL/min。

③测定：用微量注射器吸取 1～2 μL 上述澄清滤液，注入色谱仪，测量各异硫氰酸酯峰面积。

(7)结果计算。试样中异硫氰酸酯的质量分数按以下公式计算。

$$w(\text{异硫氰酸酯})=\frac{m_e}{S_e}\times m\times(1.15S_a+0.98S_b+0.88S_p)\times 1000$$

式中，m 为试样质量，g；m_e 为 10 mL 丁基异硫氰酸酯内标溶液中丁基异硫氰酸酯的质量，mg；S_e 为丁基异硫氰酸酯的峰面积；S_a 为丙烯基异硫氰酸酯的峰面积；S_b 为丁烯基异硫氰酸酯的峰面积；S_p 为戊烯基异硫氰酸酯的峰面积。

(8)结果表示与重复性。每个试样取 2 个平行样进行测定，以其算术平均值为结果。结果表示到 1 mg/kg。

同一分析者对同一试样同时或快速连续地进行 2 次测定，所得结果之间的差值：异硫氰酸酯含量≤100 mg/kg 时，不超过平均值的 15%；异硫氰酸酯含量>100 mg/kg 时，不超过平均值的 10%。

二、银盐法(方法二)

(1)适用范围。本方法适用于配合饲料(包括混合饲料)和菜籽提取油后的饼粕中异硫氰酸酯的测定。

(2)测定原理。菜籽饼(粕)中存在的硫葡萄糖苷，在芥子酶作用下可生成相应的异硫氰酸酯。用水汽蒸出后再用硝酸银-氢氧化铵溶液吸收而生成相应的衍生硫脲。过量的硝酸银在酸性条件下，以硫酸铁铵为指示剂，用硫氰酸铵回滴，再计算出异硫氰酸酯的含量。

(3)试剂和溶液。除特殊规定外，本方法所用试剂均为分析纯，水为蒸馏水或相应纯度的水。

①95%乙醇。

②去泡剂：正辛醇。

③6 mol/L 硝酸溶液：量取 195 mL 浓硝酸，加水稀释至 500 mL。

④10%氢氧化铵溶液：取氨水(30%)100 mL，加 200 mL 水混匀。

⑤硫酸铁铵溶液：称取 100 g 硫酸铁铵[$NH_4Fe(SO_4)_2 \cdot 12H_2O$]溶于 500 mL 水中。

⑥0.1 mol/L 硝酸银标准溶液：准确称取在硫酸干燥器中干燥至恒重的基准硝酸银 16.987 g，用水溶解后加水定容至 1000 mL。置棕色瓶中避光保存。

⑦0.1 mol/L 硫氰酸铵标准贮备液：称取 76 g 硫氰酸铵，溶于 1000 mL 水中。

⑧0.01 mol/L 硫氰酸铵标准工作液：临用前将 0.1 mol/L 硫氰酸铵标准贮备液用水稀释 10 倍，摇匀。

⑨pH 为 4 的缓冲液：称取 42 g 柠檬酸($C_6H_8O_7 \cdot H_2O$)，溶于 1 L 水中，用浓氢氧化钠溶液调节 pH 至 4。

⑩粗酶制剂：取白芥种子(72 h 内发芽率必须>85%，保存期不得超过 2 年)，粉碎后用冷石油醚(沸程 40～60℃)或正己烷脱脂，使脂肪含量不大于 2%，然后再粉碎 1 次使全部通过 0.28 mm 筛，放 4℃冰箱可使用 6 周。

(4)仪器设备。

①分析天平：感量 0.0001 g。

②恒温箱：温度范围 30～60℃，精度±1℃。

③异硫氰酸酯蒸馏装置。

④冰水浴。

⑤沸水浴。

⑥三角烧瓶：100 mL，500 mL(具塞)。

⑦容量瓶：100 mL。

⑧移液管：10 mL，25 mL。

⑨吸量管：5 mL，10 mL。

⑩半自动滴定管：5 mL，最小分度为 0.02 mL。

⑪滤纸。

⑫回流冷凝器，可与接收瓶相配。

(5)试样选取与制备。采集具有代表性的样品至少 250 g，四分法缩分至 50 g。若样品含脂率大于 5%时，需要事先脱脂，测定脂肪含量；若含脂率小于 5%时，则进一步磨碎使其 80%能通过 0.28 mm 筛、混匀，装入密闭容器中，置-15℃保存备用。

(6)测定步骤。

①称取试样 2.2 g 于事先烘烤并精确称重至 0.001 g 的烧杯中，(103±2)℃烘烤至少 8 h，在干燥器中冷却至室温后精确称重至 0.001 g。

②试样的酶解：将上述烘烤过的试样全部转移至 500 mL 三角烧瓶中，加入 100 mL pH 为 4 缓冲液，同时加入 0.5 g 粗酶制剂。另取 1 个 500 mL 三角烧瓶加入 pH 为 4 的缓冲液 100 mL 和 0.5 g 粗酶制剂。将三角烧瓶塞好塞子，置 40℃恒温箱中保温 3 h，中间不时轻摇几次。

③蒸馏接收瓶准备：准确量取 10.00 mL 硝酸银标准溶液至 250 mL 圆底烧瓶中，并加入 2.5 mL 氢氧化铵溶液。将此瓶与蒸馏装置相连并置于冰水浴中，冷凝器末端必须没于硝酸银-氢氧化铵液中。

④蒸馏：将盛试样的三角烧瓶冷至室温，加入几粒玻璃珠和几滴去泡剂，然后与蒸馏装

置相连,从上面漏斗中加入95%乙醇10 mL,另加95%乙醇3 mL于接收瓶上的安全管中。缓慢加热蒸馏,至馏出液达到接收瓶70 mL刻度处。

⑤试样测定:取下接收瓶,将安全管中的乙醇倒入此瓶中,将它与回流冷凝器连接,于沸水中加热瓶中内容物30 min,然后取下冷却至室温。将内容物定量地转至100 mL容量瓶中,用水洗接收瓶2~3次,用水稀释至刻度,摇匀后过滤于100 mL三角烧瓶中,用移液管取25 mL滤液于另一100 mL三角烧瓶中,加6 mol/L硝酸溶液1 mL和0.5 mL硫酸铁铵指示剂,用0.01 mol/L硫氰酸铵标准工作液滴定过量的硝酸银,直到稳定的淡红色出现为终点。

⑥空白测定:按同样测定步骤操作,但不加试样,得到空白测定值。

(7)结果计算。试样中异硫氰酸酯的质量分数按以下公式计算。

$$w(\text{异硫氰酸酯})=c\times(V_1-V_2)\times226.36/m$$

式中,V_1为空白测定所耗硫氰酸铵标准工作液的体积,mL;V_2为试样测定所耗硫氰酸铵标准工作液的体积,mL;c为硫氰酸铵标准工作液的浓度,mol/L;m为干试样的绝干质量,g。

(8)结果表示与重复性。每个试样取2个平行样进行测定,以其算术平均值为结果。结果表示到0.01 mg/g。

同一分析者对同一试样同时或快速连续地进行2次测定,所得结果之间的差值:异硫氰酸酯含量≤0.50 mg/g时,不得超过平均值的20%;异硫氰酸酯含量为0.50~1.00 mg/g时,不得超过平均值的15%;异硫氰酸酯含量>1.00 mg/g时,不得超过平均值的10%。

任务四　饲料中噁唑烷硫酮的测定(紫外分光光度法)

噁唑烷硫烷酮(OZT)是菜籽饼(粕)中的硫葡萄糖苷经酶解后形成的主要有毒物质之一,其毒害作用是阻碍甲状腺素的合成,导致甲状腺肿大,故又被称为致甲状腺肿因子。菜籽饼(粕)中的噁唑烷硫酮含量因油菜品种、产地和制油工艺不同而异。徐义俊等的分析结果表明,利用甘蓝型、白菜型及芥菜型等双高油菜制得的菜籽饼(粕)中噁唑烷硫酮的含量分别为7.42%、0.47%和0.99%,而利用双低品种制得的菜籽饼(粕)中噁唑烷硫酮的含量为2.31%。用湿热压榨法、干热压榨法和冷压榨法制得的菜籽饼(粕)中噁唑烷硫酮的含量分别为1.62%、2.17%和7.42%。各种动物对噁唑烷硫酮均有一定的敏感性,长期或大量饲喂均会引起毒害作用。因此,在饲料工业和动物养殖业,必须严格检测菜籽饼(粕)和配合饲料中的噁唑烷硫酮含量,保证其安全使用。

噁唑烷硫酮不易挥发,并在245 nm处有最大吸收,因此一般采用紫外分光光度法测定。

一、适用范围

本方法适用于菜籽饼(粕)和配合饲料中噁唑烷硫酮的测定。

二、测定原理

饲料中的硫葡萄糖苷被硫葡萄糖苷酶(芥子酶)水解,再用乙醚萃取生成的噁唑烷硫酮,用紫外分光光度计测定。

三、试剂和溶液

除特殊规定外，本方法所用试剂均为分析纯，水为蒸馏水或相应纯度的水。

①乙醚：光谱纯或分析纯。

②去泡剂：正辛醇。

③pH 7 缓冲液：量取 0.1 mol/L(21.01 g/L)柠檬酸($C_6H_8O_7 \cdot H_2O$)溶液 35.3 mL 于 200 mL 容量瓶中，再用 0.2 mol/L 磷酸氢二钠($Na_2HPO_4 \cdot 12H_2O$)溶液调节 pH 至 7.0。

④酶源：用白芥种子(72 h 内发芽率必须大于 85%，保存期不得超过 2 年)制备。将白芥子磨细，使 80%通过 0.28 mm 孔径筛子，用正己烷或石油醚(沸程 40～60℃)提取其中脂肪，使残油不大于 2%，操作温度保持在 30℃以下，放通风橱于室温下使溶剂挥发。此酶源置具塞玻璃瓶中 4℃下保存，可用 6 周。

四、仪器设备

①分析天平：感量 0.00001 g。

②样品筛：孔径 0.28 mm。

③样品磨。

④玻璃干燥器。

⑤恒温干燥箱：(103±2)℃。

⑥三角烧瓶：25 mL，100 mL，250 mL。

⑦容量瓶：25 mL，100 mL。

⑧烧杯：50 mL。

⑨分液漏斗：50 mL。

⑩移液管：2 mL。

⑪振荡器：振荡频率 100 次/min(往复)。

⑫分光光度计：10 mm 石英比色池，可在 200～300 nm 处测量吸光度。

五、试样选取与制备

采集具有代表性的样品至少 500 g，四分法缩分至 50 g，再磨细，使其 80%能通过 0.28 mm 筛。

六、测定步骤

①称取试样[菜籽饼(粕)1.1 g，配合饲料 5.5 g]于事先干燥称重(精确到 0.001 g)的烧杯中，放入恒温干燥箱，在(103±2)℃下烘烤至少 8 h，取出置于干燥器中冷却至室温，再称重，精确到 0.001 g。

②试样的酶解。将干燥称重的试样全部倒入250 mL的三角烧瓶中，加入70 mL沸缓冲液，并用少许冲洗烧杯，使冷却至30℃，然后加入0.5 g酶源和几滴去泡剂，于室温下振荡2 h。立即将内容物定量转移至100 mL容量瓶中，用水洗涤三角烧瓶，并稀释至刻度。过滤至100 mL三角烧瓶中，滤液备用。

③试样测定。取上述滤液[菜籽饼(粕)1.0 mL，配合饲料2.0 mL]，至50 mL分液漏斗中，每次用10 mL乙醚提取2次，每次小心从上面取出上层乙醚。合并乙醚层于25 mL容量瓶中，用乙醚定容至刻度。从200～280 nm测定其吸光度值，用最大吸光度值减去280 nm处的吸光度值得试样吸光度值A_E。

④试样空白测定[菜籽饼(粕)此项免去，A_B为零]。按①，②，③同样操作，只加试样不加酶源，测得值为试样空白吸光度值A_B。

⑤酶源空白测定。按①，②，③同样操作，不加试样只加酶源，测得值为酶源空白吸光度值A_C。

七、计算和结果表示

试样中噁唑烷硫酮的质量分数按以下公式计算。

$$w(\text{噁唑烷硫酮}) = (A_E - A_B - A_C) \times C_p \times V_2 \times \frac{V}{m} \times V_1$$

式中，A_E为试样吸光度值；A_B为试样空白吸光度值；A_C为酶源空白吸光度值；C_p为转换因素，吸光度为1时，每升溶液中噁唑烷硫酮为8.2 μg；V为试样的滤液总体积，mL；V_1为试样测定用的滤液体积，mL；V_2为试样测定液的乙醚相总体积，mL；m为试样绝干质量，g。

若试样测定液经过稀释，计算时应予考虑。

八、结果表示与重复性

每个试样取2个平行样进行测定，以其算术平均值为结果。结果表示到0.01 mg/g。

同一分析者对同一试样同时或快速连续地进行2次测定，所得结果之间的差值：噁唑烷硫酮≤0.20 mg/g时，不得超过平均值的20%；噁唑烷硫酮含量为0.20～0.50 mg/g时，不得超过平均值的15%；噁唑烷硫酮含量≥0.50 mg/g时，不得超过平均值的10%。

【考核评价】

为了保证饲料的质量，某饲料厂将生产一批饲料进行抽样检查，其中需对该饲料样品中常见的有毒有害物质进行检测，请你结合所学专业知识对该批饲料检测样品进行分析，确定主要检测的有毒有害物质以及具体的检测方法。

【案例分析】

某养猪户饲养了4头母猪和60头育成猪，长期以白菜、包菜等作青绿饲料。前几日到市场以低价收购卖菜老板所摘出有点腐烂的白菜、包菜等菜叶以及未卖完剩下不好的菜，用编织袋装好压紧后拿回家。第二天饲喂以后，3头猪出现张口狂叫，时起时卧，不久便倒地挣扎死亡，随后26头猪也相继发病，出现起卧不安，四肢无力，站立不稳，行走摇摆，有的转圈运动，痉挛，吼叫，流涎，伸舌，口吐白沫，呼吸加快，四肢和耳朵发冷，口唇、皮肤先呈灰白色，后变紫黑色，结膜发绀等症状。经问诊、临床症状、病理剖检变化初步怀疑为亚硝酸盐中毒，采用二苯胺法经过实验室检查后，诊断为猪亚硝酸盐中毒。猪亚硝酸盐中毒是由于猪采食了含有亚硝酸盐的蔬菜类饲料而引起的中毒。亚硝酸盐进入机体后，能将血液中正常的低铁血红蛋白氧化为高铁血红蛋白，从而使血红蛋白失去与氧结合的能力，导致血液不能给组织供氧，引起全身严重缺氧，呼吸中枢迅速麻痹，窒息而死。对该病的治疗应用特效解毒药1%的亚甲蓝（美蓝溶液）进行肌肉注射。

【知识拓展】

饲料中的有毒有害物质

二维码　饲料中的有毒有害物质

【知识链接】

1. GB/T 13080—2004《饲料中铅的测定方法》
2. GB/T 13081—2006《饲料中汞的测定方法》
3. GB/T 13082—2002《饲料中镉的测定方法》
4. GB/T 13083—2002《饲料中氟的测定方法》
5. GB/T 13084—2006《饲料中氰化物的测定方法》
6. GB/T 13085—2005《饲料中亚硝酸盐的测定方法》

附　录

药物添加剂有关法规

兽药管理条例

（国务院第404号令）

第一章 总则

第一条 为了加强兽药管理，保证兽药质量，防治动物疾病，促进养殖业的发展，维护人体健康，制定本条例。

第二条 在中华人民共和国境内从事兽药的研制、生产、经营、进出口、使用和监督管理，应当遵守本条例。

第三条 国务院兽医行政管理部门负责全国的兽药监督管理工作。

县级以上地方人民政府兽医行政管理部门负责本行政区域内的兽药监督管理工作。

第四条 国家实行兽用处方药和非处方药分类管理制度。兽用处方药和非处方药分类管理的办法和具体实施步骤，由国务院兽医行政管理部门规定。

第五条 国家实行兽药储备制度。

发生重大动物疫情、灾情或者其他突发事件时，国务院兽医行政管理部门可以紧急调用国家储备的兽药；必要时，也可以调用国家储备以外的兽药。

第二章 新兽药研制

第六条 国家鼓励研制新兽药，依法保护研制者的合法权益。

第七条 研制新兽药，应当具有与研制相适应的场所、仪器设备、专业技术人员、安全管理规范和措施。

研制新兽药，应当进行安全性评价。从事兽药安全性评价的单位，应当经国务院兽医行政管理部门认定，并遵守兽药非临床研究质量管理规范和兽药临床试验质量管理规范。

第八条 研制新兽药，应当在临床试验前向省、自治区、直辖市人民政府兽医行政管理部门提出申请，并附具该新兽药实验室阶段安全性评价报告及其他临床前研究资料；省、自治区、直辖市人民政府兽医行政管理部门应当自收到申请之日起60个工作日内将审查结果书面通知申请人。

研制的新兽药属于生物制品的，应当在临床试验前向国务院兽医行政管理部门提出申请，国务院兽医行政管理部门应当自收到申请之日起60个工作日内将审查结果书面通知申请人。

研制新兽药需要使用一类病原微生物的，还应当具备国务院兽医行政管理部门规定的条件，并在实验室阶段前报国务院兽医行政管理部门批准。

第九条 临床试验完成后，新兽药研制者向国务院兽医行政管理部门提出新兽药注册申请时，应当提交该新兽药的样品和下列资料：

（一）名称、主要成分、理化性质；

（二）研制方法、生产工艺、质量标准和检测方法；

(三)药理和毒理试验结果、临床试验报告和稳定性试验报告;

(四)环境影响报告和污染防治措施。

研制的新兽药属于生物制品的,还应当提供菌(毒、虫)种、细胞等有关材料和资料。菌(毒、虫)种、细胞由国务院兽医行政管理部门指定的机构保藏。

研制用于食用动物的新兽药,还应当按照国务院兽医行政管理部门的规定进行兽药残留试验并提供休药期、最高残留限量标准、残留检测方法及其制定依据等资料。

国务院兽医行政管理部门应当自收到申请之日起10个工作日内,将决定受理的新兽药资料送其设立的兽药评审机构进行评审,将新兽药样品送其指定的检验机构复核检验,并自收到评审和复核检验结论之日起60个工作日内完成审查。审查合格的,发给新兽药注册证书,并发布该兽药的质量标准;不合格的,应当书面通知申请人。

第十条 国家对依法获得注册的、含有新化合物的兽药的申请人提交的其自己所取得且未披露的试验数据和其他数据实施保护。

自注册之日起6年内,对其他申请人未经已获得注册兽药的申请人同意,使用前款规定的数据申请兽药注册的,兽药注册机关不予注册;但是,其他申请人提交其自己所取得的数据的除外。

除下列情况外,兽药注册机关不得披露本条第一款规定的数据:

(一)公共利益需要;

(二)已采取措施确保该类信息不会被不正当地进行商业使用。

第三章 兽药生产

第十一条 设立兽药生产企业,应当符合国家兽药行业发展规划和产业政策,并具备下列条件:

(一)与所生产的兽药相适应的兽医学、药学或者相关专业的技术人员;

(二)与所生产的兽药相适应的厂房、设施;

(三)与所生产的兽药相适应的兽药质量管理和质量检验的机构、人员、仪器设备;

(四)符合安全、卫生要求的生产环境;

(五)兽药生产质量管理规范规定的其他生产条件。

符合前款规定条件的,申请人方可向省、自治区、直辖市人民政府兽医行政管理部门提出申请,并附具符合前款规定条件的证明材料;省、自治区、直辖市人民政府兽医行政管理部门应当自收到申请之日起20个工作日内,将审核意见和有关材料报送国务院兽医行政管理部门。

国务院兽医行政管理部门,应当自收到审核意见和有关材料之日起40个工作日内完成审查。经审查合格的,发给兽药生产许可证;不合格的,应当书面通知申请人。申请人凭兽药生产许可证办理工商登记手续。

第十二条 兽药生产许可证应当载明生产范围、生产地点、有效期和法定代表人姓名、住址等事项。

兽药生产许可证有效期为5年。有效期届满,需要继续生产兽药的,应当在许可证有效期届满前6个月到原发证机关申请换发兽药生产许可证。

第十三条 兽药生产企业变更生产范围、生产地点的,应当依照本条例第十一条的规定申请换发兽药生产许可证，申请人凭换发的兽药生产许可证办理工商变更登记手续；变更企业名称、法定代表人的，应当在办理工商变更登记手续后15个工作日内，到原发证机关申请换发兽药生产许可证。

第十四条 兽药生产企业应当按照国务院兽医行政管理部门制定的兽药生产质量管理规范组织生产。

国务院兽医行政管理部门，应当对兽药生产企业是否符合兽药生产质量管理规范的要求进行监督检查，并公布检查结果。

第十五条 兽药生产企业生产兽药，应当取得国务院兽医行政管理部门核发的产品批准文号，产品批准文号的有效期为5年。兽药产品批准文号的核发办法由国务院兽医行政管理部门制定。

第十六条 兽药生产企业应当按照兽药国家标准和国务院兽医行政管理部门批准的生产工艺进行生产。兽药生产企业改变影响兽药质量的生产工艺的，应当报原批准部门审核批准。

兽药生产企业应当建立生产记录，生产记录应当完整、准确。

第十七条 生产兽药所需的原料、辅料，应当符合国家标准或者所生产兽药的质量要求。

直接接触兽药的包装材料和容器应当符合药用要求。

第十八条 兽药出厂前应当经过质量检验，不符合质量标准的不得出厂。

兽药出厂应当附有产品质量合格证。

禁止生产假、劣兽药。

第十九条 兽药生产企业生产的每批兽用生物制品，在出厂前应当由国务院兽医行政管理部门指定的检验机构审查核对，并在必要时进行抽查检验；未经审查核对或者抽查检验不合格的，不得销售。

强制免疫所需兽用生物制品，由国务院兽医行政管理部门指定的企业生产。

第二十条 兽药包装应当按照规定印有或者贴有标签，附具说明书，并在显著位置注明"兽用"字样。

兽药的标签和说明书经国务院兽医行政管理部门批准并公布后，方可使用。

兽药的标签或者说明书，应当以中文注明兽药的通用名称、成分及其含量、规格、生产企业、产品批准文号(进口兽药注册证号)、产品批号、生产日期、有效期、适应症或者功能主治、用法、用量、休药期、禁忌、不良反应、注意事项、运输贮存保管条件及其他应当说明的内容。有商品名称的，还应当注明商品名称。

除前款规定的内容外，兽用处方药的标签或者说明书还应当印有国务院兽医行政管理部门规定的警示内容，其中兽用麻醉药品、精神药品、毒性药品和放射性药品还应当印有国务院兽医行政管理部门规定的特殊标志；兽用非处方药的标签或者说明书还应当印有国务院兽医行政管理部门规定的非处方药标志。

第二十一条 国务院兽医行政管理部门，根据保证动物产品质量安全和人体健康的需要，可以对新兽药设立不超过5年的监测期；在监测期内，不得批准其他企业生产或者进口该新兽药。生产企业应当在监测期内收集该新兽药的疗效、不良反应等资料，并及时报送国务院兽医行政管理部门。

第四章　兽药经营

第二十二条　经营兽药的企业，应当具备下列条件：

（一）与所经营的兽药相适应的兽药技术人员；

（二）与所经营的兽药相适应的营业场所、设备、仓库设施；

（三）与所经营的兽药相适应的质量管理机构或者人员；

（四）兽药经营质量管理规范规定的其他经营条件。

符合前款规定条件的，申请人方可向市、县人民政府兽医行政管理部门提出申请，并附具符合前款规定条件的证明材料；经营兽用生物制品的，应当向省、自治区、直辖市人民政府兽医行政管理部门提出申请，并附具符合前款规定条件的证明材料。

县级以上地方人民政府兽医行政管理部门，应当自收到申请之日起30个工作日内完成审查。审查合格的，发给兽药经营许可证；不合格的，应当书面通知申请人。申请人凭兽药经营许可证办理工商登记手续。

第二十三条　兽药经营许可证应当载明经营范围、经营地点、有效期和法定代表人姓名、住址等事项。

兽药经营许可证有效期为5年。有效期届满，需要继续经营兽药的，应当在许可证有效期届满前6个月到原发证机关申请换发兽药经营许可证。

第二十四条　兽药经营企业变更经营范围、经营地点的，应当依照本条例第二十二条的规定申请换发兽药经营许可证，申请人凭换发的兽药经营许可证办理工商变更登记手续；变更企业名称、法定代表人的，应当在办理工商变更登记手续后15个工作日内，到原发证机关申请换发兽药经营许可证。

第二十五条　兽药经营企业，应当遵守国务院兽医行政管理部门制定的兽药经营质量管理规范。

县级以上地方人民政府兽医行政管理部门，应当对兽药经营企业是否符合兽药经营质量管理规范的要求进行监督检查，并公布检查结果。

第二十六条　兽药经营企业购进兽药，应当将兽药产品与产品标签或者说明书、产品质量合格证核对无误。

第二十七条　兽药经营企业，应当向购买者说明兽药的功能主治、用法、用量和注意事项。销售兽用处方药的，应当遵守兽用处方药管理办法。

兽药经营企业销售兽用中药材的，应当注明产地。

禁止兽药经营企业经营人用药品和假、劣兽药。

第二十八条　兽药经营企业购销兽药，应当建立购销记录。购销记录应当载明兽药的商品名称、通用名称、剂型、规格、批号、有效期、生产厂商、购销单位、购销数量、购销日期和国务院兽医行政管理部门规定的其他事项。

第二十九条　兽药经营企业，应当建立兽药保管制度，采取必要的冷藏、防冻、防潮、防虫、防鼠等措施，保持所经营兽药的质量。

兽药入库、出库，应当执行检查验收制度，并有准确记录。

第三十条　强制免疫所需兽用生物制品的经营，应当符合国务院兽医行政管理部门的规定。

第三十一条 兽药广告的内容应当与兽药说明书内容相一致，在全国重点媒体发布兽药广告的，应当经国务院兽医行政管理部门审查批准，取得兽药广告审查批准文号。在地方媒体发布兽药广告的，应当经省、自治区、直辖市人民政府兽医行政管理部门审查批准，取得兽药广告审查批准文号；未经批准的，不得发布。

第五章 兽药进出口

第三十二条 首次向中国出口的兽药，由出口方驻中国境内的办事机构或者其委托的中国境内代理机构向国务院兽医行政管理部门申请注册，并提交下列资料和物品：

(一)生产企业所在国家(地区)兽药管理部门批准生产、销售的证明文件；

(二)生产企业所在国家(地区)兽药管理部门颁发的符合兽药生产质量管理规范的证明文件；

(三)兽药的制造方法、生产工艺、质量标准、检测方法、药理和毒理试验结果、临床试验报告、稳定性试验报告及其他相关资料；用于食用动物的兽药的休药期、最高残留限量标准、残留检测方法及其制定依据等资料；

(四)兽药的标签和说明书样本；

(五)兽药的样品、对照品、标准品；

(六)环境影响报告和污染防治措施；

(七)涉及兽药安全性的其他资料。

申请向中国出口兽用生物制品的，还应当提供菌(毒、虫)种、细胞等有关材料和资料。

第三十三条 国务院兽医行政管理部门，应当自收到申请之日起10个工作日内组织初步审查。经初步审查合格的，应当将决定受理的兽药资料送其设立的兽药评审机构进行评审，将该兽药样品送其指定的检验机构复核检验，并自收到评审和复核检验结论之日起60个工作日内完成审查。经审查合格的，发给进口兽药注册证书，并发布该兽药的质量标准；不合格的，应当书面通知申请人。

在审查过程中，国务院兽医行政管理部门可以对向中国出口兽药的企业是否符合兽药生产质量管理规范的要求进行考查，并有权要求该企业在国务院兽医行政管理部门指定的机构进行该兽药的安全性和有效性试验。

国内急需兽药、少量科研用兽药或者注册兽药的样品、对照品、标准品的进口，按照国务院兽医行政管理部门的规定办理。

第三十四条 进口兽药注册证书的有效期为5年。有效期届满，需要继续向中国出口兽药的，应当在有效期届满前6个月到原发证机关申请再注册。

第三十五条 境外企业不得在中国直接销售兽药。境外企业在中国销售兽药，应当依法在中国境内设立销售机构或者委托符合条件的中国境内代理机构。

进口在中国已取得进口兽药注册证书的兽用生物制品的，中国境内代理机构应当向国务院兽医行政管理部门申请允许进口兽用生物制品证明文件，凭允许进口兽用生物制品证明文件到口岸所在地人民政府兽医行政管理部门办理进口兽药通关单；进口在中国已取得进口兽药注册证书的其他兽药的，凭进口兽药注册证书到口岸所在地人民政府兽医行政管理部门办理进口兽药通关单。海关凭进口兽药通关单放行。兽药进口管理办法由国务院兽医行政管理部门会同海关总署制定。

兽用生物制品进口后，应当依照本条例第十九条的规定进行审查核对和抽查检验。其他兽药进口后，由当地兽医行政管理部门通知兽药检验机构进行抽查检验。

第三十六条 禁止进口下列兽药：

（一）药效不确定、不良反应大以及可能对养殖业、人体健康造成危害或者存在潜在风险的；

（二）来自疫区可能造成疫病在中国境内传播的兽用生物制品；

（三）经考查生产条件不符合规定的；

（四）国务院兽医行政管理部门禁止生产、经营和使用的。

第三十七条 向中国境外出口兽药，进口方要求提供兽药出口证明文件的，国务院兽医行政管理部门或者企业所在地的省、自治区、直辖市人民政府兽医行政管理部门可以出具出口兽药证明文件。

国内防疫急需的疫苗，国务院兽医行政管理部门可以限制或者禁止出口。

第六章 兽药使用

第三十八条 兽药使用单位，应当遵守国务院兽医行政管理部门制定的兽药安全使用规定，并建立用药记录。

第三十九条 禁止使用假、劣兽药以及国务院兽医行政管理部门规定禁止使用的药品和其他化合物。禁止使用的药品和其他化合物目录由国务院兽医行政管理部门制定公布。

第四十条 有休药期规定的兽药用于食用动物时，饲养者应当向购买者或者屠宰者提供准确、真实的用药记录；购买者或者屠宰者应当确保动物及其产品在用药期、休药期内不被用于食品消费。

第四十一条 国务院兽医行政管理部门，负责制定公布在饲料中允许添加的药物饲料添加剂品种目录。

禁止在饲料和动物饮用水中添加激素类药品和国务院兽医行政管理部门规定的其他禁用药品。

经批准可以在饲料中添加的兽药，应当由兽药生产企业制成药物饲料添加剂后方可添加。禁止将原料药直接添加到饲料及动物饮用水中或者直接饲喂动物。

禁止将人用药品用于动物。

第四十二条 国务院兽医行政管理部门，应当制定并组织实施国家动物及动物产品兽药残留监控计划。

县级以上人民政府兽医行政管理部门，负责组织对动物产品中兽药残留量的检测。兽药残留检测结果，由国务院兽医行政管理部门或者省、自治区、直辖市人民政府兽医行政管理部门按照权限予以公布。

动物产品的生产者、销售者对检测结果有异议的，可以自收到检测结果之日起7个工作日内向组织实施兽药残留检测的兽医行政管理部门或者其上级兽医行政管理部门提出申请，由受理申请的兽医行政管理部门指定检验机构进行复检。

兽药残留限量标准和残留检测方法，由国务院兽医行政管理部门制定发布。

第四十三条 禁止销售含有违禁药物或者兽药残留量超过标准的食用动物产品。

第七章　兽药监督管理

第四十四条　县级以上人民政府兽医行政管理部门行使兽药监督管理权。

兽药检验工作由国务院兽医行政管理部门和省、自治区、直辖市人民政府兽医行政管理部门设立的兽药检验机构承担。国务院兽医行政管理部门，可以根据需要认定其他检验机构承担兽药检验工作。

当事人对兽药检验结果有异议的，可以自收到检验结果之日起 7 个工作日内向实施检验的机构或者上级兽医行政管理部门设立的检验机构申请复检。

第四十五条　兽药应当符合兽药国家标准。

国家兽药典委员会拟定的、国务院兽医行政管理部门发布的《中华人民共和国兽药典》和国务院兽医行政管理部门发布的其他兽药质量标准为兽药国家标准。

兽药国家标准的标准品和对照品的标定工作由国务院兽医行政管理部门设立的兽药检验机构负责。

第四十六条　兽医行政管理部门依法进行监督检查时，对有证据证明可能是假、劣兽药的，应当采取查封、扣押的行政强制措施，并自采取行政强制措施之日起 7 个工作日内作出是否立案的决定；需要检验的，应当自检验报告书发出之日起 15 个工作日内作出是否立案的决定；不符合立案条件的，应当解除行政强制措施；需要暂停生产、经营和使用的，由国务院兽医行政管理部门或者省、自治区、直辖市人民政府兽医行政管理部门按照权限作出决定。

未经行政强制措施决定机关或者其上级机关批准，不得擅自转移、使用、销毁、销售被查封或者扣押的兽药及有关材料。

第四十七条　有下列情形之一的，为假兽药：

(一)以非兽药冒充兽药或者以他种兽药冒充此种兽药的；

(二)兽药所含成分的种类、名称与兽药国家标准不符合的。

有下列情形之一的，按照假兽药处理：

(一)国务院兽医行政管理部门规定禁止使用的；

(二)依照本条例规定应当经审查批准而未经审查批准即生产、进口的，或者依照本条例规定应当经抽查检验、审查核对而未经抽查检验、审查核对即销售、进口的；

(三)变质的；

(四)被污染的；

(五)所标明的适应症或者功能主治超出规定范围的。

第四十八条　有下列情形之一的，为劣兽药：

(一)成分含量不符合兽药国家标准或者不标明有效成分的；

(二)不标明或者更改有效期或者超过有效期的；

(三)不标明或者更改产品批号的；

(四)其他不符合兽药国家标准，但不属于假兽药的。

第四十九条　禁止将兽用原料药拆零销售或者销售给兽药生产企业以外的单位和个人。

禁止未经兽医开具处方销售、购买、使用国务院兽医行政管理部门规定实行处方药管理的兽药。

第五十条 国家实行兽药不良反应报告制度。

兽药生产企业、经营企业、兽药使用单位和开具处方的兽医人员发现可能与兽药使用有关的严重不良反应，应当立即向所在地人民政府兽医行政管理部门报告。

第五十一条 兽药生产企业、经营企业停止生产、经营超过6个月或者关闭的，由原发证机关责令其交回兽药生产许可证、兽药经营许可证，并由工商行政管理部门变更或者注销其工商登记。

第五十二条 禁止买卖、出租、出借兽药生产许可证、兽药经营许可证和兽药批准证明文件。

第五十三条 兽药评审检验的收费项目和标准，由国务院财政部门会同国务院价格主管部门制定，并予以公告。

第五十四条 各级兽医行政管理部门、兽药检验机构及其工作人员，不得参与兽药生产、经营活动，不得以其名义推荐或者监制、监销兽药。

第八章　法律责任

第五十五条 兽医行政管理部门及其工作人员利用职务上的便利收取他人财物或者谋取其他利益，对不符合法定条件的单位和个人核发许可证、签署审查同意意见，不履行监督职责，或者发现违法行为不予查处，造成严重后果，构成犯罪的，依法追究刑事责任；尚不构成犯罪的，依法给予行政处分。

第五十六条 违反本条例规定，无兽药生产许可证、兽药经营许可证生产、经营兽药的，或者虽有兽药生产许可证、兽药经营许可证，生产、经营假、劣兽药的，或者兽药经营企业经营人用药品的，责令其停止生产、经营，没收用于违法生产的原料、辅料、包装材料及生产、经营的兽药和违法所得，并处违法生产、经营的兽药（包括已出售的和未出售的兽药，下同）货值金额2倍以上5倍以下罚款，货值金额无法查证核实的，处10万元以上20万元以下罚款；无兽药生产许可证生产兽药，情节严重的，没收其生产设备；生产、经营假、劣兽药，情节严重的，吊销兽药生产许可证、兽药经营许可证；构成犯罪的，依法追究刑事责任；给他人造成损失的，依法承担赔偿责任。生产、经营企业的主要负责人和直接负责的主管人员终身不得从事兽药的生产、经营活动。

擅自生产强制免疫所需兽用生物制品的，按照无兽药生产许可证生产兽药处罚。

第五十七条 违反本条例规定，提供虚假的资料、样品或者采取其他欺骗手段取得兽药生产许可证、兽药经营许可证或者兽药批准证明文件的，吊销兽药生产许可证、兽药经营许可证或者撤销兽药批准证明文件，并处5万元以上10万元以下罚款；给他人造成损失的，依法承担赔偿责任。其主要负责人和直接负责的主管人员终身不得从事兽药的生产、经营和进出口活动。

第五十八条 买卖、出租、出借兽药生产许可证、兽药经营许可证和兽药批准证明文件的，没收违法所得，并处1万元以上10万元以下罚款；情节严重的，吊销兽药生产许可证、兽药经营许可证或者撤销兽药批准证明文件；构成犯罪的，依法追究刑事责任；给他人造成损失的，依法承担赔偿责任。

第五十九条 违反本条例规定，兽药安全性评价单位、临床试验单位、生产和经营企业未按照规定实施兽药研究试验、生产、经营质量管理规范的，给予警告，责令其限期改正；逾期不改正的，责令停止兽药研究试验、生产、经营活动，并处5万元以下罚款；情节严重的，吊销兽药生产许可证、兽药经营许可证；给他人造成损失的，依法承担赔偿责任。

违反本条例规定，研制新兽药不具备规定的条件擅自使用一类病原微生物或者在实验室阶段前未经批准的，责令其停止实验，并处5万元以上10万元以下罚款；构成犯罪的，依法追究刑事责任；给他人造成损失的，依法承担赔偿责任。

第六十条 违反本条例规定，兽药的标签和说明书未经批准的，责令其限期改正；逾期不改正的，按照生产、经营假兽药处罚；有兽药产品批准文号的，撤销兽药产品批准文号；给他人造成损失的，依法承担赔偿责任。

兽药包装上未附有标签和说明书，或者标签和说明书与批准的内容不一致的，责令其限期改正；情节严重的，依照前款规定处罚。

第六十一条 违反本条例规定，境外企业在中国直接销售兽药的，责令其限期改正，没收直接销售的兽药和违法所得，并处5万元以上10万元以下罚款；情节严重的，吊销进口兽药注册证书；给他人造成损失的，依法承担赔偿责任。

第六十二条 违反本条例规定，未按照国家有关兽药安全使用规定使用兽药的、未建立用药记录或者记录不完整真实的，或者使用禁止使用的药品和其他化合物的，或者将人用药品用于动物的，责令其立即改正，并对饲喂了违禁药物及其他化合物的动物及其产品进行无害化处理；对违法单位处1万元以上5万元以下罚款；给他人造成损失的，依法承担赔偿责任。

第六十三条 违反本条例规定，销售尚在用药期、休药期内的动物及其产品用于食品消费的，或者销售含有违禁药物和兽药残留超标的动物产品用于食品消费的，责令其对含有违禁药物和兽药残留超标的动物产品进行无害化处理，没收违法所得，并处3万元以上10万元以下罚款；构成犯罪的，依法追究刑事责任；给他人造成损失的，依法承担赔偿责任。

第六十四条 违反本条例规定，擅自转移、使用、销毁、销售被查封或者扣押的兽药及有关材料的，责令其停止违法行为，给予警告，并处5万元以上10万元以下罚款。

第六十五条 违反本条例规定，兽药生产企业、经营企业、兽药使用单位和开具处方的兽医人员发现可能与兽药使用有关的严重不良反应，不向所在地人民政府兽医行政管理部门报告的，给予警告，并处5000元以上1万元以下罚款。

生产企业在新兽药监测期内不收集或者不及时报送该新兽药的疗效、不良反应等资料的，责令其限期改正，并处1万元以上5万元以下罚款；情节严重的，撤销该新兽药的产品批准文号。

第六十六条 违反本条例规定，未经兽医开具处方销售、购买、使用兽用处方药的，责令其限期改正，没收违法所得，并处5万元以下罚款；给他人造成损失的，依法承担赔偿责任。

第六十七条 违反本条例规定，兽药生产、经营企业把原料药销售给兽药生产企业以外的单位和个人的，或者兽药经营企业拆零销售原料药的，责令其立即改正，给予警告，没收违法所得，并处2万元以上5万元以下罚款；情节严重的，吊销兽药生产许可证、兽药经营许可证；给他人造成损失的，依法承担赔偿责任。

第六十八条 违反本条例规定，在饲料和动物饮用水中添加激素类药品和国务院兽医行政管理部门规定的其他禁用药品，依照《饲料和饲料添加剂管理条例》的有关规定处罚；直接将原料药添加到饲料及动物饮用水中，或者饲喂动物的，责令其立即改正，并处1万元以上3万元以下罚款；给他人造成损失的，依法承担赔偿责任。

第六十九条 有下列情形之一的，撤销兽药的产品批准文号或者吊销进口兽药注册证书：

（一）抽查检验连续 2 次不合格的；

（二）药效不确定、不良反应大以及可能对养殖业、人体健康造成危害或者存在潜在风险的；

（三）国务院兽医行政管理部门禁止生产、经营和使用的兽药。

被撤销产品批准文号或者被吊销进口兽药注册证书的兽药，不得继续生产、进口、经营和使用。已经生产、进口的，由所在地兽医行政管理部门监督销毁，所需费用由违法行为人承担；给他人造成损失的，依法承担赔偿责任。

第七十条 本条例规定的行政处罚由县级以上人民政府兽医行政管理部门决定；其中吊销兽药生产许可证、兽药经营许可证、撤销兽药批准证明文件或者责令停止兽药研究试验的，由原发证、批准部门决定。

上级兽医行政管理部门对下级兽医行政管理部门违反本条例的行政行为，应当责令限期改正；逾期不改正的，有权予以改变或者撤销。

第七十一条 本条例规定的货值金额以违法生产、经营兽药的标价计算；没有标价的，按照同类兽药的市场价格计算。

第九章 附则

第七十二条 本条例下列用语的含义是：

（一）兽药，是指用于预防、治疗、诊断动物疾病或者有目的地调节动物生理机能的物质（含药物饲料添加剂），主要包括血清制品、疫苗、诊断制品、微生态制品、中药材、中成药、化学药品、抗生素、生化药品、放射性药品及外用杀虫剂、消毒剂等。

（二）兽用处方药，是指凭兽医处方方可购买和使用的兽药。

（三）兽用非处方药，是指由国务院兽医行政管理部门公布的、不需要凭兽医处方就可以自行购买并按照说明书使用的兽药。

（四）兽药生产企业，是指专门生产兽药的企业和兼产兽药的企业，包括从事兽药分装的企业。

（五）兽药经营企业，是指经营兽药的专营企业或者兼营企业。

（六）新兽药，是指未曾在中国境内上市销售的兽用药品。

（七）兽药批准证明文件，是指兽药产品批准文号、进口兽药注册证书、允许进口兽用生物制品证明文件、出口兽药证明文件、新兽药注册证书等文件。

第七十三条 兽用麻醉药品、精神药品、毒性药品和放射性药品等特殊药品，依照国家有关规定管理。

第七十四条 水产养殖中的兽药使用、兽药残留检测和监督管理以及水产养殖过程中违法用药的行政处罚，由县级以上人民政府渔业主管部门及其所属的渔政监督管理机构负责。

第七十五条 本条例自 2004 年 11 月 1 日起施行。

饲料和饲料添加剂管理条例

（1999年5月29日中华人民共和国国务院令第266号发布 根据2001年11月29日《国务院关于修改〈饲料和饲料添加剂管理条例〉的决定》修订 2011年10月26日国务院第177次常务会议修订通过）

第一章 总 则

第一条 为了加强对饲料、饲料添加剂的管理，提高饲料、饲料添加剂的质量，保障动物产品质量安全，维护公众健康，制定本条例。

第二条 本条例所称饲料，是指经工业化加工、制作的供动物食用的产品，包括单一饲料、添加剂预混合饲料、浓缩饲料、配合饲料和精料补充料。

本条例所称饲料添加剂，是指在饲料加工、制作、使用过程中添加的少量或者微量物质，包括营养性饲料添加剂和一般饲料添加剂。

饲料原料目录和饲料添加剂品种目录由国务院农业行政主管部门制定并公布。

第三条 国务院农业行政主管部门负责全国饲料、饲料添加剂的监督管理工作。

县级以上地方人民政府负责饲料、饲料添加剂管理的部门（以下简称饲料管理部门），负责本行政区域饲料、饲料添加剂的监督管理工作。

第四条 县级以上地方人民政府统一领导本行政区域饲料、饲料添加剂的监督管理工作，建立健全监督管理机制，保障监督管理工作的开展。

第五条 饲料、饲料添加剂生产企业、经营者应当建立健全质量安全制度，对其生产、经营的饲料、饲料添加剂的质量安全负责。

第六条 任何组织或者个人有权举报在饲料、饲料添加剂生产、经营、使用过程中违反本条例的行为，有权对饲料、饲料添加剂监督管理工作提出意见和建议。

第二章 审定和登记

第七条 国家鼓励研制新饲料、新饲料添加剂。

研制新饲料、新饲料添加剂，应当遵循科学、安全、有效、环保的原则，保证新饲料、新饲料添加剂的质量安全。

第八条 研制的新饲料、新饲料添加剂投入生产前，研制者或者生产企业应当向国务院农业行政主管部门提出审定申请，并提供该新饲料、新饲料添加剂的样品和下列资料：

（一）名称、主要成分、理化性质、研制方法、生产工艺、质量标准、检测方法、检验报告、稳定性试验报告、环境影响报告和污染防治措施；

（二）国务院农业行政主管部门指定的试验机构出具的该新饲料、新饲料添加剂的饲喂效果、残留消解动态以及毒理学安全性评价报告。

申请新饲料添加剂审定的，还应当说明该新饲料添加剂的添加目的、使用方法，并提供该饲料添加剂残留可能对人体健康造成影响的分析评价报告。

第九条　国务院农业行政主管部门应当自受理申请之日起5个工作日内，将新饲料、新饲料添加剂的样品和申请资料交全国饲料评审委员会，对该新饲料、新饲料添加剂的安全性、有效性及其对环境的影响进行评审。

全国饲料评审委员会由养殖、饲料加工、动物营养、毒理、药理、代谢、卫生、化工合成、生物技术、质量标准、环境保护、食品安全风险评估等方面的专家组成。全国饲料评审委员会对新饲料、新饲料添加剂的评审采取评审会议的形式，评审会议应当有9名以上全国饲料评审委员会专家参加，根据需要也可以邀请1～2名全国饲料评审委员会专家以外的专家参加，参加评审的专家对评审事项具有表决权。评审会议应当形成评审意见和会议纪要，并由参加评审的专家审核签字；有不同意见的，应当注明。参加评审的专家应当依法公平、公正履行职责，对评审资料保密，存在回避事由的，应当主动回避。

全国饲料评审委员会应当自收到新饲料、新饲料添加剂的样品和申请资料之日起9个月内出具评审结果并提交国务院农业行政主管部门；但是，全国饲料评审委员会决定由申请人进行相关试验的，经国务院农业行政主管部门同意，评审时间可以延长3个月。

国务院农业行政主管部门应当自收到评审结果之日起10个工作日内作出是否核发新饲料、新饲料添加剂证书的决定；决定不予核发的，应当书面通知申请人并说明理由。

第十条　国务院农业行政主管部门核发新饲料、新饲料添加剂证书，应当同时按照职责权限公布该新饲料、新饲料添加剂的产品质量标准。

第十一条　新饲料、新饲料添加剂的监测期为5年。新饲料、新饲料添加剂处于监测期的，不受理其他就该新饲料、新饲料添加剂的生产申请和进口登记申请，但超过3年不投入生产的除外。

生产企业应当收集处于监测期的新饲料、新饲料添加剂的质量稳定性及其对动物产品质量安全的影响等信息，并向国务院农业行政主管部门报告；国务院农业行政主管部门应当对新饲料、新饲料添加剂的质量安全状况组织跟踪监测，证实其存在安全问题的，应当撤销新饲料、新饲料添加剂证书并予以公告。

第十二条　向中国出口中国境内尚未使用但出口国已经批准生产和使用的饲料、饲料添加剂的，应当委托中国境内代理机构向国务院农业行政主管部门申请登记，并提供该饲料、饲料添加剂的样品和下列资料：

（一）商标、标签和推广应用情况；

（二）生产地批准生产、使用的证明和生产地以外其他国家、地区的登记资料；

（三）主要成分、理化性质、研制方法、生产工艺、质量标准、检测方法、检验报告、稳定性试验报告、环境影响报告和污染防治措施；

（四）国务院农业行政主管部门指定的试验机构出具的该饲料、饲料添加剂的饲喂效果、残留消解动态以及毒理学安全性评价报告。

申请饲料添加剂进口登记的，还应当说明该饲料添加剂的添加目的、使用方法，并提供该饲料添加剂残留可能对人体健康造成影响的分析评价报告。

国务院农业行政主管部门应当依照本条例第九条规定的新饲料、新饲料添加剂的评审程序组织评审，并决定是否核发饲料、饲料添加剂进口登记证。

首次向中国出口中国境内已经使用且出口国已经批准生产和使用的饲料、饲料添加剂的，应当依照本条第一款、第二款的规定申请登记。国务院农业行政主管部门应当自受理申请之日起10个工作日内对申请资料进行审查；审查合格的，将样品交由指定的机构进行复核检测；复核检测合格的，国务院农业行政主管部门应当在10个工作日内核发饲料、饲料添加剂进口登记证。

饲料、饲料添加剂进口登记证有效期为5年。进口登记证有效期满需要继续向中国出口饲料、饲料添加剂的，应当在有效期届满6个月前申请续展。

禁止进口未取得饲料、饲料添加剂进口登记证的饲料、饲料添加剂。

第十三条 国家对已经取得新饲料、新饲料添加剂证书或者饲料、饲料添加剂进口登记证的、含有新化合物的饲料、饲料添加剂的申请人提交的其自己所取得且未披露的试验数据和其他数据实施保护。

自核发证书之日起6年内，对其他申请人未经已取得新饲料、新饲料添加剂证书或者饲料、饲料添加剂进口登记证的申请人同意，使用前款规定的数据申请新饲料、新饲料添加剂审定或者饲料、饲料添加剂进口登记的，国务院农业行政主管部门不予审定或者登记；但是，其他申请人提交其自己所取得的数据的除外。

除下列情形外，国务院农业行政主管部门不得披露本条第一款规定的数据：

(一)公共利益需要；

(二)已采取措施确保该类信息不会被不正当地进行商业使用。

第三章 生产、经营和使用

第十四条 设立饲料、饲料添加剂生产企业，应当符合饲料工业发展规划和产业政策，并具备下列条件：

(一)有与生产饲料、饲料添加剂相适应的厂房、设备和仓储设施；

(二)有与生产饲料、饲料添加剂相适应的专职技术人员；

(三)有必要的产品质量检验机构、人员、设施和质量管理制度；

(四)有符合国家规定的安全、卫生要求的生产环境；

(五)有符合国家环境保护要求的污染防治措施；

(六)国务院农业行政主管部门制定的饲料、饲料添加剂质量安全管理规范规定的其他条件。

第十五条 申请设立饲料添加剂、添加剂预混合饲料生产企业，申请人应当向省、自治区、直辖市人民政府饲料管理部门提出申请。省、自治区、直辖市人民政府饲料管理部门应当自受理申请之日起20个工作日内进行书面审查和现场审核，并将相关资料和审查、审核意见上报国务院农业行政主管部门。国务院农业行政主管部门收到资料和审查、审核意见后应当组织评审，根据评审结果在10个工作日内作出是否核发生产许可证的决定，并将决定抄送省、自治区、直辖市人民政府饲料管理部门。

申请设立其他饲料生产企业，申请人应当向省、自治区、直辖市人民政府饲料管理部门提出申请。省、自治区、直辖市人民政府饲料管理部门应当自受理申请之日起10个工作日内进行书面审查；审查合格的，组织进行现场审核，并根据审核结果在10个工作日内作出是否核发生产许可证的决定。

申请人凭生产许可证办理工商登记手续。

生产许可证有效期为5年。生产许可证有效期满需要继续生产饲料、饲料添加剂的，应当在有效期届满6个月前申请续展。

第十六条 饲料添加剂、添加剂预混合饲料生产企业取得国务院农业行政主管部门核发的生产许可证后，由省、自治区、直辖市人民政府饲料管理部门按照国务院农业行政主管部门的规定，核发相应的产品批准文号。

第十七条 饲料、饲料添加剂生产企业应当按照国务院农业行政主管部门的规定和有关标准，对采购的饲料原料、单一饲料、饲料添加剂、药物饲料添加剂、添加剂预混合饲料和用于饲料添加剂生产的原料进行查验或者检验。

饲料生产企业使用限制使用的饲料原料、单一饲料、饲料添加剂、药物饲料添加剂、添加剂预混合饲料生产饲料的，应当遵守国务院农业行政主管部门的限制性规定。禁止使用国务院农业行政主管部门公布的饲料原料目录、饲料添加剂品种目录和药物饲料添加剂品种目录以外的任何物质生产饲料。

饲料、饲料添加剂生产企业应当如实记录采购的饲料原料、单一饲料、饲料添加剂、药物饲料添加剂、添加剂预混合饲料和用于饲料添加剂生产的原料的名称、产地、数量、保质期、许可证明文件编号、质量检验信息、生产企业名称或者供货者名称及其联系方式、进货日期等。记录保存期限不得少于2年。

第十八条 饲料、饲料添加剂生产企业，应当按照产品质量标准以及国务院农业行政主管部门制定的饲料、饲料添加剂质量安全管理规范和饲料添加剂安全使用规范组织生产，对生产过程实施有效控制并实行生产记录和产品留样观察制度。

第十九条 饲料、饲料添加剂生产企业应当对生产的饲料、饲料添加剂进行产品质量检验；检验合格的，应当附具产品质量检验合格证。未经产品质量检验、检验不合格或者未附具产品质量检验合格证的，不得出厂销售。

饲料、饲料添加剂生产企业应当如实记录出厂销售的饲料、饲料添加剂的名称、数量、生产日期、生产批次、质量检验信息、购货者名称及其联系方式、销售日期等。记录保存期限不得少于2年。

第二十条 出厂销售的饲料、饲料添加剂应当包装，包装应当符合国家有关安全、卫生的规定。

饲料生产企业直接销售给养殖者的饲料可以使用罐装车运输。罐装车应当符合国家有关安全、卫生的规定，并随罐装车附具符合本条例第二十一条规定的标签。

易燃或者其他特殊的饲料、饲料添加剂的包装应当有警示标志或者说明，并注明储运注意事项。

第二十一条 饲料、饲料添加剂的包装上应当附具标签。标签应当以中文或者适用符号标明产品名称、原料组成、产品成分分析保证值、净重或者净含量、贮存条件、使用说明、注意事项、生产日期、保质期、生产企业名称以及地址、许可证明文件编号和产品质量标准等。加入药物饲料添加剂的，还应当标明“加入药物饲料添加剂”字样，并标明其通用名称、含量和休药期。乳和乳制品以外的动物源性饲料，还应当标明“本产品不得饲喂反刍动物”字样。

第二十二条 饲料、饲料添加剂经营者应当符合下列条件：

（一）有与经营饲料、饲料添加剂相适应的经营场所和仓储设施；

（二）有具备饲料、饲料添加剂使用、贮存等知识的技术人员；

（三）有必要的产品质量管理和安全管理制度。

第二十三条 饲料、饲料添加剂经营者进货时应当查验产品标签、产品质量检验合格证和相应的许可证明文件。

饲料、饲料添加剂经营者不得对饲料、饲料添加剂进行拆包、分装，不得对饲料、饲料添加剂进行再加工或者添加任何物质。

禁止经营用国务院农业行政主管部门公布的饲料原料目录、饲料添加剂品种目录和药物饲料添加剂品种目录以外的任何物质生产的饲料。

饲料、饲料添加剂经营者应当建立产品购销台账，如实记录购销产品的名称、许可证明文件编号、规格、数量、保质期、生产企业名称或者供货者名称及其联系方式、购销时间等。购销台账保存期限不得少于2年。

第二十四条 向中国出口的饲料、饲料添加剂应当包装，包装应当符合中国有关安全、卫生的规定，并附具符合本条例第二十一条规定的标签。

向中国出口的饲料、饲料添加剂应当符合中国有关检验检疫的要求，由出入境检验检疫机构依法实施检验检疫，并对其包装和标签进行核查。包装和标签不符合要求的，不得入境。

境外企业不得直接在中国销售饲料、饲料添加剂。境外企业在中国销售饲料、饲料添加剂的，应当依法在中国境内设立销售机构或者委托符合条件的中国境内代理机构销售。

第二十五条 养殖者应当按照产品使用说明和注意事项使用饲料。在饲料或者动物饮用水中添加饲料添加剂的，应当符合饲料添加剂使用说明和注意事项的要求，遵守国务院农业行政主管部门制定的饲料添加剂安全使用规范。

养殖者使用自行配制的饲料的，应当遵守国务院农业行政主管部门制定的自行配制饲料使用规范，并不得对外提供自行配制的饲料。

使用限制使用的物质养殖动物的，应当遵守国务院农业行政主管部门的限制性规定。禁止在饲料、动物饮用水中添加国务院农业行政主管部门公布禁用的物质以及对人体具有直接或者潜在危害的其他物质，或者直接使用上述物质养殖动物。禁止在反刍动物饲料中添加乳和乳制品以外的动物源性成分。

第二十六条 国务院农业行政主管部门和县级以上地方人民政府饲料管理部门应当加强饲料、饲料添加剂质量安全知识的宣传，提高养殖者的质量安全意识，指导养殖者安全、合理使用饲料、饲料添加剂。

第二十七条 饲料、饲料添加剂在使用过程中被证实对养殖动物、人体健康或者环境有害的，由国务院农业行政主管部门决定禁用并予以公布。

第二十八条 饲料、饲料添加剂生产企业发现其生产的饲料、饲料添加剂对养殖动物、人体健康有害或者存在其他安全隐患的，应当立即停止生产，通知经营者、使用者，向饲料管理部门报告，主动召回产品，并记录召回和通知情况。召回的产品应当在饲料管理部门监督下予以无害化处理或者销毁。

饲料、饲料添加剂经营者发现其销售的饲料、饲料添加剂具有前款规定情形的，应当立即停止销售，通知生产企业、供货者和使用者，向饲料管理部门报告，并记录通知情况。

养殖者发现其使用的饲料、饲料添加剂具有本条第一款规定情形的，应当立即停止使用，通知供货者，并向饲料管理部门报告。

第二十九条 禁止生产、经营、使用未取得新饲料、新饲料添加剂证书的新饲料、新饲料添加剂以及禁用的饲料、饲料添加剂。

禁止经营、使用无产品标签、无生产许可证、无产品质量标准、无产品质量检验合格证的饲料、饲料添加剂。禁止经营、使用无产品批准文号的饲料添加剂、添加剂预混合饲料。禁止经营、使用未取得饲料、饲料添加剂进口登记证的进口饲料、进口饲料添加剂。

第三十条 禁止对饲料、饲料添加剂作具有预防或者治疗动物疾病作用的说明或者宣传。但是,饲料中添加药物饲料添加剂的,可以对所添加的药物饲料添加剂的作用加以说明。

第三十一条 国务院农业行政主管部门和省、自治区、直辖市人民政府饲料管理部门应当按照职责权限对全国或者本行政区域饲料、饲料添加剂的质量安全状况进行监测,并根据监测情况发布饲料、饲料添加剂质量安全预警信息。

第三十二条 国务院农业行政主管部门和县级以上地方人民政府饲料管理部门,应当根据需要定期或者不定期组织实施饲料、饲料添加剂监督抽查;饲料、饲料添加剂监督抽查检测工作由国务院农业行政主管部门或者省、自治区、直辖市人民政府饲料管理部门指定的具有相应技术条件的机构承担。饲料、饲料添加剂监督抽查不得收费。

国务院农业行政主管部门和省、自治区、直辖市人民政府饲料管理部门应当按照职责权限公布监督抽查结果,并可以公布具有不良记录的饲料、饲料添加剂生产企业、经营者名单。

第三十三条 县级以上地方人民政府饲料管理部门应当建立饲料、饲料添加剂监督管理档案,记录日常监督检查、违法行为查处等情况。

第三十四条 国务院农业行政主管部门和县级以上地方人民政府饲料管理部门在监督检查中可以采取下列措施:

(一)对饲料、饲料添加剂生产、经营、使用场所实施现场检查;

(二)查阅、复制有关合同、票据、账簿和其他相关资料;

(三)查封、扣押有证据证明用于违法生产饲料的饲料原料、单一饲料、饲料添加剂、药物饲料添加剂、添加剂预混合饲料,用于违法生产饲料添加剂的原料,用于违法生产饲料、饲料添加剂的工具、设施,违法生产、经营、使用的饲料、饲料添加剂;

(四)查封违法生产、经营饲料、饲料添加剂的场所。

第四章 法律责任

第三十五条 国务院农业行政主管部门、县级以上地方人民政府饲料管理部门或者其他依照本条例规定行使监督管理权的部门及其工作人员,不履行本条例规定的职责或者滥用职权、玩忽职守、徇私舞弊的,对直接负责的主管人员和其他直接责任人员,依法给予处分;直接负责的主管人员和其他直接责任人员构成犯罪的,依法追究刑事责任。

第三十六条 提供虚假的资料、样品或者采取其他欺骗方式取得许可证明文件的,由发证机关撤销相关许可证明文件,处 5 万元以上 10 万元以下罚款,申请人 3 年内不得就同一事项申请行政许可。以欺骗方式取得许可证明文件给他人造成损失的,依法承担赔偿责任。

第三十七条 假冒、伪造或者买卖许可证明文件的,由国务院农业行政主管部门或者县级以上地方人民政府饲料管理部门按照职责权限收缴或者吊销、撤销相关许可证明文件;构成犯罪的,依法追究刑事责任。

第三十八条 未取得生产许可证生产饲料、饲料添加剂的,由县级以上地方人民政府饲料管理部门责令停止生产,没收违法所得、违法生产的产品和用于违法生产饲料的饲料原料、单一饲料、饲料添加剂、药物饲料添加剂、添加剂预混合饲料以及用于违法生产饲料添加剂的原料，违法生产的产品货值金额不足1万元的，并处1万元以上5万元以下罚款，货值金额1万元以上的，并处货值金额5倍以上10倍以下罚款；情节严重的，没收其生产设备，生产企业的主要负责人和直接负责的主管人员10年内不得从事饲料、饲料添加剂生产、经营活动。

已经取得生产许可证，但不再具备本条例第十四条规定的条件而继续生产饲料、饲料添加剂的，由县级以上地方人民政府饲料管理部门责令停止生产、限期改正，并处1万元以上5万元以下罚款；逾期不改正的，由发证机关吊销生产许可证。

已经取得生产许可证，但未取得产品批准文号而生产饲料添加剂、添加剂预混合饲料的，由县级以上地方人民政府饲料管理部门责令停止生产，没收违法所得、违法生产的产品和用于违法生产饲料的饲料原料、单一饲料、饲料添加剂、药物饲料添加剂以及用于违法生产饲料添加剂的原料，限期补办产品批准文号，并处违法生产的产品货值金额1倍以上3倍以下罚款；情节严重的，由发证机关吊销生产许可证。

第三十九条 饲料、饲料添加剂生产企业有下列行为之一的，由县级以上地方人民政府饲料管理部门责令改正，没收违法所得、违法生产的产品和用于违法生产饲料的饲料原料、单一饲料、饲料添加剂、药物饲料添加剂、添加剂预混合饲料以及用于违法生产饲料添加剂的原料，违法生产的产品货值金额不足1万元的，并处1万元以上5万元以下罚款，货值金额1万元以上的，并处货值金额5倍以上10倍以下罚款；情节严重的，由发证机关吊销、撤销相关许可证明文件，生产企业的主要负责人和直接负责的主管人员10年内不得从事饲料、饲料添加剂生产、经营活动；构成犯罪的，依法追究刑事责任：

（一）使用限制使用的饲料原料、单一饲料、饲料添加剂、药物饲料添加剂、添加剂预混合饲料生产饲料，不遵守国务院农业行政主管部门的限制性规定的；

（二）使用国务院农业行政主管部门公布的饲料原料目录、饲料添加剂品种目录和药物饲料添加剂品种目录以外的物质生产饲料的；

（三）生产未取得新饲料、新饲料添加剂证书的新饲料、新饲料添加剂或者禁用的饲料、饲料添加剂的。

第四十条 饲料、饲料添加剂生产企业有下列行为之一的，由县级以上地方人民政府饲料管理部门责令改正，处1万元以上2万元以下罚款；拒不改正的，没收违法所得、违法生产的产品和用于违法生产饲料的饲料原料、单一饲料、饲料添加剂、药物饲料添加剂、添加剂预混合饲料以及用于违法生产饲料添加剂的原料，并处5万元以上10万元以下罚款；情节严重的，责令停止生产，可以由发证机关吊销、撤销相关许可证明文件：

（一）不按照国务院农业行政主管部门的规定和有关标准对采购的饲料原料、单一饲料、饲料添加剂、药物饲料添加剂、添加剂预混合饲料和用于饲料添加剂生产的原料进行查验或者检验的；

（二）饲料、饲料添加剂生产过程中不遵守国务院农业行政主管部门制定的饲料、饲料添加剂质量安全管理规范和饲料添加剂安全使用规范的；

（三）生产的饲料、饲料添加剂未经产品质量检验的。

第四十一条 饲料、饲料添加剂生产企业不依照本条例规定实行采购、生产、销售记录制度或者产品留样观察制度的，由县级以上地方人民政府饲料管理部门责令改正，处1万元以上2万元以下罚款；拒不改正的，没收违法所得、违法生产的产品和用于违法生产饲料的饲料原料、单一饲料、饲料添加剂、药物饲料添加剂、添加剂预混合饲料以及用于违法生产饲料添加剂的原料，处2万元以上5万元以下罚款，并可以由发证机关吊销、撤销相关许可证明文件。

饲料、饲料添加剂生产企业销售的饲料、饲料添加剂未附具产品质量检验合格证或者包装、标签不符合规定的，由县级以上地方人民政府饲料管理部门责令改正；情节严重的，没收违法所得和违法销售的产品，可以处违法销售的产品货值金额30%以下罚款。

第四十二条 不符合本条例第二十二条规定的条件经营饲料、饲料添加剂的，由县级人民政府饲料管理部门责令限期改正；逾期不改正的，没收违法所得和违法经营的产品，违法经营的产品货值金额不足1万元的，并处2000元以上2万元以下罚款，货值金额1万元以上的，并处货值金额2倍以上5倍以下罚款；情节严重的，责令停止经营，并通知工商行政管理部门，由工商行政管理部门吊销营业执照。

第四十三条 饲料、饲料添加剂经营者有下列行为之一的，由县级人民政府饲料管理部门责令改正，没收违法所得和违法经营的产品，违法经营的产品货值金额不足1万元的，并处2000元以上2万元以下罚款，货值金额1万元以上的，并处货值金额2倍以上5倍以下罚款；情节严重的，责令停止经营，并通知工商行政管理部门，由工商行政管理部门吊销营业执照；构成犯罪的，依法追究刑事责任：

（一）对饲料、饲料添加剂进行再加工或者添加物质的；

（二）经营无产品标签、无生产许可证、无产品质量检验合格证的饲料、饲料添加剂的；

（三）经营无产品批准文号的饲料添加剂、添加剂预混合饲料的；

（四）经营用国务院农业行政主管部门公布的饲料原料目录、饲料添加剂品种目录和药物饲料添加剂品种目录以外的物质生产的饲料的；

（五）经营未取得新饲料、新饲料添加剂证书的新饲料、新饲料添加剂或者未取得饲料、饲料添加剂进口登记证的进口饲料、进口饲料添加剂以及禁用的饲料、饲料添加剂的。

第四十四条 饲料、饲料添加剂经营者有下列行为之一的，由县级人民政府饲料管理部门责令改正，没收违法所得和违法经营的产品，并处2000元以上1万元以下罚款：

（一）对饲料、饲料添加剂进行拆包、分装的；

（二）不依照本条例规定实行产品购销台账制度的；

（三）经营的饲料、饲料添加剂失效、霉变或者超过保质期的。

第四十五条 对本条例第二十八条规定的饲料、饲料添加剂，生产企业不主动召回的，由县级以上地方人民政府饲料管理部门责令召回，并监督生产企业对召回的产品予以无害化处理或者销毁；情节严重的，没收违法所得，并处应召回的产品货值金额1倍以上3倍以下罚款，可以由发证机关吊销、撤销相关许可证明文件；生产企业对召回的产品不予以无害化处理或者销毁的，由县级人民政府饲料管理部门代为销毁，所需费用由生产企业承担。

对本条例第二十八条规定的饲料、饲料添加剂，经营者不停止销售的，由县级以上地方人民政府饲料管理部门责令停止销售；拒不停止销售的，没收违法所得，处1000元以上5万元以下罚款；情节严重的，责令停止经营，并通知工商行政管理部门，由工商行政管理部门吊销营业执照。

第四十六条 饲料、饲料添加剂生产企业、经营者有下列行为之一的，由县级以上地方人民政府饲料管理部门责令停止生产、经营，没收违法所得和违法生产、经营的产品，违法生产、经营的产品货值金额不足1万元的，并处2000元以上2万元以下罚款，货值金额1万元以上的，并处货值金额2倍以上5倍以下罚款；构成犯罪的，依法追究刑事责任：

（一）在生产、经营过程中，以非饲料、非饲料添加剂冒充饲料、饲料添加剂或者以此种饲料、饲料添加剂冒充他种饲料、饲料添加剂的；

（二）生产、经营无产品质量标准或者不符合产品质量标准的饲料、饲料添加剂的；

（三）生产、经营的饲料、饲料添加剂与标签标示的内容不一致的。

饲料、饲料添加剂生产企业有前款规定的行为，情节严重的，由发证机关吊销、撤销相关许可证明文件；饲料、饲料添加剂经营者有前款规定的行为，情节严重的，通知工商行政管理部门，由工商行政管理部门吊销营业执照。

第四十七条 养殖者有下列行为之一的，由县级人民政府饲料管理部门没收违法使用的产品和非法添加物质，对单位处1万元以上5万元以下罚款，对个人处5000元以下罚款；构成犯罪的，依法追究刑事责任：

（一）使用未取得新饲料、新饲料添加剂证书的新饲料、新饲料添加剂或者未取得饲料、饲料添加剂进口登记证的进口饲料、进口饲料添加剂的；

（二）使用无产品标签、无生产许可证、无产品质量标准、无产品质量检验合格证的饲料、饲料添加剂的；

（三）使用无产品批准文号的饲料添加剂、添加剂预混合饲料的；

（四）在饲料或者动物饮用水中添加饲料添加剂，不遵守国务院农业行政主管部门制定的饲料添加剂安全使用规范的；

（五）使用自行配制的饲料，不遵守国务院农业行政主管部门制定的自行配制饲料使用规范的；

（六）使用限制使用的物质养殖动物，不遵守国务院农业行政主管部门的限制性规定的；

（七）在反刍动物饲料中添加乳和乳制品以外的动物源性成分的。

在饲料或者动物饮用水中添加国务院农业行政主管部门公布禁用的物质以及对人体具有直接或者潜在危害的其他物质，或者直接使用上述物质养殖动物的，由县级以上地方人民政府饲料管理部门责令其对饲喂了违禁物质的动物进行无害化处理，处3万元以上10万元以下罚款；构成犯罪的，依法追究刑事责任。

第四十八条 养殖者对外提供自行配制的饲料的，由县级人民政府饲料管理部门责令改正，处2000元以上2万元以下罚款。

第五章 附 则

第四十九条 本条例下列用语的含义：

（一）饲料原料，是指来源于动物、植物、微生物或者矿物质，用于加工制作饲料但不属于饲料添加剂的饲用物质。

（二）单一饲料，是指来源于一种动物、植物、微生物或者矿物质，用于饲料产品生产的饲料。

（三）添加剂预混合饲料，是指由两种（类）或者两种（类）以上营养性饲料添加剂为主，与载体或者稀释剂按照一定比例配制的饲料，包括复合预混合饲料、微量元素预混合饲料、维生素预混合饲料。

（四）浓缩饲料，是指主要由蛋白质、矿物质和饲料添加剂按照一定比例配制的饲料。

（五）配合饲料，是指根据养殖动物营养需要，将多种饲料原料和饲料添加剂按照一定比例配制的饲料。

（六）精料补充料，是指为补充草食动物的营养，将多种饲料原料和饲料添加剂按照一定比例配制的饲料。

（七）营养性饲料添加剂，是指为补充饲料营养成分而掺入饲料中的少量或者微量物质，包括饲料级氨基酸、维生素、矿物质微量元素、酶制剂、非蛋白氮等。

（八）一般饲料添加剂，是指为保证或者改善饲料品质、提高饲料利用率而掺入饲料中的少量或者微量物质。

（九）药物饲料添加剂，是指为预防、治疗动物疾病而掺入载体或者稀释剂的兽药的预混合物质。

（十）许可证明文件，是指新饲料、新饲料添加剂证书，饲料、饲料添加剂进口登记证，饲料、饲料添加剂生产许可证，饲料添加剂、添加剂预混合饲料产品批准文号。

第五十条　药物饲料添加剂的管理，依照《兽药管理条例》的规定执行。

第五十一条　本条例自 2012 年 5 月 1 日起施行。

饲料药物添加剂使用规范

（中华人民共和国农业部公告第168号）

为加强兽药的使用管理，进一步规范和指导饲料药物添加剂的合理使用，防止滥用饲料药物添加剂，根据《兽药管理条例》的规定，我部制定了《饲料药物添加剂使用规范》（以下简称《规范》），现就有关问题公告如下：

一、农业部批准的具有预防动物疾病、促进动物生长作用，可在饲料中长时间添加使用的饲料药物添加剂（品种收载于《规范》附录一中），其产品批准文号须用“药添字”。生产含有《规范》附录一所列品种成分的饲料，必须在产品标签中标明所含兽药成分的名称、含量、适用范围、停药期规定及注意事项等。

二、凡农业部批准的用于防治动物疾病，并规定疗程，仅是通过混饲给药的饲料药物添加剂（包括预混剂或散剂，品种收载于《规范》附录二中），其产品批准文号须用“兽药字”，各畜禽养殖场及养殖户须凭兽医处方购买、使用，所有商品饲料中不得添加《规范》附录二中所列的兽药成分。

三、除本《规范》收载品种及农业部今后批准允许添加到饲料中使用的饲料药物添加剂外，任何其他兽药产品一律不得添加到饲料中使用。

四、兽用原料药不得直接加入饲料中使用，必须制成预混剂后方可添加到饲料中。

五、各地兽药管理部门要对照本《规范》于10月底前完成本辖区饲料药物添加剂产品批准文号的清理整顿工作，印有原批准文号的产品标签、包装可使用至2001年12月底。

六、凡从事饲料药物添加剂生产、经营活动的，必须履行有关的兽药报批手续，并接受各级兽药管理部门的管理和质量监督，违者按照兽药管理法规进行处理。

七、本《规范》自2001年7月3日起执行。原我部《关于发布（允许作饲料药物添加剂的兽药品种及使用规定）的通知》（农牧发[1997]8号）和《关于发布“饲料药物添加剂允许使用品种目录”的通知》（农牧发[1994]7号）同时废止。

参 考 文 献

[1] 陈代文. 饲料添加剂学 [M]. 北京：中国农业出版社，2003.
[2] 蔡辉益. 常用饲料添加剂无公害使用技术 [M]. 北京：中国农业出版社，2003.
[3] 董玉珍，等. 非粮型饲料高效生产技术 [M]. 北京：中国农业出版社，2004.
[4] 方希修，谢献胜，岳常彦. 饲料添加剂与分析检测技术 [M]. 北京：中国农业大学出版社，2006.
[5] 郭勇，郑穗平. 酶学 [M]. 广州：华南理工大学出版社，2000.
[6] 胡元亮. 中药饲料添加剂的开发与应用 [M]. 北京：化学工业出版社，2005.
[7] 黄文涛，胡学智. 酶应用手册 [M]. 2 版. 上海：上海科学技术出版社，1989.
[8] 凌明亮，等. 饲料添加剂开发与应用技术 [M]. 北京：科学技术文献出版社，2006.
[9] 罗九甫. 酶和酶工程 [M]. 上海：上海交通大学出版社，1996.
[10] 刘建，等. 兽医与饲料添加剂手册 [M]. 上海：上海科学技术文献出版社，2001.
[11] 梁云霞，等. 动物药理与毒理 [M]. 北京：中国农业出版社，2006.
[12] 刘迎贵，方俊天，韩漠. 兽药分析检测技术 [M]. 北京：化学工业出版社，2007.
[13] 佟建明. 饲料添加剂手册 [M]. 北京：中国农业大学出版社，2003.
[14] 张乔. 饲料添加剂大全 [M]. 北京：北京工业大学出版社，1994.
[15] 张艳云，陆克文. 饲料添加剂 [M]. 北京：中国农业出版社，1998.
[16] 张日俊. 现代饲料生物技术与应用 [M]. 北京：化学工业出版社，2009.
[17] 张丽英. 高级饲料分析技术 [M]. 北京：中国农业大学出版社，2011.
[18] 张树政. 酶制剂工业 [M]. 北京：科学出版社，1984.
[19] 周鼎年. 生物技术在饲料工业中的应用 [M]. 北京：中国农业出版社，1995.
[20] 徐春厚. 微生物饲料与添加剂 [M]. 哈尔滨：黑龙江人民出版社，2000.
[21] 徐凤彩，姜涌明，等. 酶工程 [M]. 北京：中国农业出版社，2001.
[22] 阎继业. 畜禽药物手册 [M]. 北京：金盾出版社，1993.
[23] 袁勤生，赵健，王维育. 应用酶学 [M]. 上海：华东理工大学出版社，1994.
[24] 中华人民共和国国务院. 兽药管理条例. 2004.
[25] 中华人民共和国农业部. 兽药注册办法. 2004.
[26] 中华人民共和国农业部. 兽药产品批准文号管理办法. 2004.